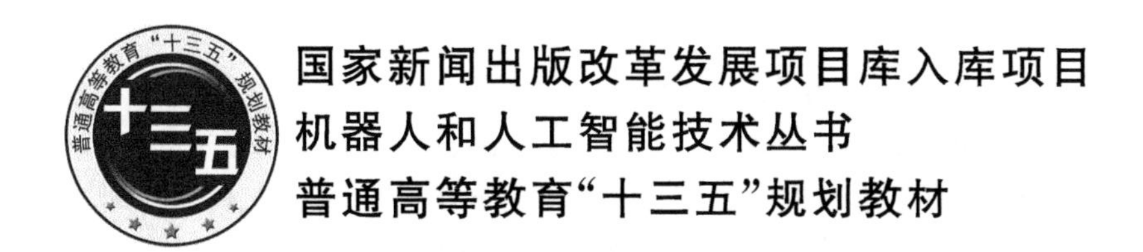

国家新闻出版改革发展项目库入库项目

机器人和人工智能技术丛书

普通高等教育"十三五"规划教材

# 柔体机器人的动力学与控制技术

褚　明　编著

北京邮电大学出版社
www.buptpress.com

## 内 容 简 介

本书共分为12章，内容涉及柔体机器人的振动模态分析、动力学模型与数值方法、柔性关节的精密控制策略、大负载动力学特性、振动控制方法、接触操作阻抗控制等典型问题的研究，特别地，提出了一种面向软接触操作的柔体机器人新模型，对该类柔体机器人动力学分析和稳定控制的机理进行了新概念和新方法的有益探索。

本书可作为机械工程或控制科学与工程专业的硕博研究生选读教材。

**图书在版编目(CIP)数据**

柔体机器人的动力学与控制技术 / 褚明编著. -- 北京 ：北京邮电大学出版社，2019.8（2021.6 重印）
ISBN 978-7-5635-5786-8

Ⅰ.①柔… Ⅱ.①褚… Ⅲ.①柔性机器人—机器人技术 Ⅳ.①TP242

中国版本图书馆 CIP 数据核字（2019）第 162026 号

**书　　名**：柔体机器人的动力学与控制技术
**作　　者**：褚　明
**责任编辑**：满志文　穆菁菁
**出版发行**：北京邮电大学出版社
**社　　址**：北京市海淀区西土城路 10 号（邮编：100876）
**发 行 部**：电话：010-62282185　传真：010-62283578
**E-mail**：publish@bupt.edu.cn
**经　　销**：各地新华书店
**印　　刷**：北京九州迅驰传媒文化有限公司
**开　　本**：787 mm×1 092 mm　1/16
**印　　张**：11.75
**字　　数**：289 千字
**版　　次**：2019 年 8 月第 1 版　2021 年 6 月第 2 次印刷

ISBN 978-7-5635-5786-8　　定　价：45.00 元

# 前　　言

人类对太空探索的不断深入，使空间任务越来越多；而太空环境的特殊性和危险性，使很多空间任务不能完全依靠宇航员完成。空间机器人具有适应太空恶劣作业环境的能力，采用机器人协助或代替宇航员完成一些太空作业在经济性和安全性两方面都具有现实意义，已成为当前空间技术领域的重要研究方向。“善攻者动于九天之上”，自从第一颗人造卫星于 1957 年 10 月成功发射，便开创了人类太空时代的新篇章。可以说，当前的太空正在成为新的兵家必争之地，这就决定了空间机器人在国防领域中具有极其重要的战略地位。

近年来，美、俄、日等国都在空间机器人研究方面持续发力。2011 年，美国国防部高级研究计划局(DARPA)启动了“凤凰计划”太空技术验证项目，目标就是利用轨道航天器抓捕地球静止轨道上的退役卫星，回收利用其可用部件，并在轨组装生成具有完备功能的新卫星。显而易见，这一技术将对美军未来的太空作战行动产生全面而深远的影响。它不仅能够使美军在未来的太空站中，对遭敌方打击而摧毁的卫星进行快速抢修和替换，同时也能显著抵消他国卫星武器的威慑效力。我国对载人航天工程项目的研发也已持续投入 20 余年，带动了机械、控制、遥感、信息与通信等学科基础理论的深入研究和关键技术突破，按照国家部署的航天“三步走”规划，将在 2022 年前后建成在轨运营 10 年以上的自主空间站，届时，空间机器人将在该航天工程建设中发挥不可替代的重要作用。

当前，航天工程中应用的操作型空间机器人以具有轻质大跨度特征的柔体机械臂为典型代表，研究该类多柔体机器人系统的动力学与控制问题是实现空间机器人高效、高精度操作的关键。本书以空间环境下的柔体机器人为研究对象，对其动力学特性和相关的主动控制策略展开了深入的分析和研究。全书共分为 12 章，内容涉及柔体机器人的振动模态分析、动力学模型与数值方法、柔性关节的精密控制策略、大负载动力学特性、振动控制方法、接触操作阻抗控制等典型问题的研究。特别地，提出了一种面向软接触操作的柔体机器人新模型，对该类柔体机器人动力学分析和稳定控制的机理进行了新概念和新方法的有益探索。

本书的所有研究成果来源于国家自然科学基金的持续资助和支持，所述的理论方法和应用均已通过了数值仿真系统的验证，某些研究成果已经在相关的型号装备上进行了实验验证。因此，本书关于柔体机器人动力学与控制技术的研究成果对于机械系统动力学和自动控制理论的发展具有深远的学术借鉴意义，同时，对于拓展空间机器人的操控能力，为未来服务于在轨维修、在轨装配、在轨碎片清除等操作任务提供了技术支撑。书中难免有一些不足之处，殷切地欢迎广大读者批评指正。

褚　明

于北京邮电大学

# 目　　录

# 第1章 绪　论

## 1.1 引言

世界航天事业的迅速发展使人类对太空的探索不断深入，现在有大量的空间任务需要完成，如空间探测、加工、装配、维修，空间站的建造，科学实验载荷的照料等。太空环境具有微重力、高真空、高温差、强辐射、照明差等特殊性，这使宇航员的舱外作业存在高度的危险性，因此，在设计载人航天系统时，要时刻考虑宇航员的安全问题，这就不可避免要付出昂贵的费用。例如，美国的“自由号”空间站耗资几百亿美元，其中的生命保障系统、居住系统和宇航员舱外活动系统三部分的研制费用占总花费的1/5，其功耗占总功耗的30%左右，同时，每天每位宇航员要花费50万～100万美元。另外，美国的阿波罗飞行计划共耗资600亿美元。而前苏联在航天领域的投资不低于美国，更为重要和惨痛的代价是两国都发生过宇航员罹难的事故。历史的经验教训充分说明了载人航天的高风险和高投入，完全有必要考虑利用空间机器人代替宇航员进行太空操作。空间机械臂是当前太空探索活动中广泛应用的一种空间机器人，具有适应太空恶劣作业环境的能力，因此，采用空间机械臂协助或代替宇航员完成一些太空作业在经济性和安全性两方面都具有现实意义。

与地面机械臂相比，空间机械臂具有微重力、大跨度、轻质量、大自重比和低频低阻尼等柔性特征，是柔体机器人在工程领域的典型应用案例，对柔体机器人关键技术的研究已经成为空间技术研究领域内的一个重要的研究方向。柔体机器人系统关节控制器的设计必须满足实现关节精确定位的同时快速抑制臂杆弹性振动的双重要求。对于靠关节驱动完成臂端定位的多柔体系统——空间机械臂，其非最小相位特征显著，且系统在运动过程中的构型和操作负载呈现时变和不确定性，而关节控制器对臂杆的动态反馈约束和大范围刚体运动对臂杆振动模态的反作用，更是使系统呈现出典型意义上的“刚/柔/控耦合”特征，其各项动力参数难以确定，这些问题的出现严重破坏了控制器的有效性，导致系统运动失稳。因此，对柔体机器人的动力学特性进行合理分析并提出有效的控制器设计方案不仅成为当今动力学和控制理论的挑战性课题，也成为柔体机器人顺利实现工程应用的关键技术问题。

## 1.2 柔体机器人系统的应用现状

早在1976年，美国的“观察者-Ⅲ”航天器上的机械手在地面的遥控操作下对月球土壤进行了标本采集。同年，其发射的月球车上携带的遥控机械手也曾对月球表面进行过探测。1982年，美国又陆续发射了“海盗-Ⅰ”和“海盗-Ⅱ”火星探测器利用机械臂采集并挖掘火星的岩石和土壤样品，以寻求生命迹象。苏联发射的“月球-16”和“登月者”月球考察机器人，其上面安装的空间机械臂在遥控操作时具有一定的自主功能，曾成功地完成了月面采样等科学考察任务。另外，苏联宇航员还在空间机械臂的协助下完成了飞行器的对接任务和燃料加注任务。

鉴于空间机器人的优良表现，美国在研究永久性空间站的同时也投入了巨资和人力研发供空间站使用的空间机械臂。1984年5月，NASA向美国国会提交的一份题为《用于空间站和国民经济的高级自动化和机器人技术》(Advanced Automation and Robotics Technology for the Space Station and the US Economy)的报告，使各个国家充分认识到发展自动化和机器人技术(AR)在空间活动中的重要性。近二十多年来，美国、俄罗斯(包括前苏联)、欧空局、日本等国家和组织对空间机械臂开展了广泛和深入的研究，围绕着运动学与路径规划、动力学与控制算法、地面设备与系统的建设等课题做了大量的工作，其发展概况综述如下。

加拿大的斯帕(Spar)公司先后研制了“Canada-1”(图1-1)和“Canada-2”(图1-2)两套空间柔性机械臂。其中，1号臂安装于美国的航天飞机上，多次随航天飞机执行太空作业任务。2001年4月，它协助完成了2号臂在国际空间站上的安装。其相关参数：长度15.2 m，直径38 cm，总质量410 kg。在无荷载条件下，其移动速度可达600 mm/s；有荷载时，其移动速度60 mm/s，无荷载时能移动到距目标点的精度范围为152 mm，操作荷载质量可达30 000 kg。其材料由强度极高的碳纤维合成材料制造，外面裹以凯夫纤维(质地牢固质量轻的合成纤维)，起到缓冲保护作用。

(a)“Canada-1”实物图

(b)“Canada-1”协助航天员操作

图1-1 “Canada-1”空间机器人

“Canada-2”空间机器人用于国际空间站上的移动服务系统MMS，安装在站上桁架的基座装置上，并可沿该桁架移动。其最初设计的目的是在航天飞机不能自行与空间站对接时依靠机械臂将航天飞机拉到空间站旁。其相关参数：长度17.6 m，质量936 kg，负荷时的移动速度为6 mm/s，空载时的移动速度为600 mm/s，移动到距目标点的精度范围6.4 mm，可操作质量达100 t、尺寸为18.3 m×4.6 m的有效载荷，其材料由高强度的铝、不锈钢和环氧石墨复合材料制造。

尽管“Canada-2”具有相当的灵活性，但仍然无法照顾到空间站的每个角落。为此，欧空局以法俄两国为主要力量又设计了一个“European Robotic Arm”(ERA)空间机器人系统并安装到空间站上，如图1-3所示。ERA伸展时的总长度为11 m，在被安装到国际空间站上

(a) 国际空间站上的MMS系统

(b) "Canada-2"执行在轨操作任务

(c) "Canada-2"辅助宇航员舱外定位

(d) "Canada-2"进行在轨折叠

图 1-2 "Canada-2"空间机器人

后，它将能够搬运最重达 8 t 的物资并可对空间站的外表面进行监测。此外，ERA 上还装备有摄像机，可以准确地将执行太空行走任务的宇航员送往指定区域。

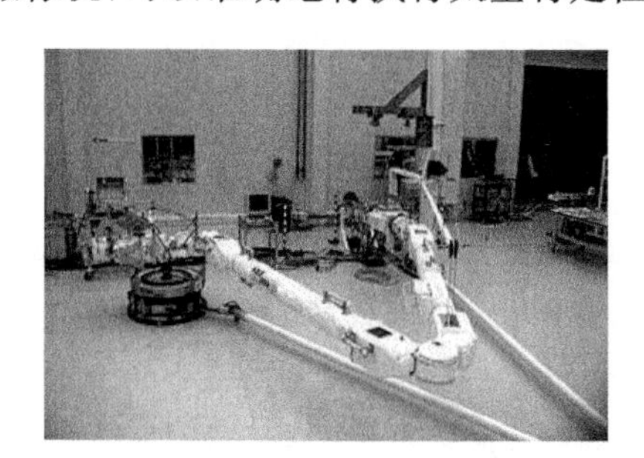

图 1-3 欧空局 ERA 机械臂平台

图 1-4 日本实验舱机械臂系统

日本安装于国际空间站上的实验舱(图 1-4)由接近大型客车大小的圆筒形后勤储藏室(长 11.2 m，宽 4.4 m，重 15.2 t)、实验室(3.9 m×4.4 m，重 4.2 t)和两个长度分别为10 m 和 1.9 m 的空间机械臂以及舱外实验平台(4 m×5.6 m×5 m，重 4.2 t)共四部分组成，预计使用寿命 10 年。远程操纵系统(RMS)由两个机械臂组成，主要用于保障舱外设施实验，可进行部件在轨更换任务。主机械臂长 9.9 m，能够处理重达 6.4 t 的大件物体，主臂末端附有小型机械臂长 1.9 m，用来处理小物件。机械臂上装有电视摄像机，航天员可以从舱内监视控制操作过程。每个机械臂有 6 个关节，可模拟人体胳膊的运动。空间机械臂专门用来将压力舱内的实验载荷(设计尺寸长、宽、高分别为 1.85 m、0.8 m、1.0 m，质量不超过 500 kg)或硬件穿过科研气闸与舱外设施和实验后勤舱的进行调换，更换维修"希望"号并处理轨道更换单元。

我国在 2008 年已成功完成了宇航员的出舱任务，目前正在建设自主的空间站系统(图 1-5)。空间机器人将在太空活动中发挥重要的作用，因此，对柔体机器人各项关键技术的研究成果会大大推动我国宇航事业的发展。

分析如图 1-1～图 1-4 所示的各个空间机器人系统，可以发现它们具有相同的特点：为提高操作的灵活性必须设计多自由度的构型，发射时的质量要求使得空间机械臂必须选用轻质材料，太空大范围操作的要求使得臂杆具有大跨度特点，操作负载的大惯量要求关节处须安装减速器。空间机械臂具有的这些结构特点也随之带来了其特殊的动力学性质：首先，关节控制器的驱动力矩使臂杆根部处于时变的反馈约束状态下，导致臂杆边界的静不定问题，引起模态参数的不确定性；其次，臂杆的大范围刚性运动与自身弹性振动相互耦合，两者互为反作用，使最终的定位精度难以保证；再次，臂杆的弹性变形效应使得靠关节驱动完成机械臂末端定位的系统传递函数呈现非最小相位特征；最后，系统受到各种外界不确定干扰（如多变的负载）和非线性特性（如关节处的间隙、摩擦）的影响，鲁棒稳定性变差。由此，引出了柔体机器人系统的动力学分析和控制器设计问题。以下对其展开详细的论述。

图 1-5　我国空间站模拟图

# 1.3　柔体机器人关键技术研究现状

## 1.3.1　柔体机器人的动力学关键技术

约束是动力学建模的基本依据，对同一结构选择不同的约束类型会导致动力学解的巨大差异，能否确切地描述结构的约束类型和相应的边界条件，关系到动力学参数求解的准确性。众所周知，机械结构的振动特性是由其模态参数（如主振型、频率、阻尼比）决定的，而模态参数不仅取决于机构的构型、质量分布等因素，更重要的是其边界约束条件。

柔体机器人是典型的闭环反馈伺服驱动系统，其历经大范围运动时的动态特性是由柔性机构的机械刚度和阻尼，以及由控制器的控制刚度和阻尼相互耦合的等效刚度和等效阻尼决定的，它们对于确定臂杆的边界约束条件和相应弹性变形量的离散化描述起到了决定性作用，最终也影响到机械臂系统动力学模型的合理性和可靠性。Cekintunt 专门研究了定轴转动单连杆柔性臂在控制器闭环反馈作用下的约束类型问题，认为采用 clamped-mass 模型比 pinned-mass 模型更接近实际，但必须使得驱动关节的控制刚度足够大。一直从事多柔体系统动力学研究的 Shabana 也注意到了力学系统与控制器的相互作用，他采用带 Lagrange 乘子的运动微分方程结合有限元法，分析了控制器作用下不同的约束形式对系统响应的影响。对于实际的伺服系统，考虑到运动平稳性和避免自激等问题，伺服增益一般不能太大，这使得控制器刚度要小于（甚至远远小于）机械刚度，从而导致系统的低阶固有频率下降。张铁民将带有反馈控制的柔性臂边界条件视为铰支弹簧，研究了反馈增益与柔性臂固有频率的变化规律，并通过一系列实验结果对理论分析进行了验证。研究表明：控制器增益对柔性臂低阶频率及边界条件的确定具有极大的影响。阎绍泽等对直接在电机轴上固连的柔性臂的动力特性进行了实验研究，发现电机上电前后臂杆的基频相差 23.4%。然而，当前的文献在研究柔性臂的动力学建模时，却几乎都将臂作为静定梁模型处理，相应的离散化振型和结构频率也按照定边界条件确定，而没有涉及控制器对机构特性的影响，这样建立的动力学模型与真实情形之间存在很大差距，所得结果必然也不能反映系统的真实特性。

由此可见，当前对柔体机器人的动力学分析大多仅考虑机械特性，而对系统动力响应产生重要影响的控制器耦合动力学特性的研究文献不多，而且很少有学者对其进行合理的建模和分析。伺服机械系统的动力学分析应研究运动基础上的机械特性，此时的动力学方程必然同时包含了伺服控制特性参数和机械特性参数。因此，统一考虑控制器特性和机械特性对柔体机器人系统进行分析，该方面内容的研究有待于深入开展。

对柔体机器人进行动力学建模时，首先需要对系统的弹性部分进行描述，然后再结合动力微分方程的推导方法完成对整个系统的刚柔耦合动力学建模。通常将弹性关节作为集中参数处理，简化为具有一定刚度的线性扭簧，臂杆按照分布参数处理，将弹性变形进行模态离散化描述。这种建模方法带来的问题是所得动力学方程既包含慢变刚性运动和快变弹性振动的刚柔耦合项，又包含了关节高频振动和臂杆低频振动的柔柔耦合项，尤其是双连杆结构的机械臂还包含了臂杆与臂杆振动量的耦合项，因此，方程的这种特殊非线性结构形式引起了相应数值求解的极大困难，称之为“stiff 问题”。Stiff 数值结果不理想的主要原因是每步计算的舍入误差和截断误差，以及这些误差在以后计算里的传播，前者由积分步长决定，而后者与算法的稳定性有关。对于引入闭环反馈控制律的动力学方程，由于方程右端的控制项与系统的反馈状态变量时刻相关，因此属于时变非线性 stiff 方程，解决该类方程的高精度数值求解问题是获得机械臂系统正确的动力响应的前提。

传统 Lagrange 体系下的高精度数值积分算法如隐式 Runge-Kutta(RK)法、Adams 法、Newmark 法、Wilson - $\theta$ 法等从本质上讲并未脱离欧式空间的范畴，其向后差分的递推格式相当于在系统上附加了耗散力，形成了算法阻尼，因此仍然无法适应长时间的积分历程，尤其对于机械臂这种多柔体旋转系统更容易出现违约情况或难以求得其准确的数值响应。Gear 法通常被认为是求解刚性微分方程的经典算法，但系统中存在高频分量时使得系统矩阵的某些特征值接近虚轴，算法失效。钟万勰提出的精细积分法——PIM 法，摒弃了差分类近似算法的全量式积分，代之以增量式积分，在 Hamilton 体系下实现了对一阶 stiff 微分方程的精确数值求解，其要点是利用指数矩阵的加法定理，采用了 $2^N$类算法，可得到计算机精度范围内的精确解。孔向东、钟万勰采用 PIM 法求解了给定开环驱动力矩的条件下机械臂的动力学方程，并与 Gill 法做了比较。结果表明，PIM 法不但允许大步长积分，而且精度高、无条件稳定，所得结果不随仿真时间的延长而发散，这是 Gill 法不能实现的。邓子辰和郑涣军等利用精细积分法研究了不同伸展规律下悬臂结构的动态特征，表明了精细积分法在求解柔体动力学方程中的有效性。为解决传统 PIM 法在求解非齐次动力方程时，Duhamel 项的近似计算需要矩阵求逆的问题，谭述君、钟万勰又提出了不需矩阵求逆运算的多项式、正余弦、指数函数等特殊形式非齐次项的精细积分方法。针对同样的问题，顾元宪等采用增维的方法将非齐次项也看作动力方程的状态变量，将其纳入到求解中去，从而将非齐次的动力方程化为齐次方程，避免了矩阵的求逆运算，但所得新方程的维数是原来的两倍，计算量比较大。李金桥、于建华提出的算法将非齐次项在所论时刻展开成 Taylor 级数形式，对状态方程直接积分，不需对状态矩阵求逆。

对于柔体机器人这样的典型闭环反馈式非齐次动力方程，其非保守项与当前的状态反馈变量相关，且不同的控制律具有不同的表达形式，这样就不能通过普遍的线性化或级数展开等方式进行 Duhamel 项的求解。因此,发展一种适于求解实时状态反馈动力学方程的 PIM 法,是解决机械臂系统闭环控制仿真的关键。

### 1.3.2 柔体机器人的主动控制

对于执行特定操作任务的柔体机器人,其控制策略需要解决两方面的问题,即完成标称轨迹的跟踪和实现弹性振动的抑制。其中前者与机器人的逆运动学规划的位置控制相关,后者需要从动力学角度进行振动控制,两者是相互结合在一起的。目前,该领域的研究成果不断涌现,主要包括经典 PD 控制、非线性反馈控制、自适应控制、变结构控制、智能控制、鲁棒控制等各种算法。下面分类综述其研究现状。

PD 控制是 PID 控制的一种形式,也是最早发展起来的控制策略之一,它将控制偏差通过比例 P、微分 D 的线性组合构成控制律。Yigit 研究了独立关节 PD 控制的鲁棒性,表明独立关节 PD 控制的稳定性不依赖于系统参数,而需要非离散化或线性化的运动方程来保证。由于 PD 控制是建立在柔体机器人线性化模型的基础上,在实施过程中往往对系统参数的变化和扰动很敏感,效果并不理想。因此,在柔性机械臂系统的控制应用中,一般还要结合其他控制方法组成复合控制律,以改善 PID 控制器性能。

反馈线性化是通过引入微分几何方法,利用状态空间的坐标变换和控制变换使得非线性系统的输入 - 状态映射或输入 - 输出映射反馈等价于线性系统,并应用线性系统控制理论设计各种控制目标的理论与方法。柔体机器人是一类高度非线性的系统,对它进行反馈线性化控制时可遵循以下步骤:

(1)将动力学模型简化为仿射非线性模型;

(2)寻找可反馈线性化的条件,并判别之;

(3)若满足条件,则可设计相应的动态反馈控制器,实现对柔性机械臂的反馈线性化控制。

奇异摄动法用于柔性机器人控制的思路之一是直接利用奇异摄动法给出的一种复合控制方式,忽略快变量以降低系统阶数,然后引入边界层校正来提高近似程度,这实际上相当于在两个时间尺度范围内分别独立完成设计任务。其中的慢子系统等效为刚性连杆机器人系统,因而可采用成熟的计算力矩等方法进行控制;而快子系统则由相应的快控制器进行镇定。对柔性机械臂这类动态系统而言,这种分解实际上就是一种时标的分解。张奇志等采用奇异摄动法将单杆柔性机械臂分解为慢变(刚性)和快变(弹性)两个子系统,前者采用 I/O反馈线性化控制,而后者采用预测控制,这样设计的混合控制器避免了逆动力学和 I/O 反馈线性化遇到的零动力学不稳定问题。另一思路是利用积分流形的思想,将系统的非线性偏积分—微分方程模型中包含挠度量和控制量的各项展成小参数 $\varepsilon$(充分小)的幂级数并忽略所有 $\varepsilon^2$ 以上各项,从而得到真实流形的一个精确逼近,再据此设计慢变控制策略和快变控制策略。利用奇异摄动法得到的慢模型,只代表刚性机械臂的动力学,而利用积分流形方法得到的慢子系统模型不仅包括了刚性臂的动力学,而且表示了弹性变形对刚体运动的影响,积分流形法很方便地把高频柔性模态的影响加入到修正模型中去。然而,对于一个给定的非线性系统,往往难以找出其精确流形,虽然通过线性化可得到流形的近似解,但精度要求越高其控制越难实现。

变结构控制是一种不连续的反馈控制方式,其中滑模控制是最常用的变结构控制,其特点是在切换面上具有滑动方式，对参数变化和扰动不敏感，具有很强的鲁棒特性。变结构控制器的设计不需要机械臂系统的精确动态模型，模型参数的边界足以构造一个控制器，而且易于工程实现。变结构控制本质上是一种开关控制，在滑动模曲面上，系统达到平衡位置后并非稳定在零状态，而是在零位置附近不断地来回切换，因此该过程中会产生抖振现象。而关节处的高频抖振容易引发柔性机械臂的高频未建模动态，如果不加以抑制或消除，就可引起系统最终趋向发散，导致失稳，这个弊端也是阻碍滑模变结构发展的重要原因。

智能控制是基于知识的专家系统、模糊控制、神经网络控制及信息论等的鲁棒控制方法，主要应用于参数不确定性和结构不确定性等复杂的系统及具有较大时间常数和较大纯滞后的线性系统与确定性系统。由于智能控制研究的主要目标不是被控对象，而是控制器本身，研究的工具不是纯数学解析方法，而是定性与定量相结合，数学解析与直接推理相结合的工程方法。柔性机械臂属于无穷维非线性分布参数系统，建模误差、参数不确定性和外部扰动等都将使其轨迹跟踪、位置/力控制等行为受到影响。应用智能控制理论研究柔性机械臂的鲁棒控制，可消除和减弱因动力学建模不准确所带来的控制误差。在柔体机器人参数不确定的情况下，用不基于模型的智能控制策略，将模糊控制、神经网络、自适应控制、变结构控制以及遗传算法等理论与方法融合，利用神经网络对模糊规则的结构和参数同时进行学习和训练，同时在学习与训练过程中引入遗传算法进行优化，再对模糊控制器的结构进行重新设计，以使柔性机器人的输出具有较好的鲁棒性、收敛性和稳定性等。近年来，神经网络、遗传算法等新型智能控制方法深入研究为解决柔性机器人控制中存在的一些问题提供了新的途径。

## 1.4　柔体机器人的研究价值和学术意义

空间技术是一个国家综合实力的体现，“神舟”飞船的成功试验标志着我国空间技术迈上了一个新的台阶，空间机器人将在太空探索中发挥重要的作用。因此，对柔体机器人的动力学特性和控制策略开展研究将极大地推动我国航天事业的可持续发展，其相应的理论成果和技术成果也会成为我国自然科学和工程建设的重要积累。

# 第2章　柔体机器人的刚/柔/控耦合模态特性

## 2.1　引言

柔体机器人的主要组成单元为关节和臂杆，系统的工作方式为：由各个关节控制器提供驱动力矩，使安装于关节输出轴端的臂杆绕关节中心轴旋转，根据不同的操作任务，可以在关节空间或笛卡儿空间内对机器人进行运动学规划，最终实现机器人末端的精确定位和对预定轨迹的跟踪。在操作过程中，处于运行状态的柔体机器人表现出如下特有的动力学性质：

首先，机器人在执行大负载和大惯量的操作任务时会产生大自重比，这使得关节处谐波减速器或行星齿轮减速器的柔性扭转变形效应明显，该扭转变形使臂杆根部处于弹性约束的边界条件下；

其次，关节控制器在进行位置跟踪时，将在各个规定的离散平衡位置附近对定位偏差进行反馈调节，因此，臂杆根部受到控制器产生的反馈约束力矩作用，具体表现为机械特性和电气特性相互作用的动力学/控制器耦合效应，这必将使臂杆的振动模态表现出不同于经典振动理论的特性；

再次，臂杆采用轻质材料并配以大跨度的尺寸设计，使臂杆自身在惯性激振力作用下的弹性振动效应不容忽视，并在运行过程中表现出大范围刚性运动叠加自身弹性振动的刚/柔耦合动力特性，且二者之间互为反作用；

最后，柔体机器人为多活动部件系统，在执行操作任务的过程中会处于不同的位姿和构型，此时，系统的模态特性呈现出时变和不确定性。

本章的主要内容和目标是：以典型柔性关节/柔性臂杆系统为研究对象，分析存在控制器反馈约束的复杂边界条件，建立臂杆的动力学/控制器耦合模态模型，并基于复模态理论求解臂杆在动平衡位置附近的模态参数；研究做定轴转动的柔性梁模型，建立刚/柔耦合模态模型，求解大范围刚性运动反作用于臂杆自身的弹性振动后，臂杆在运行过程中的模态特性参数；最后，对以上两种模态模型进行数值仿真实验以验证所建模型的有效性。特别地，针对由柔性关节和柔性臂杆组成的某型多自由度空间机械臂系统，由于常规的封闭解析法已难以适用于求解如此复杂的多柔体系统，进而借助有限元分析方法在 MSC. Patran/Nastran 软件环境下进行模态求解，得到在弹性边界约束和不同位姿下机械臂的模态参数。

# 2.2　柔体机器人的动力学/控制器耦合模态分析

## 2.2.1　柔性关节/柔性臂杆系统的力学模型

由柔性关节和柔性臂杆组成的柔体机器人子系统可以用图 2-1 所示的结构表示。伺服电机通过谐波减速器(或行星齿轮减速器)驱动矩形截面的臂杆,臂杆的根部通过轮毂与谐波减速器输出轴刚性连接,结合点为 $O'$,臂杆的末端携带集中惯性质量作为负载。设臂杆截面的高度远大于宽度,忽略由于质量不平衡引起的扭转,臂杆的振动主要发生在水平面内。

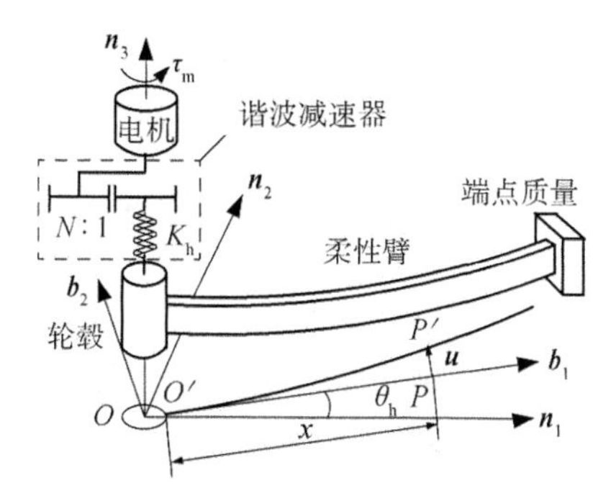


图 2-1　柔性关节/柔性臂杆系统的结构简图

惯性坐标系 $O\boldsymbol{n}_1\boldsymbol{n}_2\boldsymbol{n}_3$,关节与臂杆决定连体坐标系 $O\boldsymbol{b}_1\boldsymbol{b}_2\boldsymbol{n}_3$,原点 $O$ 在关节中心处,$\boldsymbol{n}_3$ 轴与转动铰中心轴线重合,其中 $O\boldsymbol{b}_1\boldsymbol{b}_2\boldsymbol{n}_3$ 的 $\boldsymbol{b}_1$ 方向始终与发生变形的柔性臂在 $O'$ 点相切。杆的中心轴线上距 $O'$ 点 $x$ 处的点 $P$ 变形后至 $P'$ 点,其在 $O\boldsymbol{b}_1\boldsymbol{b}_2$ 平面内的横向弯曲振动位移用 $\boldsymbol{u}(x,t)$ 表示。分析柔性臂杆的振动时作以下几点假设:

(1)杆的各截面的中心主轴在同一平面内,且杆在此平面内做横向振动;

(2)杆的长度与截面尺寸之比很大,因此忽略转动惯量和剪切变形的影响,即作为 Euler-Bernoulli 梁模型;

(3)横向振动的振幅很小,在线性范围以内;

(4)考虑空间微重力环境,主要研究控制器参数对系统的模态特性造成的影响,故忽略臂杆本身的结构阻尼和材料阻尼。

臂杆在各个离散的相对平衡位置附近的横向弯曲振动变形量 $u(x,t)$ 满足如下偏微分方程:

$$\begin{cases}\boldsymbol{M}\ddot{\boldsymbol{u}}+\boldsymbol{K}\boldsymbol{u}=0\\ \boldsymbol{M}=\rho A\\ \boldsymbol{K}=\dfrac{EI\partial^4}{\partial x^4}\end{cases}\tag{2-1}$$

式中,$E$ 为杨氏模量;$I$ 为臂杆截面惯性矩;$\rho$ 为臂杆密度;$A$ 为截面面积。这是一个四阶齐次偏微分方程,对其求解可以得到柔性臂的固有频率和主振型,常采用分离变量法求解。按

照 Rayleigh-Ritz 理论，取臂杆在某一阶模态下的位移函数为

$$u_i(x,t)=\varphi_i(x)\sin(\omega_i t) \tag{2-2}$$

式中，下角标 $i$ 为弹性模态的阶数，若考虑前 $n$ 阶自由度的振动，则 $\boldsymbol{u}=\sum_{i=1}^{n}u_i(x,t)$；$\varphi_i(x)$ 为机械臂在运动过程中的第 $i$ 阶主振型；$\omega_i$ 为机械臂在运动过程中的第 $i$ 阶角频率。梁横向振动的第 $i$ 阶振型函数具有如下形式：

$$\varphi_i(x)=A_i\sin(k_i x)+B_i\cos(k_i x)+C_i\sinh(k_i x)+D_i\cosh(k_i x) \tag{2-3}$$

式中

$$k_i=\sqrt{\omega_i/\gamma},\gamma=\sqrt{EI/\rho A},$$

$$\sinh(x)=\frac{\exp(x)-\exp(-x)}{2},\cosh(x)=\frac{\exp(x)+\exp(-x)}{2}$$

根据经典振动理论，由边界条件可以确定相应约束下的频率方程和振型函数。边界条件和初始条件合称定解条件，$A_i$、$B_i$、$C_i$、$D_i$ 即取决于臂杆的定解条件。其中，几何边界为挠度和转角，力边界为弯矩和剪力，初始条件可定义为零时刻。

### 2.2.2 关节控制器作用下的反馈约束特性

约束是动力学建模的基本依据，结构在动态条件下的约束与静态条件下有很大差别，对同一结构选择不同的约束类型会导致动力学解的巨大差异，能否确切地描述结构的约束类型和相应的边界条件，关系到动力学参数求解的合理性和可靠性。

在伺服机械系统中，结构的约束形式完全是由控制器的闭环反馈特性决定的，因此，控制器对机构的约束反映了系统的机械特性与电气特性的耦合关系。柔体机器人在对指定运动轨迹的跟踪过程中，不断到达关节控制器规定的各个离散平衡位置，臂杆在每个平衡位置处存在弹性振动，由此引起刚体运动的偏差；而控制器对此偏差不断地进行反馈调节，使得臂杆根部受到时变的纠偏力矩作用，于是柔性臂杆成为运动基础上受到一定伺服刚度和阻尼约束的悬臂梁模型，而不是传统认为的静态悬臂梁。对于典型的三环伺服系统来说，纠偏力矩是由控制器的位置增益和速度增益决定的，这也从根本上决定了控制系统的伺服刚度和电磁阻尼。因此，在控制器的约束力矩作用下，柔性臂杆的力边界条件也不同于传统静定悬臂梁。

### 2.2.3 动态约束的复杂边界条件

电动机由位置和速度偏差产生纠偏力矩 $\tau_{\mathrm{m}}$，柔性机械臂在惯性系下表现为运动的悬臂梁。以下(·)表示对时间 $t$ 求偏导，($'$)表示对坐标 $x$ 求偏导。柔性臂固支端 $O'$ 处的期望转角为 $\theta_{\mathrm{d}}$，若不计谐波减速器的传动误差和间隙，则其实际转角 $\theta_{\mathrm{J}}$ 包括轮毂转角 $\theta_{\mathrm{h}}$、谐波弹性变形引起的转角 $\xi$ 和臂杆弹性变形引起的转角 $\boldsymbol{u}'(0,t)$。因此，位置误差 $e$ 为

$$e=\theta_{\mathrm{d}}-[\theta_{\mathrm{h}}+\xi+\boldsymbol{u}'(0,t)] \tag{2-4}$$

在离散平衡位置处 $\theta_{\mathrm{d}}=\theta_{\mathrm{h}}$，此时

$$e=-\xi-\boldsymbol{u}'(0,t) \tag{2-5}$$

考虑电动机的力矩平衡，有

$$N(\tau_m - J_m\ddot{\theta}_m) = K_h\xi \tag{2-6}$$

式中，$N$ 为减速比；$J_m$ 为转子的转动惯量；$\theta_m$ 为电动机转角；$K_h$ 为谐波减速器柔轮的刚度系数，$\xi=\theta_m/N-\theta_h$，纠偏力矩 $\tau_m$ 与系统的跟踪误差 $e$ 和相应的误差变化率 $\dot{e}$ 有关：

$$\tau_m = K_p e + K_d \dot{e} \tag{2-7}$$

式中，$K_p>0$，为广义位置反馈增益；$K_d>0$，为广义速度反馈增益。

臂杆的约束边界条件如下。

(1)$x=0$ 处，位移为 0，力矩平衡：

$$\boldsymbol{u}(0,t)=0 \tag{2-8}$$

$$J_h[\ddot{\boldsymbol{u}}'(0,t)+\ddot{\xi}]=K_h\xi+EI\boldsymbol{u}''(0,t) \tag{2-9}$$

式中，$J_h$ 为轮毂的转动惯量。

(2)$x=L$ 处，弯矩为 0，剪力为端点质量的惯性力：

$$EI\boldsymbol{u}''(L,t)=0 \tag{2-10}$$

$$EI\boldsymbol{u}'''(L,t)=M_p\ddot{\boldsymbol{u}}(L,t) \tag{2-11}$$

式中，$L$ 为臂杆长度；$M_p$ 为端点质量。

考虑到在实际系统中，$J_m$ 和 $J_h$ 一般非常小，可以忽略不计，联立式(2-5)～式(2-9)可得到包含关节参量 $N$、$K_h$ 和控制器增益 $K_p$、$K_d$ 的复杂边界约束方程为

$$K_p\boldsymbol{u}'(0,t)+K_d\dot{\boldsymbol{u}}'(0,t)=\left(\frac{K_p}{K_h}+\frac{1}{N}\right)EI\boldsymbol{u}''(0,t)+\frac{K_d}{K_h}EI\dot{\boldsymbol{u}}''(0,t) \tag{2-12}$$

综上，式(2-8)、式(2-10)～式(2-12)组成了关节控制器反馈约束作用下柔性机械臂的动态约束复杂边界条件。

### 2.2.4 频域内的模态分析

将控制器参量融入边界约束条件后，方程中出现了 $\dot{\boldsymbol{u}}'(0,t)$ 和 $\dot{\boldsymbol{u}}''(0,t)$ 两个与时间相关的导数项，而式(2-2)中的 $\boldsymbol{u}(x,t)$ 又包含 $\sin(\omega_i t)$，如果直接在时域进行微分求解，将使方程中包含 $\omega_i\cos(\omega_i t)$ 这一久期项，使运算出现久期行为，从而导致求解失败。为避免出现上述困难，采用拉普拉斯变换将求解空间由时域变换到频域，则能保证求解的顺利进行。对式(2-2)进行拉氏变换得：

$$u_i(x,s)=\varphi_i(x)\frac{\omega_i}{s^2+\omega_i^2} \tag{2-13}$$

将式(2-3)和式 2-13)代入式(2-1)，可得到：

$$k_i^4=-\frac{\rho A}{EI}s^2=-\frac{1}{\gamma^2}s^2 \tag{2-14}$$

令 $\lambda_i=k_iL$，联立式(2-3)、式(2-8)～式(2-13)可得到用 $A_i$、$B_i$、$C_i$、$D_i$ 表示的一致线性化方程：

$$\begin{cases} B_i=-D_i \\ \boldsymbol{F}\begin{bmatrix}A_i\\C_i\\D_i\end{bmatrix}=\begin{bmatrix}f_{11}&f_{12}&f_{13}\\f_{21}&f_{22}&f_{23}\\f_{31}&f_{32}&f_{33}\end{bmatrix}\begin{bmatrix}A_i\\C_i\\D_i\end{bmatrix}=\boldsymbol{0}\end{cases} \tag{2-15}$$

式中

$$\boldsymbol{F}=\begin{bmatrix} f_{11} & f_{12} & f_{13} \\ f_{21} & f_{22} & f_{23} \\ f_{31} & f_{32} & f_{33} \end{bmatrix}$$

$f_{11}=-\sin\lambda_i$，$f_{12}=\sinh\lambda_i$，$f_{13}=\cos\lambda_i+\cosh\lambda_i$，$f_{21}=-EI\lambda_i^3\cos\lambda_i/L^3-M_\text{p}s^2\sin\lambda_i$，

$f_{22}=EI\lambda_i^3\cosh\lambda_i/L^3-M_\text{p}s^2\sinh\lambda_i$，$f_{23}=EI\lambda_i^3(\sinh\lambda_i-\sin\lambda_i)/L^3-M_\text{p}s^2(\cosh\lambda_i-\cos\lambda_i)$，

$f_{31}=(K_\text{p}+K_\text{d}s)\lambda_i/L$，$f_{32}=f_{31}$，$f_{33}=-2EI[(K_\text{p}+K_\text{d}s)/K_\text{h}+1/N]\lambda_i^2/L^2$。

方程中含有变量 $s$，需要由式(2-14)得到 $s$ 的复数表达式

$$s=\pm \text{j}\gamma k_i^2=\pm \text{j}\gamma\lambda_i^2/L^2$$

式中，j 为虚数单位。若取 $s=-\text{j}\gamma\lambda_i^2/L^2$，则得到耦合关节参量 $N$、$K_\text{h}$ 和控制器增益 $K_\text{p}$、$K_\text{d}$ 的臂杆频率特征方程

$$\det\boldsymbol{F}=0 \tag{2-16}$$

上式为关于变量 $\lambda_i$ 的超越方程，无一般解析解，可用二分法解之。由于式(2-16)虚数单位 j 的引入，可以确定方程的解 $\lambda_i$ 必然是复数，也即反馈约束作用下柔性臂系统在相对平衡位置的振动呈现复模态特征。设共轭复特征值 $\lambda_i$ 可表示为

$$\begin{cases} \lambda_i=-\sigma_i+\text{j}v_i \\ \bar{\lambda}_i=-\sigma_i-\text{j}v_i \end{cases} \tag{2-17}$$

与单自由度系统类似，共轭复特征值对应具有衰减振动特征的欠阻尼系统，其中参数 $\sigma_i$ 与第 $i$ 阶模态传递函数中的衰减系数有关，$\nu_i$ 与第 $i$ 阶模态的振动频率 $\omega_i$ 有关，它们之间的关系为

$$\nu_i=\sqrt{\omega_i^2-\sigma_i^2}=\sqrt{\omega_i^2\left(1-\frac{\sigma_i^2}{\omega_i^2}\right)}=\omega_i\sqrt{1-\zeta_i^2} \tag{2-18}$$

且 $\omega_i$ 满足：

$$\omega_i=\omega_{0i}\sqrt{1-\zeta_i^2}=k_i^2\gamma=\gamma v_i^2/L^2 \tag{2-19}$$

式中，$\omega_i$ 为控制器作用下的振动角频率；$\omega_{0i}$ 为无阻尼频率；$\zeta_i$ 为控制器作用下系统的阻尼比。由于虚数项主要是由控制器的速度约束项 $K_\text{d}e$ 引入的，这说明关节控制器对臂杆的速度约束相当于在系统中添加了阻尼项，从而使臂杆振动产生的能量与电动机的电磁能产生交换，从而使振动有衰减的趋势，因此降低了系统的模态频率。将 $\lambda_i$ 代入式(2-3)能得到第 $i$ 阶复模态振型函数 $\varphi_i(x)$。例如，当端点质量为 0 时，可求得：

$$\varphi_i(x)=D_i\{(a_i-b_i)\sin(\lambda_i x/L)+b_i\sinh(\lambda_i x/L)+[\cosh(\lambda_i x/L)-\cos(\lambda_i x/L)]\} \tag{2-20}$$

式中

$$a_i=2\lambda_i EI\left[\frac{1}{K_\text{h}L}+\frac{1}{(K_\text{p}-\text{j}K_\text{d}\gamma\lambda_i^2/L^2)NL}\right]$$

$$b_i=\frac{1+\cosh\lambda_i\cos\lambda_i-\sin\lambda_i\sinh\lambda_i}{\sin\lambda_i\cosh\lambda_i-\cos\lambda_i\sinh\lambda_i}$$

同样，将 $\bar{\lambda}_i$ 代入式(2-3)后也可得到 $\varphi_i(x)$ 的共轭复振型 $\bar{\varphi}_i(x)$，可见，模态振型表达式显然是复变函数，设其具有如下广义表达式：

$$\begin{cases} \varphi_i(x)=\text{Re}[\varphi_i(x)]+\text{j}\text{Im}[\varphi_i(x)] \\ \bar{\varphi}_i(x)=\text{Re}[\varphi_i(x)]-\text{j}\text{Im}[\varphi_i(x)] \end{cases} \tag{2-21}$$

则式(2-2)可以重新写为

$$
\begin{aligned}
u_i(x,t) &= \varphi_i(x)e^{\lambda_i t}+\bar{\varphi}_i(x)e^{\bar{\lambda}_i t} \\
&= 2e^{-\sigma_i t}[\mathrm{Re}(\varphi_i)\cos(\upsilon_i t)-\mathrm{Im}(\bar{\varphi}_i)\sin(\upsilon_i t)]
\end{aligned}
\tag{2-22}
$$

这里，将 $u_i(x,t)$称作第 $i$ 阶纯模态振动。因 $\varphi_i$ 和 $\bar{\varphi}_i$ 均满足式(2-1)，若将式(2-1)中 $EI\partial^4/\partial x^4=\boldsymbol{K}$ 和 $\rho A=\boldsymbol{M}$ 视为广义变量，则 $\varphi_i$ 和 $\bar{\varphi}_i$ 仍满足 $\boldsymbol{M\ddot{u}}+\boldsymbol{Ku}=0$ 形式下主振型关于质量和刚度的广义正则化正交条件：

$$
\begin{cases}
\rho A\int_0^L\varphi_i(x)\varphi_s(x)\mathrm{d}x+M_\mathrm{p}\varphi_i(L)\cdot\varphi_s(L)=M_i\delta_{is} \\
\mathrm{EI}\int_0^L\varphi''_i(x)\varphi_s''(x)\mathrm{d}x=K_i\delta_{is}
\end{cases}
\tag{2-23}
$$

式中，$\delta_{rs}\overset{\mathrm{def}}{=}\begin{cases}1 & (i=s)\\ 0 & (i\neq s)\end{cases}$，称作 Kronecker 符号；$M_i$ 和 $K_i$ 的定义参见第 2.2.5 节。

此时，式(2-20)中的系数 $D_i$可根据式(2-23)确定，求得的 $D_i$也将是复变量。$M_i$ 称为第 $i$ 阶振型的广义模态质量；$K_i$ 称为第 $i$ 阶振型的广义模态刚度。它们的大小取决于对固有振型函数的归一化形式，但其比值总满足 $K_i/M_i=\omega_i^2$，即等于第 $i$ 阶角频率的平方。为了运算方便，常将主振型正则化，取 $M_i=1$ 解得的 $\varphi_i(x)$即为正则振型函数，此时 $K_i=\omega_i^2$。

**定理 2.1**　在关节控制器的反馈约束边界条件下，柔性臂杆的自由振动不同步。

证明：式(2-21)中的实部 $\mathrm{Re}[\varphi_i(x)]$代表了振型函数的幅值，虚部 $\mathrm{Im}[\varphi_i(x)]$代表了相位的超前或滞后。这表明在关节控制器的反馈约束下，柔性臂的振型幅值是周期性变化的，且变化周期由此时的振动频率决定。在振动过程中，柔性臂经过相对平衡位置的时刻误差 $e$ 达到最小值且为 0，此时控制器刚度项 $K_\mathrm{p}e$ 为 0，但此时误差律 $e$ 刚好是最大值，因此控制器阻尼项 $K_\mathrm{d}e$ 达最大值；在偏离平衡位置的最远处的情况恰好相反，$K_\mathrm{p}e$ 达最大值而 $K_\mathrm{d}e$ 为 0；又因为在控制器的设计中，位置增益和速度增益的选取一般是不相关的，这就导致了控制器的刚度和阻尼的变化不同步，所以必然引起振型的周期性变化。

对于实模态情况，模态振型所对应的各点的振动相位差只能是 0°或 180°，结构上各点的同类振动量同时到达极值且同时经过平衡位置。为考察纯模态振动中各阶模态间的运动关系，可将式(2-22)改写为

$$
u_i(x,t)=e^{-\sigma_i t}\begin{bmatrix}a_{1i}\cos(\upsilon_i t+\theta_{1i})\\ \vdots \\ a_{Ni}\cos(\upsilon_i t+\theta_{Ni})\end{bmatrix}
$$

式中

$$
a_{ii}\overset{\mathrm{def}}{=}2\sqrt{\mathrm{Re}\,(\varphi_{ii})^2+\mathrm{Im}\,(\bar{\varphi}_{ii})^2},\theta_{ii}\overset{\mathrm{def}}{=}\arctan\frac{\mathrm{Im}(\bar{\varphi}_{ii})}{\mathrm{Re}(\varphi_{ii})},i=1,2,\cdots,N
\tag{2-24}
$$

式(2-24)表明：若 $\mathrm{Im}(\bar{\varphi}_{ii})\neq 0$ 或 $\mathrm{Re}(\varphi_{ii})\neq 0$，各自由度的振动相位将不一致。这会导致各个自由度在不同的时刻到达平衡位置或幅值最大值处，系统在不同时刻的振动形态自然也不相似。产生相位差的原因在于，作用在各个自由度上的阻尼力不与当地的惯性力、弹性力成 Rayleigh 阻尼关系。可见，式(2-22)完备地描述了考虑关节控制器反馈约束作用后，臂杆在各个相对平衡位置附近各个自由度做纯模态振动时幅值间的比例关系和相对相位值，从而确定了纯模态振动的形态。

### 2.2.5　状态空间求解的复模态法

实模态分析法的理论基础是基于系统的无阻尼或比例阻尼假设，即振动方程 $\boldsymbol{M\ddot{u}}+$

$\boldsymbol{C}\dot{\boldsymbol{u}}+\boldsymbol{K}\boldsymbol{u}=0$ 中的阻尼阵 $\boldsymbol{C}$ 可以表示为 Rayleigh 阻尼的形式：$\boldsymbol{C}=\alpha\boldsymbol{M}+\beta\boldsymbol{K}$，这种情形下就能通过固有振型矩阵变换完成加权正交，从而使方程解耦。若定义固有振型矩阵 $\boldsymbol{\Phi}=[\varphi_1,\varphi_2\cdots\varphi_n]$ 和模态坐标矩阵 $\boldsymbol{q}=[q_1,q_2\cdots q_n]^{\mathrm{T}}$，且将振动位移 $\boldsymbol{u}$ 进行模态坐标变换 $\boldsymbol{u}=\boldsymbol{\Phi}\boldsymbol{q}$，则 $\boldsymbol{\Phi}^{\mathrm{T}}\boldsymbol{M}\boldsymbol{\Phi}=\hat{\boldsymbol{M}}$，$\boldsymbol{\Phi}^{\mathrm{T}}\boldsymbol{C}\boldsymbol{\Phi}=\hat{\boldsymbol{C}}$，$\boldsymbol{\Phi}^{\mathrm{T}}\boldsymbol{K}\boldsymbol{\Phi}=\hat{\boldsymbol{K}}$，且满足

$$\hat{\boldsymbol{M}}=\begin{bmatrix}M_1 & & 0\\ & \ddots & \\ 0 & & M_n\end{bmatrix},\hat{\boldsymbol{C}}=\begin{bmatrix}2\zeta_1\omega_1 & & 0\\ & \ddots & \\ 0 & & 2\zeta_n\omega_n\end{bmatrix},\hat{\boldsymbol{K}}=\begin{bmatrix}M_1\omega_1^2 & & 0\\ & \ddots & \\ 0 & & M_n\omega_n^2\end{bmatrix}$$

对考虑关节控制器反馈约束特性的臂杆进行模态分析时，可以通过将式(2-21)和式(2-22)代入式(2-1)得到臂杆振动的偏微分方程 PDEs。通过上小节频域内的模态分析已经得知，关节控制器反馈约束边界条件的引入，使模态振型和模态频率均位于复数域，且由于控制器阻尼项 $K_d e$ 的引入，导致最终系统的阻尼阵 $\bar{\boldsymbol{C}}$ 在物理坐标和实振型坐标下无法解耦，此时需要发展一种新的坐标描述——状态空间描述，以对由复模态振型产生的一般欠阻尼振动方程：

$$\begin{cases}\bar{\boldsymbol{M}}\ddot{\boldsymbol{u}}+\bar{\boldsymbol{C}}\dot{\boldsymbol{u}}+\bar{\boldsymbol{K}}\boldsymbol{u}=\boldsymbol{0}\\ \boldsymbol{u}(0)=\boldsymbol{u}_0,\ \dot{\boldsymbol{u}}(0)=\dot{\boldsymbol{u}}_0\end{cases}\tag{2-25}$$

进行解耦处理，从而最终求得模态解。

由于控制器的伺服刚度和阻尼并不能直接体现为系统的能量输入，因此，通过采用传统分析力学的 Lagrange 第二类方程或 Hamilton 正则方程来求取刚度阵 $\bar{\boldsymbol{K}}$ 和欠阻尼阵 $\bar{\boldsymbol{C}}$ 的表达式并不是一件容易的事情。然而，基于广义主动力和广义位移的 Hamilton 变分原理则提供了一种解决该类问题的途径，若将关节控制器的驱动力视为系统的外部主动非保守力，该主动力沿轨迹偏差的位移做功，由此形成变分，最终可以通过非保守系统的 Hamilton 变分原理得到系统的振动动力学方程。该部分内容的推导过程详见第三章的第 3.2.1 小节。在此小节中，假设 $\bar{\boldsymbol{M}}$、$\bar{\boldsymbol{C}}$、$\bar{\boldsymbol{K}}$ 均已知。

引入由振动位移和速度组成的状态向量 $\boldsymbol{y}\overset{\mathrm{def}}{=}[\boldsymbol{u}\quad\dot{\boldsymbol{u}}]^{\mathrm{T}}$ 和恒等式 $\bar{\boldsymbol{M}}\dot{\boldsymbol{u}}-\bar{\boldsymbol{M}}\dot{\boldsymbol{u}}=0$，则式(2-25)可重新写为

$$\begin{cases}\boldsymbol{A}\dot{\boldsymbol{y}}+\boldsymbol{B}\boldsymbol{y}=\boldsymbol{0} & (2\text{-}26\text{a})\\ y(0)=y_0 & (2\text{-}26\text{b})\end{cases}$$

式中

$$\boldsymbol{A}\overset{\mathrm{def}}{=}\begin{bmatrix}\bar{\boldsymbol{C}} & \bar{\boldsymbol{M}}\\ \bar{\boldsymbol{M}} & \boldsymbol{0}\end{bmatrix},\boldsymbol{B}\overset{\mathrm{def}}{=}\begin{bmatrix}\bar{\boldsymbol{K}} & \boldsymbol{0}\\ \boldsymbol{0} & -\bar{\boldsymbol{M}}\end{bmatrix},\boldsymbol{y}_0\overset{\mathrm{def}}{=}\begin{bmatrix}\boldsymbol{u}_0\\ \dot{\boldsymbol{u}}_0\end{bmatrix}\tag{2-27}$$

显然，$\boldsymbol{A}$ 和 $\boldsymbol{B}$ 是实对称阵。

设 $\lambda$ 为系统的复特征值，$\boldsymbol{\Psi}$ 为与之相对应的共轭复特征向量，则系统在状态空间中的运动可表示为 $y=\boldsymbol{\Psi}\mathrm{e}^{\lambda t}$，将其代入式(2-26)可得欠阻尼系统的特征值问题：

$$(\lambda\boldsymbol{A}+\boldsymbol{B})\boldsymbol{\Psi}\overset{\mathrm{def}}{=}\left[\lambda\begin{bmatrix}\bar{\boldsymbol{C}} & \bar{\boldsymbol{M}}\\ \bar{\boldsymbol{M}} & \boldsymbol{0}\end{bmatrix}+\begin{bmatrix}\bar{\boldsymbol{K}} & \boldsymbol{0}\\ \boldsymbol{0} & -\bar{\boldsymbol{M}}\end{bmatrix}\right]\begin{bmatrix}\tilde{\boldsymbol{\Psi}}\\ \hat{\boldsymbol{\Psi}}\end{bmatrix}=\boldsymbol{0}\tag{2-28}$$

其中特征向量 $\boldsymbol{\Psi}$ 定义为 $\boldsymbol{\Psi}_i\overset{\mathrm{def}}{=}\begin{bmatrix}\tilde{\boldsymbol{\Psi}}_i\\ \hat{\boldsymbol{\Psi}}_i\end{bmatrix}=\begin{bmatrix}\varphi_i\\ \lambda_i\varphi_i\end{bmatrix}$，即欠阻尼系统的特征值问题具有共轭特征对。

式(2-28)可写为$-\lambda\boldsymbol{A\Psi}=\boldsymbol{B\Psi}$的形式，左乘$\boldsymbol{B}^{-1}$可得

$$-\lambda\boldsymbol{B}^{-1}\boldsymbol{A\Psi}=\boldsymbol{I\Psi} \tag{2-29}$$

即

$$\left(\boldsymbol{D}-\frac{1}{\lambda}\boldsymbol{I}\right)\boldsymbol{\Psi}=0 \tag{2-30}$$

其中 $\boldsymbol{D}=\boldsymbol{B}^{-1}\boldsymbol{A}=\begin{bmatrix}-\bar{\boldsymbol{K}}^{-1}\bar{\boldsymbol{C}} & -\bar{\boldsymbol{K}}^{-1}\bar{\boldsymbol{M}}\\ \boldsymbol{I} & \boldsymbol{0}\end{bmatrix}$，$\boldsymbol{B}^{-1}=\begin{bmatrix}\bar{\boldsymbol{K}}^{-1} & \boldsymbol{0}\\ \boldsymbol{0} & -\bar{\boldsymbol{M}}^{-1}\end{bmatrix}$，矩阵 $\boldsymbol{D}$ 称为动力阵，显然不是对称阵。方程(2-30)具有非零解的充分条件：

$$\det\left(\boldsymbol{D}-\frac{1}{\lambda}\boldsymbol{I}\right)=0 \tag{2-31}$$

对于$n$个自由度的弱阻尼系统，求解上式可得到$2n$个具有负实部的复特征值。由于特征多项式的系数都是实数，根据多项式根的定理，这$2n$个复特征值必然共轭成对出现。这个结论与式(2-17)一致。类似于式(2-23)的分析，互异特征值的特征向量之间具有加权正交关系，于是可得到以下定理：

**定理 2.2**　特征向量$\boldsymbol{\Psi}_i$和$\boldsymbol{\Psi}_s$关于矩阵$\boldsymbol{A}$和$\boldsymbol{B}$是正交的。

证明：式(2-28)可写为$-\lambda\boldsymbol{A\Psi}=\boldsymbol{B\Psi}$的形式，于是存在：

$$\begin{cases}-\lambda_i\boldsymbol{A\Psi}_i=\boldsymbol{B\Psi}_i & \text{(2-32a)}\\ -\lambda_s\boldsymbol{A\Psi}_s=\boldsymbol{B\Psi}_s & \text{(2-32b)}\end{cases}$$

注意到$\boldsymbol{A}=\boldsymbol{A}^{\mathrm{T}}$，$\boldsymbol{B}=\boldsymbol{B}^{\mathrm{T}}$，用$\boldsymbol{\Psi}_s^{\mathrm{T}}$左乘式(2-32a)，并将等式两端同时转置，得

$$-\lambda_i\boldsymbol{\Psi}_i^{\mathrm{T}}\boldsymbol{A\Psi}_s=\boldsymbol{\Psi}_i^{\mathrm{T}}\boldsymbol{B\Psi}_s \tag{2-33}$$

用$\boldsymbol{\Psi}_i^{\mathrm{T}}$左乘式(2-32b)，得：

$$-\lambda_s\boldsymbol{\Psi}_i^{\mathrm{T}}\boldsymbol{A}\ \boldsymbol{\Psi}_s=\boldsymbol{\Psi}_i^{\mathrm{T}}\boldsymbol{B\Psi}_s \tag{2-34}$$

将式(2-33)和式(2-34)相减可得到：

$$(\lambda_s-\lambda_i)\boldsymbol{\Psi}_i^{\mathrm{T}}\boldsymbol{A}\ \boldsymbol{\Psi}_s=0 \tag{2-35}$$

于是有如下正交关系存在：

$$\boldsymbol{\Psi}_i^{\mathrm{T}}\boldsymbol{A\Psi}_s=a_i\delta_{is} \tag{2-36}$$

同理：

$$\boldsymbol{\Psi}_i^{\mathrm{T}}\boldsymbol{B\Psi}_s=b_i\delta_{is} \tag{2-37}$$

式中，$\delta_{is}$为 Kronecker 符号；$a_i$称为第$i$阶模态参与因子，反映了第$i$阶模态贡献的大小。

同时，矩阵$\bar{\boldsymbol{M}}$正定使得矩阵$\boldsymbol{A}$满秩，有：

$$\begin{cases}-\lambda_i a_i=b_i\\ -\bar{\lambda}_i\bar{a}_i=\bar{b}_i\end{cases} \tag{2-38}$$

这表明通过复振型矩阵$\boldsymbol{\Psi}=[\boldsymbol{\Psi}_1,\bar{\boldsymbol{\Psi}}_1,\boldsymbol{\Psi}_2,\bar{\boldsymbol{\Psi}}_2,\cdots,\boldsymbol{\Psi}_n,\bar{\boldsymbol{\Psi}}_n]$可将$\boldsymbol{A}$和$\boldsymbol{B}$对角化，从而使方程$\lambda\boldsymbol{A\Psi}+\boldsymbol{B\Psi}=0$解耦。

证毕。

另外，考虑到$\boldsymbol{y}\overset{\mathrm{def}}{=}[\boldsymbol{u}\quad\dot{\boldsymbol{u}}]^{\mathrm{T}}$，若设关于位移$\boldsymbol{u}$的振型矩阵为$\boldsymbol{\Phi}$，且解的形式为$\boldsymbol{u}=\boldsymbol{\Phi}\mathrm{e}^{\lambda t}$，则$\dot{\boldsymbol{u}}=\lambda\boldsymbol{\Phi}\mathrm{e}^{\lambda t}$，因此

$$\boldsymbol{\Psi}=\begin{bmatrix}\boldsymbol{\Phi}\\ \boldsymbol{\Phi\Lambda}\end{bmatrix} \tag{2-39}$$

其中 $\boldsymbol{\Lambda}=[\lambda_1,\bar{\lambda}_1,\lambda_2,\bar{\lambda}_2,\cdots,\lambda_n,\bar{\lambda}_n]$。

于是，可得到方程式(2-26)的解耦方法：

以复振型矩阵 $\boldsymbol{\Psi}$ 为坐标变换阵，令线性变换 $\boldsymbol{y}=\boldsymbol{\Psi q}$，代入式(2-26a)中得：

$$\boldsymbol{A\Psi\dot{q}}+\boldsymbol{B\Psi q}=0 \tag{2-40}$$

两边左乘 $\boldsymbol{\Psi}^{\mathrm{T}}$，根据式(2-36)和式(2-37)的正交关系有第 $i$ 个方程：

$$a_i\dot{q}_i+b_iq_i=0 \tag{2-41}$$

注意到式(2-38)，则式(2-41)可写为

$$\dot{q}_i-\lambda_iq_i=0 \tag{2-42}$$

若将线性变换 $\boldsymbol{y}=\boldsymbol{\Psi q}$ 代入式(2-26)的式($b$)中并左乘 $\boldsymbol{\Psi}_i^{\mathrm{T}}\boldsymbol{A}$，可得：

$$q_i(0)=\frac{\boldsymbol{\Psi}_i^{\mathrm{T}}\boldsymbol{A}\,\boldsymbol{y}_0}{a_i} \tag{2-43}$$

解初值问题式(2-42)和式(2-43)得：

$$q_i(t)=\frac{\boldsymbol{\Psi}_i^{\mathrm{T}}\boldsymbol{A}\,\boldsymbol{y}_0}{a_i}\mathrm{e}^{\lambda_it} \tag{2-44}$$

将该式代回线性变换式 $\boldsymbol{y}=\boldsymbol{\Psi q}$，可得到系统的第 $i$ 阶自由振动：

$$\boldsymbol{y}_i=\frac{\boldsymbol{\Psi}_i\boldsymbol{\Psi}_i^{\mathrm{T}}\boldsymbol{A}\,\boldsymbol{y}_0}{a_i}\mathrm{e}^{\lambda_it} \tag{2-45}$$

将式(2-27)和式(2-39)代入式(2-45)可得到原系统用物理坐标描述的自由振动：

$$\boldsymbol{u}_i=\frac{\boldsymbol{\Psi}_i\boldsymbol{\Psi}_i^{\mathrm{T}}}{a_i}[\bar{\boldsymbol{M}}(\dot{\boldsymbol{u}}_0+\lambda_i\boldsymbol{u}_0)+\bar{\boldsymbol{C}}\boldsymbol{u}_0]\mathrm{e}^{\lambda_it} \tag{2-46}$$

## 2.2.6 数值仿真与分析

给定系统参数：柔轮刚度 $K_{\mathrm{h}}=7.5\times10^3$ N·m/rad，减速比 $N=100$，柔性臂尺寸为 1000 mm×30 mm×8 mm，材料为铝，弹性模量 $E=71$ GPa，密度 $\rho=2.71\times10^3$ kg/m$^3$。利用前两小节推导的相关公式(2-16)～式(2-21)可以进行模态参数的求解，结果如表 2-1 所示。

**表 2-1 反馈约束柔性机械臂和悬臂梁的模态参数**

| 端点质量/kg | 悬臂梁 | 反馈约束柔性机械臂 | | | | |
|---|---|---|---|---|---|---|
| | 基频/Hz | $K_{\mathrm{p}}$ | $K_{\mathrm{d}}$ | 基频/Hz | 降低率 | 阻尼比 $\zeta_1$ |
| 0 | 6.615 | 1 | 0.01 | 3.033 | 54.14% | 0.889 |
| | | 10 | 0.01 | 5.56 | 15.95% | 0.542 |
| | | 50 | 0.1 | 6.247 | 5.56% | 0.329 |
| 0.65 | 2.931 | 1 | 0.01 | 1.472 | 49.78% | 0.865 |
| | | 10 | 0.01 | 2.541 | 13.30% | 0.498 |
| | | 50 | 0.1 | 2.798 | 4.52% | 0.297 |

续表

| 端点质量/kg | 悬臂梁 | 反馈约束柔性机械臂 | | | | |
|---|---|---|---|---|---|---|
| | 基频/Hz | $K_p$ | $K_d$ | 基频/Hz | 降低率 | 阻尼比 $\zeta_1$ |
| 1.3 | 2.180 | 1 | 0.01 | 1.107 | 49.20% | 0.861 |
| | | 10 | 0.01 | 1.896 | 13.00% | 0.493 |
| | | 50 | 0.1 | 2.084 | 4.42% | 0.294 |
| 3 | 1.480 | 1 | 0.01 | 0.758 | 48.81% | 0.859 |
| | | 10 | 0.01 | 1.291 | 12.79% | 0.489 |
| | | 50 | 0.1 | 1.416 | 4.34% | 0.291 |

其中,"降低率"表示反馈约束柔性机械臂的频率与悬臂梁频率相比时的降低程度,反映了控制器约束下柔性机械臂频率的下降程度。"阻尼比"不同于经典振动理论中单自由度振动系统衰减的阻尼比的意义,而是由式(2-19)中 $\zeta_1$ 决定的值,它反映了控制器作用下系统振动的衰减程度。

由表 2-1 的数据可知,$K_p$和 $K_d$取值较小时,系统的基频很低,降低率最高可达 50%以上,随着 $K_p$和 $K_d$的增大,系统的基频会渐渐接近于静态悬臂梁,但考虑到实际系统运行的平稳性和避免自激振荡,伺服增益一般不可能取得过大。通常情况下,控制器在允许范围内取较大的位置增益以加快瞬间反应速度,取较小的速度增益以克服振荡并减小超调,这将使得系统的固有频率要低于悬臂梁,而速度增益 $K_d$的引入,使控制器可以产生阻尼约束,这对于系统的稳定性是有利的。$\zeta_1$ 越小,说明系统在受控和不受控时衰减程度的差值越小,即系统对控制器速度增益形成的主动阻尼的依赖程度越小,此时的主动控制作用就越不明显。按照经典振动理论,梁的端点质量越大则 $\zeta_1$ 值越小,即此时控制器对系统振动的影响应该不明显,但表 2-1 的数据说明,端点质量的增大没有改变控制器对反馈约束柔性臂模态的影响,$\zeta_1$ 值仍然随 $K_p$和 $K_d$值的变化而变化。

以上分析表明:柔性臂在受控条件下机械刚度和阻尼已不再起决定性作用,其模态特性主要取决于控制器位置增益形成的控制刚度和速度增益形成的主动阻尼。

柔性臂杆在控制器约束下的振型函数有不同于悬臂梁的特点,取表 2-1 中"端点质量 0 kg 且 $K_p=1$、$K_d=0.01$"时的参数代入式(2-20)进行计算,得到反馈约束柔性臂前两阶正则规范化复模态振型 $\varphi_1(x)$和 $\varphi_2(x)$的实部和虚部,其函数曲线分别如图 2-2 所示。同时,也给出了相同物理和几何参数下悬臂梁的前两阶正则规范化主振型以进行比较。由图 2-2 所示的(c)和(d)可见,反馈约束下的柔性臂自由振动不同步,其振型虚部不为零将导致相位的超前或滞后。

同样,取表 2-1 中"端点质量 0 kg 且 $K_p=1$、$K_d=0.01$"时的参数代入式(2-22)可得到以考虑第一阶模态作为臂杆末端振动位移主要组成部分的实部和虚部,以及相位轨迹,如图 2-3 所示。图 2-3 中,图(a)和图(b)分别给出了反馈约束柔性臂和悬臂梁末端点振动位移的实部和虚部随时间的变化规律比较;图(c)和图(d)则分别给出了两者振动量的相轨迹图。显然,反馈约束条件下柔性臂的振动趋于衰减,而不考虑材料阻尼特性和反馈约束特性的悬臂梁振动则为等幅振荡。

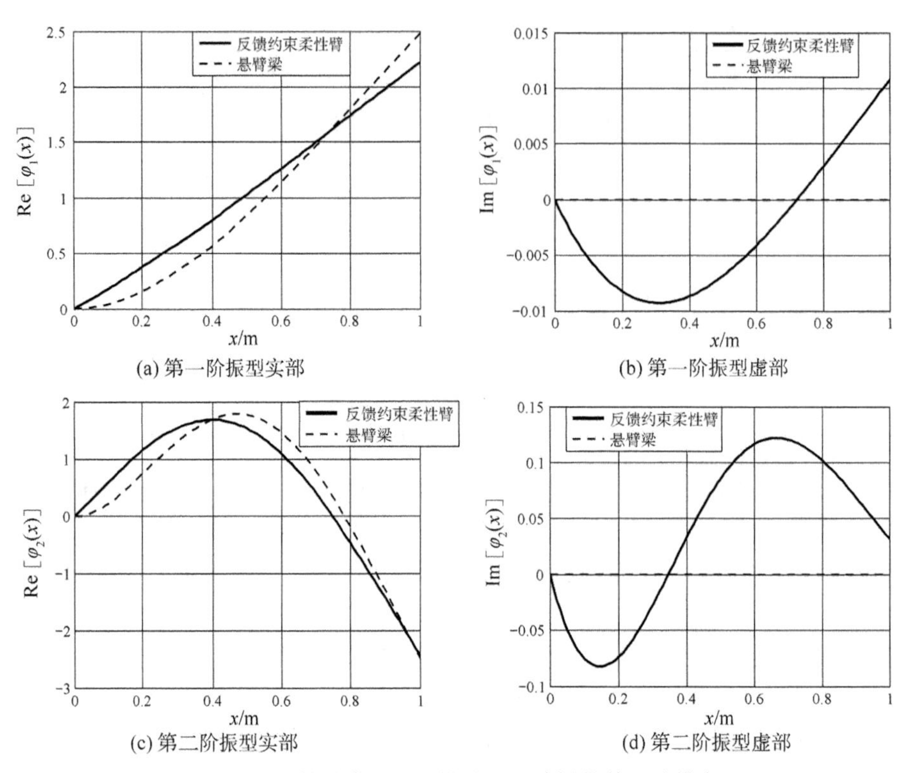

(a) 第一阶振型实部　(b) 第一阶振型虚部

(c) 第二阶振型实部　(d) 第二阶振型虚部

图 2-2　反馈约束柔性机械臂和悬臂梁的前两阶模态

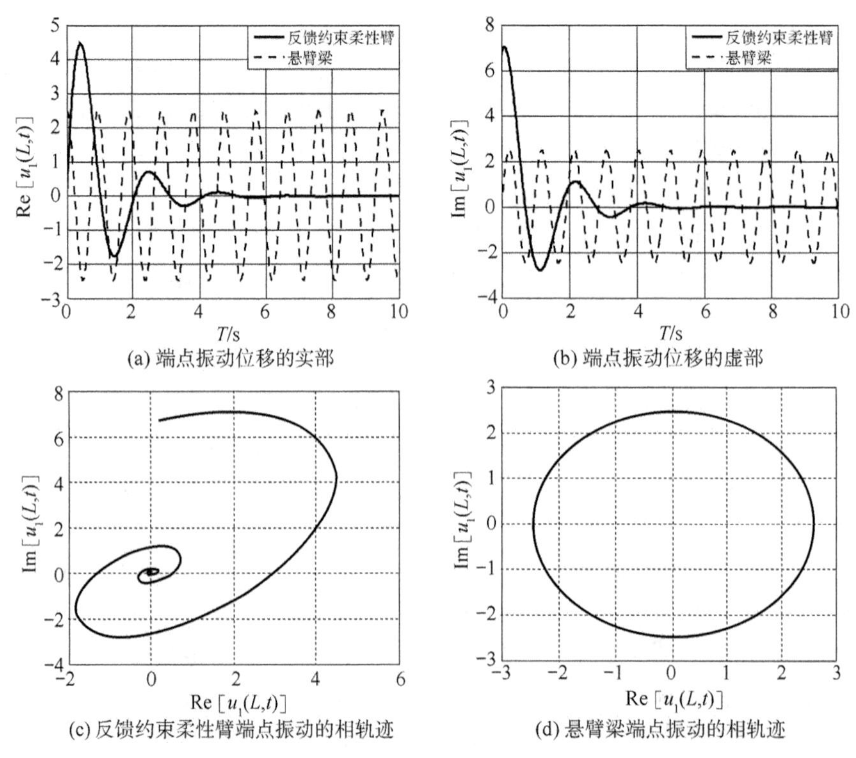

(a) 端点振动位移的实部　(b) 端点振动位移的虚部

(c) 反馈约束柔性臂端点振动的相轨迹　(d) 悬臂梁端点振动的相轨迹

图 2-3　反馈约束柔性臂和悬臂梁末端的振动位移和相轨迹

## 2.3　柔体机器人的刚/柔耦合模态分析

### 2.3.1　大范围刚体运动时的模态分析

以图 2-1 所示的单连杆大柔度空间机械臂系统为研究对象，采用 Euler-Bernoulli 梁模型，其动力学方程可写为

$$E_1 I_1 \frac{\partial^4 u_1}{\partial x_1^4} + \rho_1 A_1 \frac{\partial^2 u_1}{\partial t^2} + \rho_1 A_1 x_1 \ddot{\theta}_1 = 0 \tag{2-47a}$$

$$(J_1 + J_b)\ddot{\theta}_1 + \rho_1 A_1 \int_0^{L_1} x_1 \frac{\partial^2 u_1}{\partial t^2} \mathrm{d}x_1 = \tau_1 \tag{2-47b}$$

式中，$J_b = \rho_1 A_1 \int_0^{L_1} x_1^2 \mathrm{d}x_1$，是柔性臂杆相对旋转中心的转动惯量。

几何、应力边界条件如下。

(1)$x = 0$ 处，位移为 0，转角为 0：

$$u_1(0,t) = 0$$

$$\frac{\partial u_1}{\partial x_1}(0,t) = 0$$

(2)$x = L$ 处，弯矩为 0，剪力为 0：

$$EIu''_1(L_1,t) = 0$$

$$EIu'''_1(L_1,t) = 0$$

由式(2-47a)可知，若要将含有刚性运动变量 $\theta$ 的项消除，须采用变量替换的方法，因而可引入新变量

$$v(x_1,t) = u_1(x_1,t) + x_1\theta_1 \tag{2-48}$$

将式(2-48)代入(2-47)及其各边界条件，得到如下用变量 $v$ 表示的系统方程式

$$\left.\begin{aligned} &E_1 I_1 \frac{\partial^4 v}{\partial x_1^4} + \rho_1 A_1 \frac{\partial^2 v}{\partial t^2} = 0 \\ &J_1 \ddot{\theta}_1 + \rho_1 A_1 \int_0^{L_1} x_1 \frac{\partial^2 v}{\partial t^2} \mathrm{d}x_1 = \tau_1 \end{aligned}\right\} \tag{2-49}$$

边界条件相应地变为

$$\left.\begin{aligned} &v(0,t) = 0 \\ &\frac{\partial v}{\partial x_1}(0,t) = \theta_1 \\ &EIv''(L_1,t) = 0 \\ &EIv'''(L_1,t) = 0 \end{aligned}\right\} \tag{2-50}$$

此时，式(2-49)转化为能利用传统的变量分离方法进行求解的标准微分方程形式，进行模态分析求解时可设第 $i$ 阶主振动为

$$\begin{aligned} &v_i(x_1,t) = V_i(x_1)\cos(\omega_i t) \\ &\theta_i(t) = \Theta_i \cos(\omega_i t) \end{aligned} \tag{2-51}$$

式中，$V_i(x_1)$ 为第 $i$ 阶振动模态形函数；$\Theta_i$ 为常数量；$\omega_i$ 为第 $i$ 阶振动角频率。联立式

(2-49) ～ 式(2-51) 即可求出相应的模态参数，由于本小节主要研究大范围刚体运动对臂杆自身弹性振动的影响，故方程式(2-49) 中的 $\tau_1$ 取为 0，此时可得到

$$V_i(x_1)=D_i\left\{\cos(k_ix_1)-\cosh(k_ix_1)+\alpha_i[\sin(k_ix_1)+\sinh(k_ix_1)]+\beta_i[\sin(k_ix_1)-\sinh(k_ix_1)]\right\} \tag{2-52}$$

式中，$D_i$ 为任意非零常量。

$$\alpha_i=\frac{3}{(L_1k_i)^3}\cdot\frac{J_b}{J_1}$$

$$\beta_i=\frac{\sin(k_iL_1)-\sinh(k_iL_1)+\alpha_i[\cosh(k_iL_1)-\cos(k_iL_1)]}{\cos(k_iL_1)+\sinh(k_iL_1)}$$

式中，$k_i$ 可由如下频率方程解得

$$1+\cos(k_iL_1)\cosh(k_iL_1)-\alpha_i[\cos(k_iL_1)\sinh(k_iL_1)-\sin(k_iL_1)\cosh(k_iL_1)]=0 \tag{2-53}$$

而角频率与 $k_i$ 的关系表示为

$$\omega_i=\sqrt{\frac{E_1I_1}{\rho_1A_1}}k_i^2$$

常数 $\Theta_i$ 的值为

$$\Theta_i=\frac{2\rho_1A_1}{J_1k_i^2}D_i$$

至此，柔性臂的大范围刚体运动与其自身弹性振动的刚/柔耦合模态分析得以求解，该条件下的振动模态主要反映了刚体运动引起的切向惯性力对传统静模态参数的影响。

### 2.3.2 数值仿真与分析

为验证理论分析的有效性，给定系统参数进行数值仿真是必要的。柔性臂杆的参数同 2.2.6 节，转轴处的集中惯量 $J_1$ 为待定变量。仍然用二分法求解式(2-53)，可得到刚/柔耦合条件下柔性臂的模态频率特征根，求解结果见表 2-2。

分析表 2-2 的数值解可知，若臂杆自身的惯量和关节转轴处的集中惯量相差不大(如 $J_b/J_1=0.01$ 或 0.1)时，刚/柔耦合运动对臂杆基频的影响不大，与静态约束下的悬臂梁相比，频率值的提高幅度在 5%以内；若 $J_b/J_1=1$，此时柔性臂的基频提高幅值为 39.35%；尤其是 $J_b/J_1=10$ 时，基频的变化更明显，达 1.85 倍之多。这表明刚/柔耦合运动对柔性臂模态的影响取决于臂杆和关节转轴处的惯量比值 $J_b/J_1$，若 $J_b$ 远小于 $J_1$，则刚/柔耦合运动对柔性臂模态的影响不大，此时按照静态悬臂梁模型处理与真实相差不大；若 $J_b/J_1>1$，则刚/柔耦合运动对柔性臂模态的影响不能忽略，必须按照式(2-52)和式(2-53)进行计算，以保证数值结果与真实值间的误差尽可能小。

**表 2-2 柔性臂刚/柔耦合运动的模态特征根**

| 惯量比 $J_b/J_1$ | 0.01 | 0.1 | 1 | 10 |
| --- | --- | --- | --- | --- |
| $k_1$ | 1.879 64 | 1.918 91 | 2.213 5 | 3.167 65 |
| $k_2$ | 4.694 38 | 4.696 99 | 4.723 4 | 5.001 12 |

续表

| 惯量比 $J_b/J_1$ | 0.01 | 0.1 | 1 | 10 |
| --- | --- | --- | --- | --- |
| $k_3$ | 7.854 82 | 7.855 38 | 7.860 97 | 7.918 96 |
| $k_4$ | 10.995 6 | 10.995 8 | 10.997 8 | 11.018 5 |
| $k_5$ | 14.137 2 | 14.137 3 | 14.138 2 | 14.147 9 |
| 柔性臂基频/Hz | 6.646 79 | 6.927 46 | 9.217 7 | 18.877 3 |
| 悬臂梁基频/Hz | 6.614 77 | | | |

根据特征根和式(2-52)可得到柔性臂在刚/柔耦合运动条件下的模态振型，其振型曲线如图 2-4 所示。显然，$J_b/J_1=10$ 时，柔性臂的一阶振型变化最明显，而 $J_b/J_1<10$ 时，前两阶振型的变化均不明显，形状基本与静态悬臂梁保持一致。

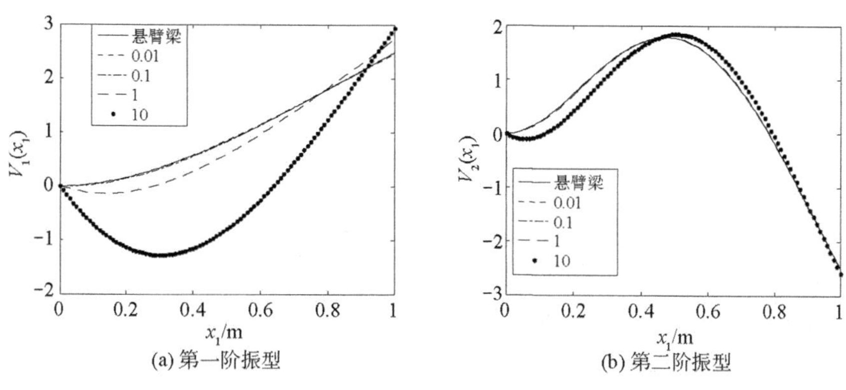


图 2-4　柔性臂刚/柔耦合运动的前两阶模态振型

## 2.4　多自由度柔体机器人的有限元模态分析

### 2.4.1　虚拟样机技术

为提高自身操作的灵活性和执行任务的可靠性，工程领域应用的柔体机器人系统具有多自由度、多活动部件的特征。众所周知，笛卡儿空间共由 6 个自由度组成，分别对应笛卡儿坐标轴的 3 个平动和 3 个转动，因而机械臂系统要实现笛卡儿空间内的灵活操作，一般至少要设计为 6 个关节来对应空间的 6 个自由度，至于自由度数多于 6 的机械臂系统则隶属于冗余度机器人范畴。柔体机器人一般设计为双连杆结构，即大臂连接小臂，从基座处开始的腰部、肩部、肘部为前 3 个自由度，可以对机械臂的末端进行定位；手腕处设计为球腕三自由度结构，一般称为末端执行器，可以对机械臂的末端进行定姿。因此可以认为，机械臂具有 3 个自由度就可以实现对空间内任意一点的定位操作了。可见，对具有了上述结构特征的空间柔性机械臂系统进行模态分析，传统的解析法已很难适用，因为经典振动理论中的振型函数解析式均对应简单的单个梁式构件，对于由多个构件装配后形成的整体系统而言，即使借助分析力学的手段建立振动模型，也将很难找到合适的形函数进行解析求解。在这种困境下，虚拟样机技术应运而生。

本节在 Pro/Engineer 环境下设计了具有 6 个自由度的某型空间柔性机械臂的三维 *CAD* 虚拟样机，如图 2-5 所示。该机械臂的结构特点是采用 3 个双关节和两根臂杆，其中肩、肘和腕关节各有两个自由度，结构紧凑，且最大限度满足折叠要求；采用球腕结构的设计思想使 4、5 和 6 三个关节轴线相交于一点，在运动学上易于实现解耦处理；此外，1、4、6 关节轴线共面，2、3、5 关节轴线平行，这种构型设计在位置级逆解、速度级逆解、奇异位形分析与工作空间分析方法上已较为成熟，因而适合工程领域的应用。

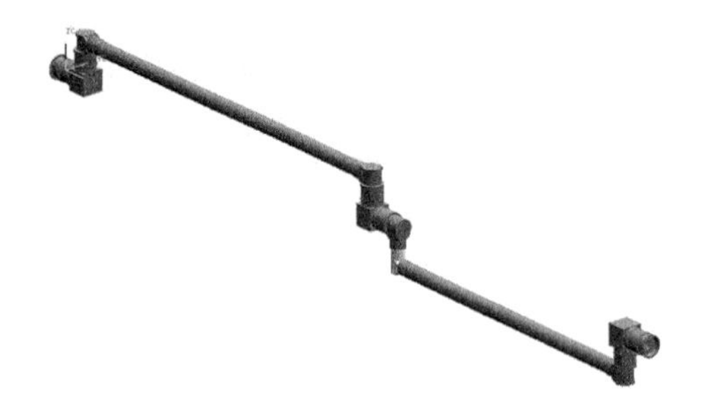

图 2-5　某型柔体机器人的三维 CAD 虚拟样机效果图

按照机器人学的 D-H 准法则建立如图 2-5 所示虚拟样机的 D-H 连杆坐标系可以查看系统的结构参数，从而分析其构型特点和结构动力特性。从图 2-6 可知，参数 $a_2$ 和 $d_4$ 分别代表了两根臂杆的几何尺寸，此处将大小臂设为等长度臂杆：$a_2=5.64\times10^3$ mm，$d_4=5.64\times10^3$ mm。

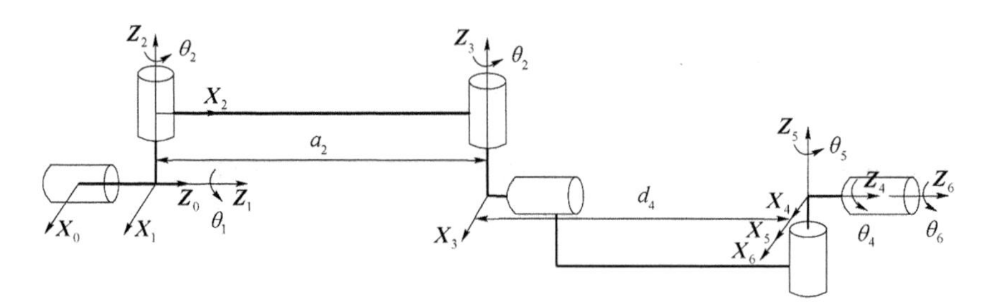


图 2-6　某型柔体机器人的 D-H 连杆坐标系

## 2.4.2　多柔体系统的有限元分析

由于柔体机器人经过装配后已不再是单独的杆件，而是由多个关节连接起来的一个多柔体系统，所以需要对样机的整体模态及其动力响应作出较为合理的分析，得到其模态特性。因柔体机器人为双连杆构型，两臂杆之间的夹角时变导致系统整体的构型时变，模态特性也随之改变。MSC. Patran/Nastran 是航天领域有效解决机械本体有限元分析的大型工程分析软件，能实现模态分析、动力学瞬态响应、动力学频率响应、瞬态冲击响应、屈曲分析、热分析等一系列与工程样机的操作任务十分接近的工况模拟。因此，可以通过此软件对将机械臂虚拟样机进行求解分析，尽可能得到接近真实工作环境的结构动力响应。

**1. 有限元几何模型的建立**

Patran 支持 3D-CAD 软件接口，可以将 Pro/E 建立的 3D 模型样机导入 Patran 下，但这样容易引起零部件过多，约束过于复杂，且存在众多对动力学分析不产生重要影响的小部件，因此，不适宜通过这种方式进行机械臂几何模型的建立。

对柔体机器人的构型特点进行分析后可知，影响其动力学特性的关键零部件是关节和臂杆，因此有必要忽略其他不重要的部件，对臂杆进行合理的简化。Patran 自身的建模功能可以实现机械臂的直接建模，现采用“短梁和大刚度的单自由度集中扭转弹簧”组合来模拟关节部分，而臂杆的形状规则，不做简化，直接选用线性梁模型进行建模。通过 Curve 曲线直接生成 Beam 梁模型，然后通过指定其截面 Property 属性得到与三维实体完全一致的模型，如图 2-7 所示。

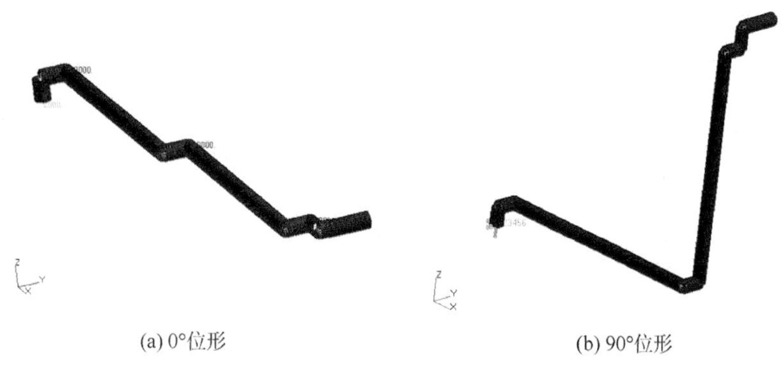

(a) 0°位形　　(b) 90°位形

图 2-7　某型空间机械的有限元模型

**2. 网格划分**

3D Solid 网格拓扑类型有四面体 Tet 单元、五面体 Wedge 单元、六面体 Hex 单元。其中以 Hex 单元精度最高。在建立好的关节和臂杆的几何模型 Curve 上直接生成 Mesh 网格，然后选择 1D 类型的 Beam 单元，在这里可以定义梁的截面形状、尺寸等数据，并且系统自动按照 Isomesh 的标准方式划分 Hex 六面体网格，这样既保证了单元的高质量，又提高了计算精度。

**3. 多体装配**

MPC 多点约束技术是一项重要的有限元建模技术，能进行零部件之间的连接与装配，可以实现铰接、固接、刚性连接、滑动等约束形式。臂杆的连接形式共有刚性连接和弹性连接两种。

关节外壳与臂杆末端通过接口刚性连接，而关节的扭簧节点处为弹性连接。采用 RBAR 类型的约束进行刚性连接的定义，其中臂杆节点定义为 Depend Node，关节外壳节点定义为 Independ Node，六个自由度全部约束。定义弹性连接时，若关节的整个 Curve 用 1D 线性扭簧 Spring 模拟，容易引起机械臂系统局部模态的失真，即扭簧的自由度出现失控，故不宜对整个关节的有限元模型采用扭簧，而是采用“短梁 Beam＋集中扭簧 Grounded Spring”的方式，将扭簧置于关节末端的节点处，以此来产生力矩驱动臂杆，且每个关节处扭簧的自由度均绕各自的轴线，这样处理与真实情形较为接近。

**4. 约束处理**

因柔体机器人根部固连在舱体上，因此创建 Displacement 约束六个自由度来固定机械臂根部,其余部分通过自身零件之间的装配关系自行约束。

**5 载荷模拟**

柔体机器人的工况可分为以下几种:

1)关节驱动力矩使机械臂沿规划路径运动

此部分力矩施加与扭簧节点处,通过定义 Force 的形式模拟不同频率和幅值的力矩及一定频率、一定幅值的力矩。其中 Force 的定义要通过场 Field 的形式来产生,关键要用 Patran 下的 PCL 函数,如 sind( )、sinr( )、cosd( )、cosr( )等。

2)捕获目标时末端受冲击力

冲击力频谱曲线的模拟需要在 Patran 下指定相关的数据,并采用经验值获得,一般为白噪声信号,分析时也是通过定义场 Field 的形式来产生。

3)末端携带集中质量

集中质量可以通过 0D 类型的 Lumped Mass 单元来模拟,在机械臂末端点处创建一个集中质量可以仿真捕获的目标。需要定义的参数包括质量和六个转动惯量。

**6. 材料属性**

臂杆材料为碳纤维,其余部分材料为铝合金。碳纤维材料密度 $\rho=1.83\times10^3$ kg/m³,弹性模量 $E=161$ GPa;铝合金密度 $\rho=2.8\times10^3$ kg/m³,弹性模量 $E=70$ GPa;扭簧刚度为 $1.0\times10^5$ N·m/rad,阻尼比为 0.01。泊松比为 0.3。

**7. 模态分析**

柔体机器人有两根连杆,且它们间的夹角时刻变化,因此需要分析在不同夹角位形下机械臂整体的模态特征。此外,由于机械臂执行负载操作任务,还需要对其在空载和负载下的模态特性分别进行分析。

### 2.4.3 某型多自由度柔体机器人的模态分析仿真

选取有代表性的特殊位形对多自由度柔体机器人模态进行仿真分析,连杆夹角分别为 0°,45°,90°,135°。限于篇幅,本节只给出 0°和 90°时的振型,如图 2-8 和图 2-9 所示。

此外,空载状态和负载 25 t 状态时,各不同夹角位形下空间柔性机械臂的相关模态频率分别见表 2-3 和表 2-4。

**表 2-3 空载时不同夹角位形下空间柔性机械臂的频率** 单位:Hz

| 频率 | 0° | 45° | 90° | 135° |
|---|---|---|---|---|
| $f_1$ | 1.415 4 | 1.542 9 | 2.858 4 | 2.292 1 |
| $f_2$ | 1.424 4 | 1.573 3 | 2.950 2 | 2.529 5 |
| $f_3$ | 12.24 | 8.299 5 | 7.850 6 | 4.970 8 |
| $f_4$ | 12.292 | 9.411 7 | 8.304 3 | 6.291 4 |
| $f_5$ | 24.386 | 28.534 | 41.869 | 27.558 |
| $f_6$ | 34.811 | 39.088 | 51.098 | 38.723 |
| $f_7$ | 53.166 | 55.436 | 62.428 | 55.866 |
| $f_8$ | 56.298 | 62.773 | 66.798 | 72.885 |

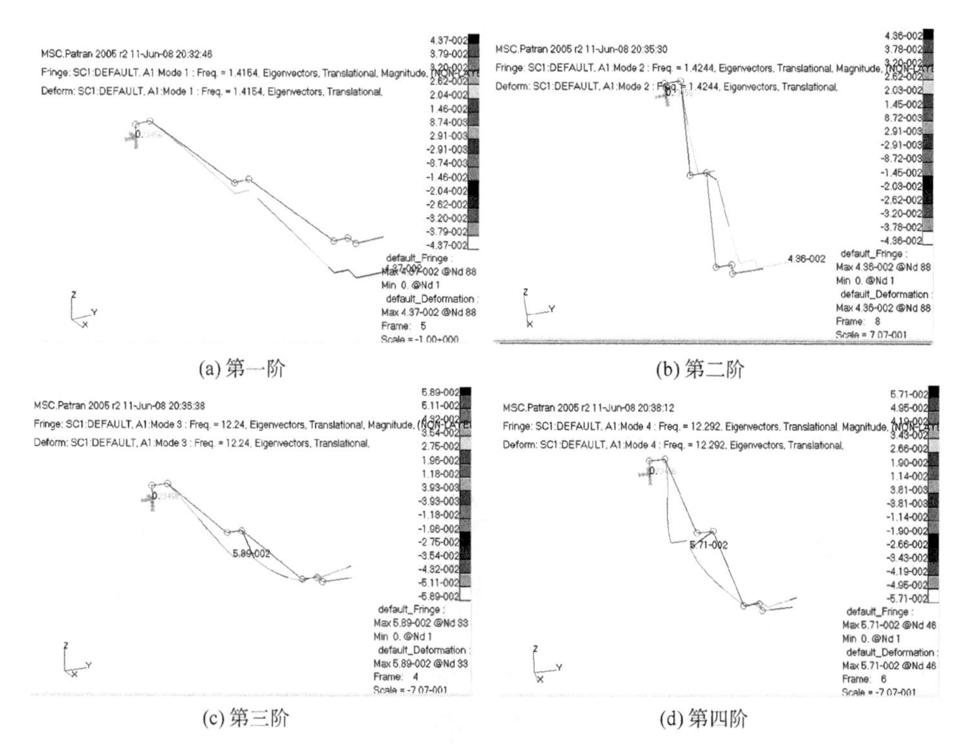


(a) 第一阶　　(b) 第二阶

(c) 第三阶　　(d) 第四阶

图 2-8　空间柔性机械臂 0°位形下的前四阶模态振型

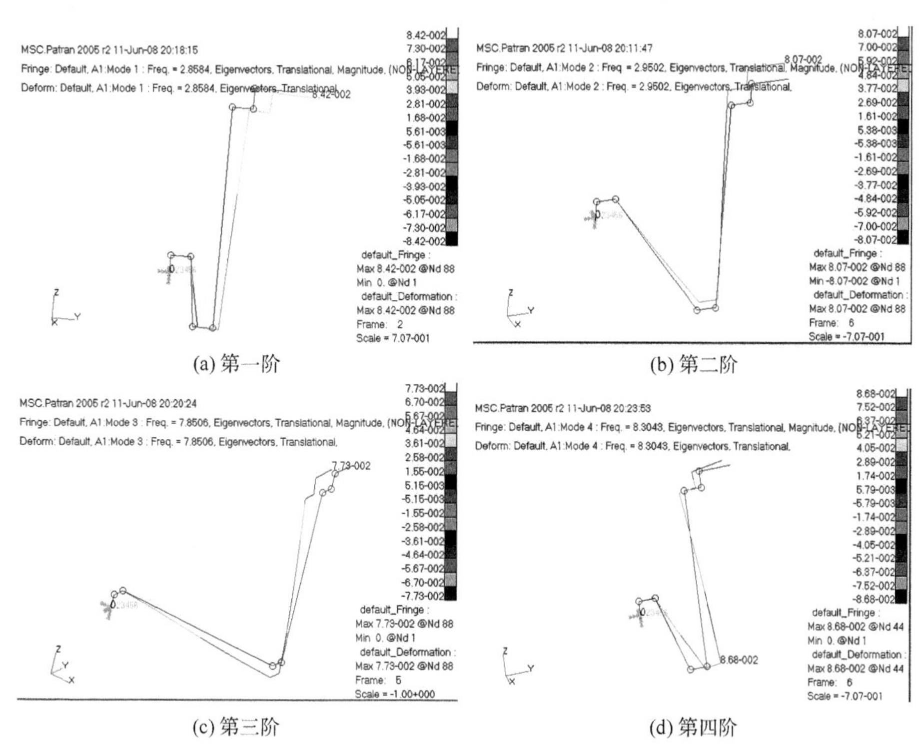


(a) 第一阶　　(b) 第二阶

(c) 第三阶　　(d) 第四阶

图 2-9　空间柔性机械臂 90°位形下的前四阶模态振型

表 2-4　末端载荷 25 t 时不同夹角位形下空间柔性机械臂的频率　　单位：Hz

| 频率 | 0° | 45° | 90° | 135° |
|---|---|---|---|---|
| $f_1$ | 0.200 21 | 0.201 07 | 0.208 37 | 0.301 0 |
| $f_2$ | 0.203 33 | 0.206 45 | 0.222 36 | 0.332 8 |
| $f_3$ | 2.026 1 | 1.235 5 | 0.704 13 | 0.901 4 |
| $f_4$ | 2.058 9 | 2.019 | 1.841 4 | 2.135 |
| $f_5$ | 4.096 7 | 3.859 3 | 3.175 5 | 4.166 8 |
| $f_6$ | 12.087 | 5.308 1 | 3.575 7 | 5.386 7 |
| $f_7$ | 15.179 | 13.057 | 10.658 | 9.787 1 |
| $f_8$ | 15.774 | 37.48 | 42.059 | 42.015 |

两杆 0 度角一阶模态振型

两杆 0 度角二阶模态振型

两杆 0 度角三阶模态振型

两杆 45 度角一阶模态振型

两杆 45 度角二阶模态振型

两杆 45 度角三阶模态振型

## 2.5　本章小结

首先提出了柔体机器人的刚/柔/控耦合模态分析概念，进而以机械臂系统中典型的柔性关节/柔性臂杆子单元对研究对象，借助反馈约束原理求得动约束状态下的复杂边界条件，最终将关节控制器参数引入臂杆在离散平衡位置附近的振动动力方程，并分别建立了频域空间和状态空间内模态求解的解析方法。计算结果表明，关节控制器的反馈约束使得臂杆的振动频率和主振型均位于复数域内。通过数值仿真，验证了理论分析的正确性和有效性。

特别地，从工程领域的实际应用角度出发，研究了多柔体系统的有限元分析方法，通过在 MSC. Patran/Nastran 环境下对多自由度某型柔体机器人的模态分析求解，得到了双连杆机械臂在不同夹角位形和不同负载条件下的前几阶模态特性参数。

# 第3章 柔体机器人的动力学方程与数值方法

## 3.1 引言

对柔性机械臂这类柔体机器人的动力特性分析由来已久,相关的研究多集中于柔性机械臂的刚/柔耦合效应,手段局限于利用实模态参数来拟合牵连系内的弹性振动,然后在惯性系内叠加刚性运动,其本质是将柔性机械臂的机械结构和动力控制分开研究,严格意义上讲,这不符合机械臂的真实运动特性。从动力学和反馈控制的角度来分析,在轨迹跟踪时机械臂关节控制器往往以误差和误差变化率作为输入参考量(其中误差对应着控制器刚度,误差率对应着控制器阻尼),而输出的调节力矩始终与机械臂的运动点矢径保持正交,并力图使之旋转,因此柔性机械臂在相对平衡位置受到的力属于约束阻尼力,即弹性理论上的非保守位形力,这使机械臂成为典型的刚/柔/控耦合系统。第2章主要解决了柔性机械臂弹性振动的刚/柔/控耦合模态分析问题,在进行机械臂整体系统的动力学建模时,为弹性变形量在连体坐标系下的数学描述提供了依据。分析力学传统的以能量分析法为主导思想的Lagrange方程和Hamilton正则方程很难对含有约束阻尼力的系统能量进行描述,因而不再适用于此条件下的建模。而变分原理从虚功的角度出发,可以对约束阻尼力对应的虚功进行变分求解,从而实现整体系统的动力学建模。

在柔性多体系统动力学方程中,低频大范围运动变量与高频弹性变形变量以刚/柔耦合项的形式存在,使这类系统的动力微分方程组本征值的数量级相差甚远,进行数值求解时难以确定合适的积分步长,由此引起微分方程数值解的病态stiff问题。拉格朗日体系下传统的隐式直接积分算法如Newmark法、Wilson-$\theta$法、Adams法等数值方法因为对步长的敏感性和本身存在的"算法阻尼",导致在较大步长和较长时间下的响应失真。Gear法通常被认为是求解刚性微分方程的经典算法,但系统中存在高频分量时使系统矩阵的某些特征值接近虚轴,算法失效。钟万勰提出的精细积分法(PIM)摒弃了差分类近似算法的全量式积分,代之以增量式积分,在哈密顿体系下实现了对一阶微分方程的精确数值求解。

本章研究的主要内容和目标是:首先利用变分原理实现空间柔性机械臂的刚/柔/控一体化建模,即将耦合控制器特性参数的建模思路合理地应用于分析力学的经典解析方法。分析拉格朗日体系下的数值积分算法在求解空间柔性机械臂强stiff微分方程时的不足,基于系统的状态空间模型设计一种适用于开、闭环条件的稳定数值PIM法。对控制器反馈约束作用下系统的动力学响应进行数值求解并与KED法进行对比分析,得到不同于经典振动理论的结论。

## 3.2 多柔体系统动力学

### 3.2.1 柔体机器人刚/柔/控耦合建模的变分原理

对于如图 2-1 所示的受约束阻尼力作用的柔体机器人系统，其在相对平衡位置的振动满足哈密顿变分原理，即

$$\int_{t_1}^{t_2}(\delta T-\delta V+\delta W)\mathrm{d}t=0 \tag{3-1}$$

式中，$T$ 是系统的动能；$\delta T$ 是 $T$ 的一阶变分；$V$ 是弹性势能；$\delta V$ 是势能的一阶变分；$\delta W$ 是主动力（含有势力以及非有势力）所做的虚功。因空间微重力环境下不考虑重力，因此该处只需考虑非有势力即关节的主动控制力。

不考虑末端质量，柔性臂上任意一点在 $O\boldsymbol{b}_1\boldsymbol{b}_2\boldsymbol{n}_3$ 系的位矢表示为

$$\boldsymbol{r}_x=x\boldsymbol{b}_1+(x\xi+\boldsymbol{u})\boldsymbol{b}_2 \tag{3-2}$$

按照 Rayleigh-Ritz 理论，取臂杆在前两阶模态下的位移函数为

$$\boldsymbol{u}=\varphi_1 q_1+\varphi_2 q_2 \tag{3-3}$$

式中，$\varphi_1$ 和 $\varphi_2$ 分别为臂杆的第一和第二阶模态振型；$q_1$ 和 $q_2$ 分别为对应的第一和第二阶模态坐标。

系统的动能为

$$\begin{aligned}T&=\frac{1}{2}\rho A\int_0^L\dot{\boldsymbol{r}}_x\dot{\boldsymbol{r}}_x\mathrm{d}x\\&=\frac{1}{2}\rho A\int_0^L\left[\varphi_1\dot{q}_1+\varphi_2\dot{q}_2-\frac{EIx(\varphi_1''\dot{q}_1+\varphi_2''\dot{q}_2)}{K_\mathrm{h}}\right]^2\mathrm{d}x\\&=\frac{1}{2}\rho A\int_0^L\Big(\varphi_1^2\dot{q}_1^2+2\varphi_1\varphi_2\dot{q}_1\dot{q}_2+\varphi_2^2\dot{q}_2^2-\frac{2EIx\varphi_1\varphi''_1\dot{q}_1^2}{K_\mathrm{h}}-\\&\quad\frac{2EIx\varphi_2\varphi_1''\dot{q}_1\dot{q}_2}{K_\mathrm{h}}+\frac{E^2I^2x^2\varphi_1''^2\dot{q}_1^2}{K_\mathrm{h}^2}-\frac{2EIx\varphi_1\varphi_2''\dot{q}_1\dot{q}_2}{K_\mathrm{h}}-\\&\quad\frac{2EIx\varphi_2\varphi_2''\dot{q}_2^2}{K_\mathrm{h}}+\frac{2E^2I^2x^2\varphi_1''\varphi_2''\dot{q}_1\dot{q}_2}{K_\mathrm{h}^2}+\frac{E^2I^2x^2\varphi_2''^2\dot{q}_2^2}{K_\mathrm{h}^2}\Big)\mathrm{d}x\end{aligned} \tag{3-4}$$

动能的一阶变分为

$$\begin{aligned}\delta T=\rho A\int_0^L\Big[&\Big(\varphi_1^2\dot{q}_1+\varphi_1\varphi_2\dot{q}_2+\frac{E^2I^2x^2\varphi_1''^2\dot{q}_1}{K_\mathrm{h}^2}+\frac{E^2I^2x^2\varphi_1''\varphi_2''\dot{q}_2}{K_\mathrm{h}^2}-\\&\frac{EIx\varphi_2\varphi_1''\dot{q}_2}{K_\mathrm{h}}-\frac{EIx\varphi_1\varphi_2''\dot{q}_2}{K_\mathrm{h}}-\frac{2EIx\varphi_1\varphi_1''\dot{q}_1}{K_\mathrm{h}}\Big)\delta\dot{q}_1+\\&\Big(\varphi_1\varphi_2\dot{q}_1+\varphi_2^2\dot{q}_2-\frac{EIx\varphi_2\varphi_1''\dot{q}_1}{K_\mathrm{h}}-\frac{EIx\varphi_1\varphi_2''\dot{q}_1}{K_\mathrm{h}}-\\&\frac{2EIx\varphi_2\varphi_2''\dot{q}_2}{K_\mathrm{h}}+\frac{E^2I^2x^2\varphi_1''\varphi_2''\dot{q}_1}{K_\mathrm{h}^2}+\frac{E^2I^2x^2\varphi_2''^2\dot{q}_2}{K_\mathrm{h}^2}\Big)\delta\dot{q}_2\Big]\mathrm{d}x\end{aligned} \tag{3-5}$$

注意到 $\delta\dot{q}_i=\dfrac{\mathrm{d}}{\mathrm{d}t}(\delta q_i)\ (i=1,2)$，分别计算式(3-5) 的第一部分 $\mathrm{R}_1$ 和第二部分 $\mathrm{R}_2$：

$$R_1=\rho A\int_0^L\Big(\varphi_1^2\dot q_1+\varphi_1\varphi_2\dot q_2+\frac{E^2I^2x^2\varphi_1''^2\dot q_1}{K_h^2}+\frac{E^2I^2x^2\varphi_1''\varphi_2''\dot q_2}{K_h^2}-\frac{EIx\varphi_2\varphi_1''\dot q_2}{K_h}-$$
$$\frac{EIx\varphi_1\varphi_2''\dot q_2}{K_h}-\frac{2EIx\varphi_1\varphi_1''\dot q_1}{K_h}\Big)\delta\dot q_1\,dx$$
$$=\rho A\int_0^L\Big\{\Big[\frac{d}{dt}(\varphi_1^2\dot q_1\delta q_1)-\varphi_1^2\ddot q_1\delta q_1\Big]+\Big[\frac{d}{dt}(\varphi_1\varphi_2\dot q_2\delta q_1)-\varphi_1\varphi_2\ddot q_2\delta q_1\Big]+$$
$$\Big[\frac{d}{dt}\Big(\frac{E^2I^2x^2\varphi_1''^2\dot q_1}{K_h^2}\delta q_1\Big)-\frac{E^2I^2x^2\varphi_1''^2\ddot q_1}{K_h^2}\delta q_1\Big]+$$
$$\Big[\frac{d}{dt}\Big(\frac{E^2I^2x^2\varphi_1''\varphi_2''\dot q_2}{K_h^2}\delta q_1\Big)-\frac{E^2I^2x^2\varphi_1''\varphi_2''\ddot q_2}{K_h^2}\delta q_1\Big]-$$
$$\Big[\frac{d}{dt}\Big(\frac{EIx\varphi_2\varphi_1''\dot q_2}{K_h}\delta q_1\Big)-\frac{EIx\varphi_2\varphi_1''\ddot q_2}{K_h}\delta q_1\Big]-\Big[\frac{d}{dt}\Big(\frac{EIx\varphi_1\varphi_2''\dot q_2}{K_h}\delta q_1\Big)-\frac{EIx\varphi_1\varphi_2''\ddot q_2}{K_h}\delta q_1\Big]-$$
$$\Big[\frac{d}{dt}\Big(\frac{2EIx\varphi_1\varphi_1''\dot q_1}{K_h}\delta q_1\Big)-\frac{2EIx\varphi_1\varphi_1''\ddot q_1}{K_h}\delta q_1\Big]\Big\}dx$$

$$R_2=\rho A\int_0^L(\varphi_1\varphi_2\dot q_1+\varphi_2^2\dot q_2-\frac{EIx\varphi_2\varphi_1''\dot q_1}{K_h}-\frac{EIx\varphi_1\varphi_2''\dot q_1}{K_h}-$$
$$\frac{2EIx\varphi_2\varphi_2''\dot q_2}{K_h}+\frac{E^2I^2x^2\varphi_1''\varphi_2''\dot q_1}{K_h^2}+\frac{E^2I^2x^2\varphi_2''^2\dot q_2}{K_h^2})\delta\dot q_2\,dx$$
$$=\rho A\int_0^L\Big\{\Big[\frac{d}{dt}(\varphi_1\varphi_2\dot q_1\delta q_2)-\varphi_1\varphi_2\ddot q_1\delta q_2\Big]+\Big[\frac{d}{dt}(\varphi_2^2\dot q_2\delta q_2)-\varphi_2^2\ddot q_2\delta q_2\Big]-$$
$$\Big[\frac{d}{dt}\Big(\frac{EIx\varphi_2\varphi_1''\dot q_1}{K_h}\delta q_2\Big)-\frac{EIx\varphi_2\varphi_1''\ddot q_1}{K_h}\delta q_2\Big]-$$
$$\Big[\frac{d}{dt}\Big(\frac{EIx\varphi_1\varphi_2''\dot q_1}{K_h}\delta q_2\Big)-\frac{EIx\varphi_1\varphi_2''\ddot q_1}{K_h}\delta q_2\Big]-$$
$$\Big[\frac{d}{dt}\Big(\frac{2EIx\varphi_2\varphi_2''\dot q_2}{K_h}\delta q_2\Big)-\frac{2EIx\varphi_2\varphi_2''\ddot q_2}{K_h}\delta q_2\Big]+$$
$$\Big[\frac{d}{dt}\Big(\frac{E^2I^2x^2\varphi_1''\varphi_2''\dot q_1}{K_h^2}\delta q_2\Big)-\frac{E^2I^2x^2\varphi_1''\varphi_2''\ddot q_1}{K_h^2}\delta q_2\Big]+$$
$$\Big[\frac{d}{dt}\Big(\frac{E^2I^2x^2\varphi_2''^2\dot q_2}{K_h^2}\delta q_2\Big)-\frac{E^2I^2x^2\varphi_2''^2\ddot q_2}{K_h^2}\delta q_2\Big]\Big\}dx$$

于是：

$$\int_{t_1}^{t_2}\delta T\,dt=\int_{t_1}^{t_2}R_1\,dt+\int_{t_1}^{t_2}R_2\,dt$$
$$=\Big[\rho A\int_0^L\Big(\varphi_1^2\dot q_1+\varphi_1\varphi_2\dot q_2+\frac{E^2I^2x^2\varphi_1''^2\dot q_1}{K_h^2}+\frac{E^2I^2x^2\varphi_1''\varphi_2''\dot q_2}{K_h^2}-$$
$$\frac{EIx\varphi_2\varphi_1''\dot q_2}{K_h}-\frac{EIx\varphi_1\varphi_2''\dot q_2}{K_h}-\frac{2EIx\varphi_1\varphi_1''\dot q_1}{K_h}\Big)dx\Big]\delta q_1\Big|_{t_1}^{t_2}+$$
$$\Big[\rho A\int_0^L\Big(\varphi_1\varphi_2\dot q_1+\varphi_2^2\dot q_2-\frac{EIx\varphi_2\varphi_1''\dot q_1}{K_h}-\frac{EIx\varphi_1\varphi_2''\dot q_1}{K_h}-$$
$$\frac{2EIx\varphi_2\varphi_2''\dot q_2}{K_h}+\frac{E^2I^2x^2\varphi_1''\varphi_2''\dot q_1}{K_h^2}+\frac{E^2I^2x^2\varphi_2''^2\dot q_2}{K_h^2}\Big)dx\Big]\delta q_2\Big|_{t_1}^{t_2}+$$

$$\begin{aligned}&\int_{t_1}^{t_2}\Big[\rho A\int_0^L\Big(\frac{EIx\varphi_2\varphi_1''\ddot{q}_2}{K_h}+\frac{EIx\varphi_1\varphi_2''\ddot{q}_2}{K_h}+\frac{2EIx\varphi_1\varphi_1''\ddot{q}_1}{K_h}-\\&\varphi_1^2\ddot{q}_1-\varphi_1\varphi_2\ddot{q}_2-\frac{E^2I^2x^2\varphi_1''^2\ddot{q}_1}{K_h^2}-\frac{E^2I^2x^2\varphi_1''\varphi_2''\ddot{q}_2}{K_h^2}\Big)\delta q_1\mathrm{d}x\Big]\mathrm{d}t+\\&\int_{t_1}^{t_2}\Big[\rho A\int_0^L\Big(\frac{EIx\varphi_2\varphi_1''\ddot{q}_1}{K_h}+\frac{EIx\varphi_1\varphi_2''\ddot{q}_1}{K_h}-\varphi_2^2\ddot{q}_2\delta q_2-\varphi_1\varphi_2\ddot{q}_1+\\&\frac{2EIx\varphi_2\varphi_2''\ddot{q}_2}{K_h}-\frac{E^2I^2x^2\varphi_1''\varphi_2''\ddot{q}_1}{K_h^2}-\frac{E^2I^2x^2\varphi_2''^2\ddot{q}_2}{K_h^2}\Big)\delta q_2\mathrm{d}x\Big]\mathrm{d}t\end{aligned}\tag{3-6}$$

因为 $\delta q_1$ 和 $\delta q_2$ 在 $t_1$、$t_2$ 时刻为零，所以 $\delta q_1\Big|_{t_1}^{t_2}$ 和 $\delta q_2\Big|_{t_1}^{t_2}$ 均为零，故

$$\begin{aligned}\int_{t_1}^{t_2}\delta T\,\mathrm{d}t=&\int_{t_1}^{t_2}\Big[\rho A\int_0^L\Big(\frac{EIx\varphi_2\varphi_1''\ddot{q}_2}{K_h}+\frac{EIx\varphi_1\varphi_2''\ddot{q}_2}{K_h}+\frac{2EIx\varphi_1\varphi_1''\ddot{q}_1}{K_h}-\\&\varphi_1^2\ddot{q}_1-\varphi_1\varphi_2\ddot{q}_2-\frac{E^2I^2x^2\varphi_1''^2\ddot{q}_1}{K_h^2}-\frac{E^2I^2x^2\varphi_1''\varphi_2''\ddot{q}_2}{K_h^2}\Big)\delta q_1\mathrm{d}x\Big]\mathrm{d}t+\\&\int_{t_1}^{t_2}\Big[\rho A\int_0^L\Big(\frac{EIx\varphi_2\varphi_1''\ddot{q}_1}{K_h}+\frac{EIx\varphi_1\varphi_2''\ddot{q}_1}{K_h}-\varphi_2^2\ddot{q}_2\delta q_2-\varphi_1\varphi_2\ddot{q}_1+\\&\frac{2EIx\varphi_2\varphi_2''\ddot{q}_2}{K_h}-\frac{E^2I^2x^2\varphi_1''\varphi_2''\ddot{q}_1}{K_h^2}-\frac{E^2I^2x^2\varphi_2''^2\ddot{q}_2}{K_h^2}\Big)\delta q_2\mathrm{d}x\Big]\mathrm{d}t\end{aligned}\tag{3-7}$$

系统势能包括谐波减速器变形能和柔性机械臂的变形能：

$$\begin{aligned}V&=\frac{1}{2}K_h\xi^2+\frac{1}{2}EI\int_0^L u''^2\mathrm{d}x\\&=\frac{E^2I^2\left[\varphi_1''(0)q_1+\varphi_2''(0)q_2\right]^2}{2K_h}+\frac{1}{2}EI\int_0^L(\varphi_1''q_1+\varphi_2''q_2)^2\mathrm{d}x\\&=\frac{E^2I^2\varphi_1''(0)^2q_1^2}{2K_h}+\frac{E^2I^2\varphi_2''(0)^2q_2^2}{2K_h}+\frac{+E^2I^2\varphi_1''(0)\varphi_2''(0)q_1q_2}{K_h}+\\&\quad\frac{1}{2}EI\int_0^L(\varphi_1''^2q_1^2+\varphi_2''^2q_2^2+2\varphi_1''\varphi_2''q_1q_2)\mathrm{d}x\end{aligned}\tag{3-8}$$

势能的一阶变分为

$$\begin{aligned}\delta V=&\frac{E^2I^2\varphi_1''(0)^2q_1^2}{2K_h}+\frac{E^2I^2\varphi_2''(0)^2q_2^2}{2K_h}+\frac{E^2I^2\varphi_1''(0)\varphi_2''(0)q_1q_2}{K_h}+\\&\frac{1}{2}EI\int_0^L(\varphi_1''^2q_1^2+\varphi_2''^2q_2^2+2\varphi_1''\varphi_2''q_1q_2)\mathrm{d}x\\=&\frac{E^2I^2\varphi_1''(0)^2q_1}{K_h}\delta q_1+\frac{E^2I^2\varphi_1''(0)\varphi_2''(0)q_2}{K_h}\delta q_1+\frac{E^2I^2\varphi_2''(0)^2q_2}{K_h}\delta q_2+\\&\frac{E^2I^2\varphi_1''(0)\varphi_2''(0)q_1}{K_h}\delta q_2+EI\int_0^L[(\varphi_1''^2q_1+\varphi_1''\varphi_2''q_2)\delta q_1+(\varphi_2''^2q_2+\varphi_1''\varphi_2''q_1)\delta q_2]\mathrm{d}x\\=&\Big[\frac{E^2I^2\varphi_1''(0)^2q_1}{K_h}+\frac{E^2I^2\varphi_1''(0)\varphi_2''(0)q_2}{K_h}+EI\int_0^L(\varphi_1''^2q_1+\varphi_1''\varphi_2''q_2)\mathrm{d}x\Big]\delta q_1+\\&\Big[\frac{E^2I^2\varphi_2''(0)^2q_2}{K_h}+\frac{E^2I^2\varphi_1''(0)\varphi_2''(0)q_1}{K_h}+EI\int_0^L(\varphi_2''^2q_2+\varphi_1''\varphi_2''q_1)\mathrm{d}x\Big]\delta q_2\end{aligned}$$

所以

$$
\begin{aligned}
\int_{t_1}^{t_2}\delta V\mathrm{d}t = & \int_{t_1}^{t_2}\Big[\frac{E^2I^2\varphi_1''(0)^2q_1}{K_\mathrm{h}}+\frac{E^2I^2\varphi_1''(0)\varphi_2''(0)q_2}{K_\mathrm{h}}+ \\
& EI\int_0^L(\varphi_1''^2q_1+\varphi_1''\varphi_2''q_2)\mathrm{d}x\Big]\delta q_1\mathrm{d}t+ \\
& \int_{t_1}^{t_2}\Big[\frac{E^2I^2\varphi_2''(0)^2q_2}{K_\mathrm{h}}+\frac{E^2I^2\varphi_1''(0)\varphi_2''(0)q_1}{K_\mathrm{h}}+ \\
& EI\int_0^L(\varphi_2''^2q_2+\varphi_1''\varphi_2''q_1)\mathrm{d}x\Big]\delta q_2\mathrm{d}t
\end{aligned} \tag{3-9}
$$

系统的虚功为

$$
\begin{aligned}
\delta W = & N\tau_\mathrm{m}\cdot\delta e \\
= & N(K_\mathrm{p}e+K_\mathrm{d}\dot{e})\cdot\delta e \\
= & N\{K_\mathrm{p}[-\xi-u'(0,t)]+K_\mathrm{d}[-\dot{\xi}-\dot{u}'(0,t)]\}\cdot\delta[-\xi-u'(0,t)] \\
= & N\Big\{K_\mathrm{p}\Big[\frac{EI\varphi_1''(0)}{K_\mathrm{h}}q_1-\varphi_1'(0)q_1+\frac{EI\varphi_2''(0)}{K_\mathrm{h}}q_2-\varphi_2'(0)q_2\Big]+ \\
& K_\mathrm{d}\Big[\frac{EI\varphi_1''(0)}{K_\mathrm{h}}\dot{q}_1-\varphi_1'(0)\dot{q}_1+\frac{EI\varphi_2''(0)}{K_\mathrm{h}}\dot{q}_2-\varphi_2'(0)\dot{q}_2\Big]\Big\}\cdot \\
& [EI\varphi_1''(0,t)/K_\mathrm{h}-\varphi_1'(0)]\delta q_1+ \\
& N\{K_\mathrm{p}\Big[\frac{EI\varphi_1''(0)}{K_\mathrm{h}}q_1-\varphi_1'(0)q_1+\frac{EI\varphi_2''(0)}{K_\mathrm{h}}q_2-\varphi_2'(0)q_2\Big]+ \\
& K_\mathrm{d}\Big[\frac{EI\varphi_1''(0)}{K_\mathrm{h}}\dot{q}_1-\varphi_1'(0)\dot{q}_1+\frac{EI\varphi_2''(0)}{K_\mathrm{h}}\dot{q}_2-\varphi_2'(0)\dot{q}_2\Big]\Big\}\cdot \\
& [EI\varphi_2''(0)/K_\mathrm{h}-\varphi_2'(0)]\delta q_2
\end{aligned} \tag{3-10}
$$

故

$$
\begin{aligned}
\int_{t_1}^{t_2}\delta W\mathrm{d}t = & \int_{t_1}^{t_2}N\Big\{K_\mathrm{p}\Big[\frac{EI\varphi_1''(0)}{K_\mathrm{h}}q_1-\varphi_1'(0)q_1+\frac{EI\varphi_2''(0)}{K_\mathrm{h}}q_2-\varphi_2'(0)q_2\Big]+ \\
& K_\mathrm{d}\Big[\frac{EI\varphi_1''(0)}{K_\mathrm{h}}\dot{q}_1-\varphi_1'(0)\dot{q}_1+\frac{EI\varphi_2''(0)}{K_\mathrm{h}}\dot{q}_2-\varphi_2'(0)\dot{q}_2\Big]\Big\}\cdot \\
& [EI\varphi_1''(0)/K_\mathrm{h}-\varphi_1'(0)]\delta q_1\mathrm{d}t+ \\
& \int_{t_1}^{t_2}N\Big\{K_\mathrm{p}\Big[\frac{EI\varphi_1''(0)}{K_\mathrm{h}}q_1-\varphi_1'(0)q_1+\frac{EI\varphi_2''(0)}{K_\mathrm{h}}q_2-\varphi_2'(0)q_2\Big]+ \\
& K_\mathrm{d}\Big[\frac{EI\varphi_1''(0)}{K_\mathrm{h}}\dot{q}_1-\varphi_1'(0)\dot{q}_1+\frac{EI\varphi_2''(0)}{K_\mathrm{h}}\dot{q}_2-\varphi_2'(0)\dot{q}_2\Big]\Big\}\cdot \\
& [EI\varphi_2''(0)/K_\mathrm{h}-\varphi_2'(0)]\delta q_2\mathrm{d}t
\end{aligned} \tag{3-11}
$$

将式(3-7)、式(3-9)和式(3-11)代入式(3-1)，并注意到$\delta q_1\neq0$、$\delta q_2\neq0$，可得到系统的运动方程为

$$\begin{aligned}&\rho A\int_0^L\Big(\frac{EIx\varphi_2\varphi_1''\ddot{q}_2}{K_h}+\frac{EIx\varphi_1\varphi_2''\ddot{q}_2}{K_h}+\frac{2EIx\varphi_1\varphi_1''\ddot{q}_1}{K_h}-\\&\varphi_1^2\ddot{q}_1-\varphi_1\varphi_2\ddot{q}_2-\frac{E^2I^2x^2\varphi_1''^2\ddot{q}_1}{K_h^2}-\frac{E^2I^2x^2\varphi_1''\varphi_2''\ddot{q}_2}{K_h^2}\Big)\mathrm{d}x-\\&\Big[\frac{E^2I^2\varphi_1''(0)^2q_1}{K_h}+\frac{E^2I^2\varphi_1''(0)\varphi_2''(0)q_2}{K_h}+EI\int_0^L(\varphi_1''^2q_1+\varphi_1''\varphi_2''q_2)\mathrm{d}x\Big]+\\&N\Big\{K_p\Big[\frac{EI\varphi_1''(0)}{K_h}q_1-\varphi'_1(0)q_1+\frac{EI\varphi_2''(0)}{K_h}q_2-\varphi'_2(0)q_2\Big]+\\&K_d\Big[\frac{EI\varphi_1''(0)}{K_h}\dot{q}_1-\varphi'_1(0)\dot{q}_1+\frac{EI\varphi_2''(0)}{K_h}\dot{q}_2-\varphi'_2(0)\dot{q}_2\Big]\Big\}\cdot\\&\big[EI\varphi_1''(0,t)/K_h-\varphi'_1(0)\big]=0\end{aligned}\tag{3-12}$$

$$\begin{aligned}&\rho A\int_0^L\Big(\frac{EIx\varphi_2\varphi_1''\ddot{q}_1}{K_h}+\frac{EIx\varphi_1\varphi_2''\ddot{q}_1}{K_h}-\varphi_2^2\ddot{q}_2-\varphi_1\varphi_2\ddot{q}_1+\\&\frac{2EIx\varphi_2\varphi_2''\ddot{q}_2}{K_h}-\frac{E^2I^2x^2\varphi_1''\varphi_2''\ddot{q}_1}{K_h^2}-\frac{E^2I^2x^2\varphi_2''^2\ddot{q}_2}{K_h^2}\Big)\mathrm{d}x-\\&\Big[\frac{E^2I^2\varphi_2''(0)^2q_2}{K_h}+\frac{E^2I^2\varphi_1''(0)\varphi_2''(0)q_1}{K_h}+EI\int_0^L(\varphi_2''^2q_2+\varphi_1''\varphi_2''q_1)\mathrm{d}x\Big]+\\&N\Big\{K_p\Big[\frac{EI\varphi_1''(0)}{K_h}q_1-\varphi'_1(0)q_1+\frac{EI\varphi_2''(0)}{K_h}q_2-\varphi'_2(0)q_2\Big]+\\&K_d\Big[\frac{EI\varphi_1''(0)}{K_h}\dot{q}_1-\varphi'_1(0)\dot{q}_1+\frac{EI\varphi_2''(0)}{K_h}\dot{q}_2-\varphi'_2(0)\dot{q}_2\Big]\Big\}\cdot\\&\big[EI\varphi_2''(0,t)/K_h-\varphi'_2(0)\big]=0\end{aligned}\tag{3-13}$$

若将主振型正则化，即取$\rho A\int_0^L\varphi_i^2\mathrm{d}x=1$，$EI\int_0^L{\varphi''_i}^2\mathrm{d}x=\omega_i^2$，$(i=1,2)$，而$\rho A\int_0^L\varphi_i\varphi_j\mathrm{d}x=0$，$EI\int_0^L\varphi''_i\varphi''_j\mathrm{d}x=0$，$(i\neq j)$，那么式(3-12)和式(3-13)可化简为

$$\begin{aligned}&\Big[\rho A\int_0^L\Big(\frac{2EIx\varphi_1\varphi_1''}{K_h}-\frac{E^2I^2x^2\varphi_1''^2}{K_h^2}\Big)\mathrm{d}x-1\Big]\ddot{q}_1+\\&\rho A\int_0^L\Big(\frac{EIx\varphi_2\varphi_1''}{K_h}+\frac{EIx\varphi_1\varphi_2''}{K_h}-\frac{E^2I^2x^2\varphi_1''\varphi_2''}{K_h^2}\Big)\mathrm{d}x\ddot{q}_2+\\&NK_d\Big[\frac{EI\varphi_1''(0)}{K_h}-\varphi'_1(0)\Big]^2\dot{q}_1+\\&NK_d\Big[\frac{EI\varphi_2''(0)}{K_h}-\varphi'_2(0)\Big]\cdot\Big[\frac{EI\varphi_1''(0)}{K_h}-\varphi'_1(0)\Big]\dot{q}_2+\\&\Big\{NK_p\Big[\frac{EI\varphi_1''(0)}{K_h}-\varphi'_1(0)\Big]^2-\frac{E^2I^2\varphi_1''(0)^2}{K_h}-\omega_1^2\Big\}q_1+\\&\Big\{NK_p\Big[\frac{EI\varphi_2''(0)}{K_h}-\varphi'_2(0)\Big]\cdot\Big[\frac{EI\varphi_1''(0)}{K_h}-\varphi'_1(0)\Big]-\frac{E^2I^2\varphi_1''(0)\varphi_2''(0)}{K_h}\Big\}q_2\\&=0\end{aligned}\tag{3-14}$$

$$
\begin{aligned}
&\rho A\int_0^L\left(\frac{EIx\varphi_2\varphi_1''}{K_h}+\frac{EIx\varphi_1\varphi_2''}{K_h}-\frac{E^2I^2x^2\varphi_1''\varphi_2''}{K_h^2}\right)\mathrm{d}x\ddot{q}_1+\\
&\left[\rho A\int_0^L\left(\frac{2EIx\varphi_2\varphi_2''}{K_h}-\frac{E^2I^2x^2\varphi_2''^2}{K_h^2}\right)\mathrm{d}x-1\right]\ddot{q}_2+\\
&NK_d\left[\frac{EI\varphi_1''(0)}{K_h}-\varphi_1'(0)\right]\cdot\left[\frac{EI\varphi_2''(0)}{K_h}-\varphi_2'(0)\right]\dot{q}_1+\\
&NK_d\left[\frac{EI\varphi_2''(0)}{K_h}-\varphi_2'(0)\right]^2\dot{q}_2+\\
&\left\{NK_p\left[\frac{EI\varphi_1''(0)}{K_h}-\varphi_1'(0)\right]\cdot\left[\frac{EI\varphi_2''(0)}{K_h}-\varphi_2'(0)\right]-\frac{E^2I^2\varphi_1''(0)\varphi_2''(0)}{K_h}\right\}q_1+\\
&\left\{NK_p\left[\frac{EI\varphi_2''(0)}{K_h}-\varphi_2'(0)\right]^2-\frac{E^2I^2\varphi_2''(0)^2}{K_h}-\omega_2^2\right\}q_2\\
&=0
\end{aligned}
\tag{3-15}
$$

将上两式写成矩阵形式：

$$
\boldsymbol{M}\begin{bmatrix}\ddot{q}_1\\ \ddot{q}_2\end{bmatrix}+\boldsymbol{C}\begin{bmatrix}\dot{q}_1\\ \dot{q}_2\end{bmatrix}+\boldsymbol{K}\begin{bmatrix}q_1\\ q_2\end{bmatrix}=0 \tag{3-16}
$$

式中

$$
\boldsymbol{M}=\begin{bmatrix}M_{11} & M_{12}\\ M_{21} & M_{22}\end{bmatrix},\boldsymbol{C}=\begin{bmatrix}C_{11} & C_{12}\\ C_{21} & C_{22}\end{bmatrix},\boldsymbol{K}=\begin{bmatrix}K_{11} & K_{12}\\ K_{21} & K_{22}\end{bmatrix}
$$

$$
M_{11}=\rho A\int_0^L\left(\frac{2EIx\varphi_1\varphi_1''}{K_h}-\frac{E^2I^2x^2\varphi_1''^2}{K_h^2}\right)\mathrm{d}x-1
$$

$$
M_{12}=\rho A\int_0^L\left(\frac{EIx\varphi_2\varphi_1''}{K_h}+\frac{EIx\varphi_1\varphi_2''}{K_h}-\frac{E^2I^2x^2\varphi_1''\varphi_2''}{K_h^2}\right)\mathrm{d}x
$$

$$
M_{21}=\rho A\int_0^L\left(\frac{EIx\varphi_2\varphi_1''}{K_h}+\frac{EIx\varphi_1\varphi_2''}{K_h}-\frac{E^2I^2x^2\varphi_1''\varphi_2''}{K_h^2}\right)\mathrm{d}x
$$

$$
M_{22}=\rho A\int_0^L\left(\frac{2EIx\varphi_2\varphi_2''}{K_h}-\frac{E^2I^2x^2\varphi_2''^2}{K_h^2}\right)\mathrm{d}x-1
$$

$$
C_{11}=NK_d\left[\frac{EI\varphi_1''(0)}{K_h}-\varphi_1'(0)\right]^2
$$

$$
C_{12}=NK_d\left[\frac{EI\varphi_2''(0)}{K_h}-\varphi_2'(0)\right]\cdot\left[\frac{EI\varphi_1''(0)}{K_h}-\varphi_1'(0)\right]
$$

$$
C_{21}=NK_d\left[\frac{EI\varphi_1''(0)}{K_h}-\varphi_1'(0)\right]\cdot\left[\frac{EI\varphi_2''(0)}{K_h}-\varphi_2'(0)\right]
$$

$$
C_{22}=NK_d\left[\frac{EI\varphi_2''(0)}{K_h}-\varphi_2'(0)\right]^2
$$

$$
K_{11}=NK_p\left[\frac{EI\varphi_1''(0)}{K_h}-\varphi_1'(0)\right]^2-\frac{E^2I^2\varphi_1''(0)^2}{K_h}-\omega_1^2
$$

$$
K_{12}=NK_p\left[\frac{EI\varphi_1''(0)}{K_h}-\varphi_1'(0)\right]\cdot\left[\frac{EI\varphi_2''(0)}{K_h}-\varphi_2'(0)\right]-\frac{E^2I^2\varphi_1''(0)\varphi_2''(0)}{K_h}
$$

$$
K_{21}=NK_p\left[\frac{EI\varphi_2''(0)}{K_h}-\varphi_2'(0)\right]\cdot\left[\frac{EI\varphi_1''(0)}{K_h}-\varphi_1'(0)\right]-\frac{E^2I^2\varphi_1''(0)\varphi_2''(0)}{K_h}
$$

$$K_{22}=NK_{\mathrm{p}}\left[\frac{EI\varphi_2''(0)}{K_{\mathrm{h}}}-\varphi'_2(0)\right]^2-\frac{E^2I^2\varphi_2''(0)^2}{K_{\mathrm{h}}}-\omega_2^2$$

可见，$\boldsymbol{M}$,$\boldsymbol{C}$,$\boldsymbol{K}$ 均为对称阵，且广义阻尼阵 $\boldsymbol{C}$ 和广义刚度阵 $\boldsymbol{K}$ 均耦合了控制器参数，这样就建立了柔性臂在离散相对平衡位置附近耦合控制器增益的振动力学模型。

### 3.2.2 单连杆大柔度机器人的动力学模型

对于同时具有关节柔性和臂杆柔性的柔体机器人系统，当关节的弹性变形对末端位置的影响与臂杆的弹性变形相比可以忽略时，可称之为大柔度杆机器人系统。此时，研究的主要目标应是通过设计主动控制律抑制臂杆的残余振动，使之快速衰减。通过第 2 章关于柔性臂模态分析的研究结论可知，模态特征参数具有严重的时变性和不确定性，将很难建立真正接近系统动力特性的力学模型，因此研究基于简化模态参数动力学模型的鲁棒控制策略将具有实际的工程意义。本小节以图 3-1 所示的单连杆大柔度臂为例，在 Lagrange 体系下建立其大范围运动耦合弹性振动的刚 / 柔耦合动力学模型。

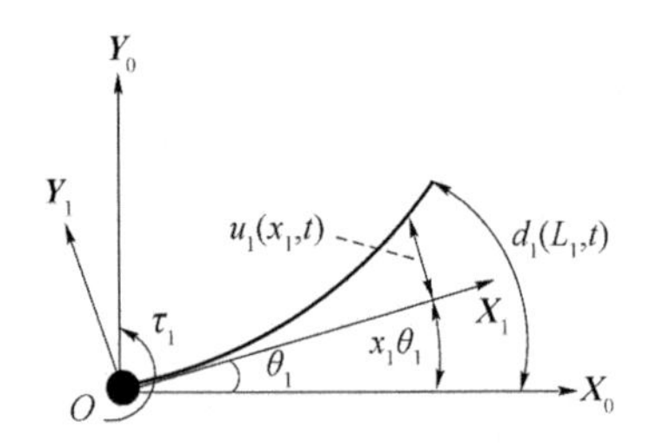


图 3-1 单连杆大柔度机械臂系统的结构简图

在惯性系 $O\boldsymbol{X}_0\boldsymbol{Y}_0$ 下，长度为 $L_1$ 的柔性臂在伺服控制力矩 $\tau_1$ 的驱动下做旋转运动，若以臂杆的连体坐标系 $O\boldsymbol{X}_1\boldsymbol{Y}_1$ 作为牵连运动系，则臂杆根部产生的刚性转角 $\theta_1$ 为坐标轴 $O\boldsymbol{X}_0$ 和 $O\boldsymbol{X}_1$ 的夹角，臂杆自身产生的弹性变形量 $u_1$ 是在连体系下的计量，此外，臂杆末端点的变形量以 $d_1$ 表示。

柔性臂上任意一点的坐标在 $O\boldsymbol{X}_0\boldsymbol{Y}_0$ 系下表示为

$$\begin{aligned}\boldsymbol{P}_1(x_1,\theta_1,\boldsymbol{q}_1)&=\boldsymbol{P}_{1x}(x_1,\theta_1,\boldsymbol{q}_1)+\boldsymbol{P}_{1y}(x_1,\theta_1,\boldsymbol{q}_1)\\&=(x_1\cos\theta_1-u_1\sin\theta_1)\boldsymbol{X}_0+(x_1\sin\theta_1+u_1\cos\theta_1)\boldsymbol{Y}_0\end{aligned}\tag{3-17}$$

其中

$$u_1(x_1,t)=\boldsymbol{\varphi}_1\boldsymbol{q}_1=\sum_{i=1}^{n}\varphi_{1i}(x_1)q_{1i}(t)\tag{3-18}$$

式中，$\boldsymbol{\varphi}_1=[\varphi_{1i},\cdots,\varphi_{1n}]$，为模态振型向量；$\boldsymbol{q}_1=[q_{1i},\cdots,q_{1n}]^{\mathrm{T}}$，为模态坐标向量。其中，$\varphi_{1i}$ 为臂杆的模态振型函数；$q_{1i}$ 为对应的模态坐标。

系统的动能包括驱动处集中惯量的旋转动能和柔性臂杆的功能两部分。

(1) 驱动处集中惯量的旋转动能为

$$T_{\mathrm{h1}}=\frac{1}{2}J_1\dot{\theta}_1^2$$

式中，$J_1$ 为臂根部的集中转动惯量。

(2) 柔性臂杆的动能为

$$T_{\mathrm{L1}}=\frac{1}{2}\rho_1A_1\int_0^{L_1}\dot{\boldsymbol{P}}_1\dot{\boldsymbol{P}}_1\mathrm{d}x_1$$

式中，$\rho_1$ 为臂杆材料的密度；$A_1$ 为臂杆的横截面面积。

系统的势能为柔性臂的弹性变形能，为

$$V_{L1} = \frac{1}{2}\int_0^{L_1} E_1 I_1 \left(\frac{\partial^2 u_1}{\partial x_1^2}\right)^2 dx_1$$

式中，$E_1 I_1$ 为由杨氏模量和截面惯性矩组成的抗弯刚度。

Lagrange 体系下系统的总动能 $E_{k1} = T_{h1} + T_{L1}$，总势能 $E_p = V_{L1}$，利用 Lagrange 第二类方程进行建模

$$F_i = \frac{d}{dt}\frac{\partial E_k}{\partial \dot{z}_i} - \frac{\partial E_k}{\partial z_i} + \frac{\partial E_p}{\partial z_i} \tag{3-19}$$

广义坐标 $z_i$ 分别对应臂杆的刚性转角 $\theta_1$ 和弹性模态坐标 $q_{1i}$，此处不妨取 $i = 1,2$，并引入系统的黏性阻尼系数 $\alpha_1$、$\gamma_1$、$\gamma_2$，可得到系统的刚 / 柔耦合动力学方程如下

$$\begin{cases} J_1 \ddot{\theta}_1 + \alpha_1 \dot{\theta}_1 + \rho_1 A_1 \int_0^{L_1} [(x_1^2 + u_1^2)\ddot{\theta}_1 + 2u_1 \dot{u}_1 \dot{\theta}_1 + x_1 \ddot{u}_1] dx_1 = \tau_1 \\ \rho_1 A_1 \int_0^{L_1} x_1 \varphi_{11} dx_1 \ddot{\theta}_1 + \ddot{q}_{11} + 2\gamma_1 \omega_{11} \dot{q}_{11} + (\omega_{11}^2 - \dot{\theta}_1^2) q_{11} = 0 \\ \rho_1 A_1 \int_0^{L_1} x_1 \varphi_{12} dx_1 \ddot{\theta}_1 + \ddot{q}_{12} + 2\gamma_2 \omega_{12} \dot{q}_{12} + (\omega_{12}^2 - \dot{\theta}_1^2) q_{12} = 0 \end{cases} \tag{3-20}$$

式中，$\omega_{11}$，$\omega_{12}$ 分别为臂杆前两阶模态的角频率。

将上式写为矩阵的形式

$$\begin{aligned} &\boldsymbol{M}_{11} \ddot{\theta}_1 + \boldsymbol{M}_{12} \ddot{\boldsymbol{q}}_1 + \boldsymbol{F}_1(\dot{\theta}_1, \boldsymbol{q}_1, \dot{\boldsymbol{q}}_1) = \tau_1 \\ &\boldsymbol{M}_{21} \ddot{\theta}_1 + \boldsymbol{M}_{22} \ddot{\boldsymbol{q}}_1 + \boldsymbol{F}_2(\dot{\theta}_1, \boldsymbol{q}_1, \dot{\boldsymbol{q}}_1) + \boldsymbol{K}_1 \boldsymbol{q}_1 = 0 \end{aligned} \tag{3-21}$$

式中，$\boldsymbol{M}_{ij}$ $(i,j = 1,2)$ 为正定惯性阵；$\boldsymbol{F}_1$ 和 $\boldsymbol{F}_2$ 为包含阻尼力、哥氏力和离心力的复杂向量；$\boldsymbol{K}_1$ 为刚度阵。

### 3.2.3　双连杆大柔度机器人的动力学模型

将第 3.2.2 小节模型加以扩展，使柔性臂杆的数量增至 2，由根部计起分别称为第一臂、第二臂，可得到双连杆大柔度机械臂的模型，这也是当前工程领域应用最多的机械臂模型，其结构简图如图 3-2 所示。

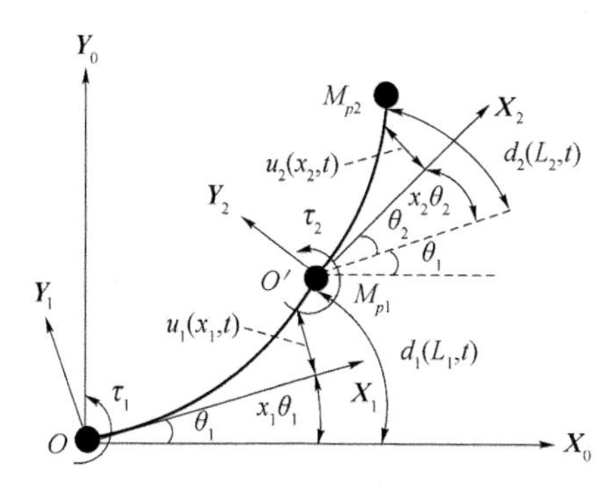


图 3-2　双连杆大柔度机械臂系统的结构简图

与单连杆刚性转角的定义相似，$\theta_2$ 是第二臂连体系的 $O'\boldsymbol{X}_2$ 轴与第一臂末端点处切线的夹

角，且这与真实情形也是一致的。第一臂上任意一点的坐标在 $O\boldsymbol{X}_0\boldsymbol{Y}_0$ 系下的表达式与式(3-17)相同，而第二臂上任意一点的坐标在 $O\boldsymbol{X}_0\boldsymbol{Y}_0$ 系下的表达式为

$$\begin{aligned}\boldsymbol{P}_2(x_2,\theta_1,\theta_2,\boldsymbol{q}_1,\boldsymbol{q}_2)=&[\boldsymbol{P}_{1x}(L_1,\theta_1,\boldsymbol{q}_1)+x_2\cos(\theta_1+\theta_2)-u_2\sin(\theta_1+\theta_2)]\boldsymbol{X}_0+\\&[\boldsymbol{P}_{1y}(L_1,\theta_1,\boldsymbol{q}_1)+x_2\sin(\theta_1+\theta_2)+u_2\cos(\theta_1+\theta_2)]\boldsymbol{Y}_0\end{aligned} \tag{3-22}$$

系统的动能共包括六部分，除3.2.2节中给出的 $T_{\mathrm{h1}}$ 和 $T_{\mathrm{L1}}$ 外，还包括第二臂根部驱动处集中惯量的旋转动能 $T_{\mathrm{h2}}$、第二臂杆的动能 $T_{L2}$、第一臂末端等效集中质量的动能 $T_{\mathrm{p1}}$、第二臂末端集中质量的动能 $T_{\mathrm{p2}}$，其表达式分别为

$$T_{\mathrm{h2}}=\frac{1}{2}J_2\dot{\theta}_2^2$$

式中，$J_1$ 为第二臂根部的集中转动惯量。

$$T_{\mathrm{L2}}=\frac{1}{2}\rho_2A_2\int_0^{L_2}\dot{\boldsymbol{P}}_2\,\dot{\boldsymbol{P}}_2\,\mathrm{d}x_2$$

式中，$\rho_2$ 为臂杆材料的密度；$A_2$ 为臂杆的横截面面积；$L_2$ 为第二臂的杆长。

$$T_{\mathrm{p1}}\approx\frac{1}{2}(M_{p1}+\rho_2A_2L_2+M_{p2})\dot{\boldsymbol{P}}_1(L_1,\theta_1,\boldsymbol{q}_1)\cdot\dot{\boldsymbol{P}}_1(L_1,\theta_1,\boldsymbol{q}_1)$$

式中，$M_{\mathrm{p1}}$ 为第一臂末端集中质量；$M_{\mathrm{p2}}$ 为第二臂末端集中质量。

$$T_{\mathrm{p2}}=\frac{1}{2}M_{\mathrm{p2}}\,\dot{\boldsymbol{P}}_2(L_2,\theta_1,\theta_2,\boldsymbol{q}_1,\boldsymbol{q}_2)\cdot\dot{\boldsymbol{P}}_2(L_2,\theta_1,\theta_2,\boldsymbol{q}_1,\boldsymbol{q}_2)$$

系统的势能包括两部分，第一臂的弹性变形能 $V_{\mathrm{L1}}$ 和第二臂的弹性变形能 $V_{\mathrm{L2}}$：

$$V_{\mathrm{L2}}=\frac{1}{2}\int_0^{L_2}E_2I_2\left(\frac{\partial^2u_2}{\partial x_2^2}\right)^2\mathrm{d}x_2$$

式中，$E_2I_2$ 为由第二臂的杨氏模量和截面惯性矩组成的抗弯刚度。

第二臂的弹性变形量为

$$u_2(x_2,t)=\boldsymbol{\varphi}_2\,\boldsymbol{q}_2=\sum_{i=1}^{n}\varphi_{2i}(x_2)q_{2i}(t)$$

式中，$\boldsymbol{\varphi}_2=[\varphi_{2i},\cdots,\varphi_{2n}]$，为模态振型向量；$\boldsymbol{q}_2=[q_{2i},\cdots,q_{2n}]^{\mathrm{T}}$ 为模态坐标向量；$\varphi_{2i}$ 为第二臂的模态振型函数；$q_{2i}$ 为对应的模态坐标。

将上述系统各部分能量的表达式进行整理，并应用式(3-19)的方法进行 Lagrange 动力学方程的求解，同样可以得到与式(3-21)形式一致的动力微分方程，只是维数随着杆件数的增加而相应地扩大了一倍。限于篇幅，本节不再一一列举方程中各个矩阵的组成元素，其方程形式为

$$\begin{bmatrix}\boldsymbol{M}_{\mathrm{R}}(\boldsymbol{\theta},\boldsymbol{q}) & \boldsymbol{M}_{\mathrm{RF}}(\boldsymbol{\theta},\boldsymbol{q})\\ \boldsymbol{M}_{\mathrm{RF}}(\theta,q)^{\mathrm{T}} & \boldsymbol{M}_{\mathrm{F}}(\boldsymbol{\theta},\boldsymbol{q})\end{bmatrix}\begin{bmatrix}\ddot{\boldsymbol{\theta}}\\ \ddot{\boldsymbol{q}}\end{bmatrix}+\begin{bmatrix}\boldsymbol{F}_{\mathrm{R}}(\boldsymbol{\theta},\dot{\boldsymbol{\theta}},\boldsymbol{q},\dot{\boldsymbol{q}})+\boldsymbol{C}_1\dot{\boldsymbol{\theta}}\\ \boldsymbol{F}_{\mathrm{F}}(\boldsymbol{\theta},\dot{\boldsymbol{\theta}},\boldsymbol{q},\dot{\boldsymbol{q}})+\boldsymbol{K}\boldsymbol{q}+\boldsymbol{C}_2\dot{\boldsymbol{q}}\end{bmatrix}=\begin{bmatrix}\boldsymbol{I}\\ \boldsymbol{0}\end{bmatrix}\boldsymbol{\tau} \tag{3-23}$$

式中，若两根臂杆均保留前 $r$ 阶模态，则$\boldsymbol{M}_R\in\mathscr{R}^{2\times2}$，$\boldsymbol{M}_{RF}\in\mathscr{R}^{2\times2r}$ 和$\boldsymbol{M}_F\in\mathscr{R}^{2r\times2r}$ 组成正定惯性阵；$\boldsymbol{\theta}=[\theta_1\quad\theta_2]^{\mathrm{T}}$ 为刚性转角向量；$\boldsymbol{q}=[\boldsymbol{q}_1^{\mathrm{T}}\quad\boldsymbol{q}_2^{\mathrm{T}}]^{\mathrm{T}}$ 为模态坐标向量，且 $\boldsymbol{q}_i=[q_{i1},q_{i2},\cdots,q_{ir}]^{\mathrm{T}}(i=1,2)$；$\boldsymbol{\tau}=[\tau_1\quad\tau_2]^{\mathrm{T}}$ 为控制力向量；$\boldsymbol{C}_1\in\mathscr{R}^2$ 和$\boldsymbol{C}_2\in\mathscr{R}^{2r\times2r}$ 为阻尼阵；$\boldsymbol{K}\in\mathscr{R}^{2r\times2r}$ 为刚度阵；$\boldsymbol{F}_R\in\mathscr{R}^2$ 和$\boldsymbol{F}_F\in\mathscr{R}^{2r}$ 为包含哥氏力和离心力的复杂向量。

按照图 3-2 所示中标注的变量，两臂杆上任意一点由于驱动力旋转导致的位移 $d_i$ 由刚性和弹性两部分组成，即

$$d_i(x_i,t)=x_i\theta_i+u_i(x_i,t) \qquad (i=1,2)$$

相应地，臂杆末端点处的位移为

$$d_i(L_i,t)=L_i\theta_i+u_i(L_i,t) \tag{3-24}$$

振动控制的目标是使式(3-24)表示的变量跟踪期望轨迹的同时，使臂杆的振动迅速衰减。为后续行文的方便，此处定义状态变量：

$$\boldsymbol{x}(t)=\begin{bmatrix}\boldsymbol{\theta}^{\mathrm{T}} & \boldsymbol{q}^{\mathrm{T}} & \dot{\boldsymbol{\theta}}^{\mathrm{T}} & \dot{\boldsymbol{q}}^{\mathrm{T}}\end{bmatrix}^{\mathrm{T}}$$

和矩阵：

$$\boldsymbol{H}(\boldsymbol{\theta},\boldsymbol{q})=\begin{bmatrix}\boldsymbol{H}_{11}(\boldsymbol{\theta},\boldsymbol{q}) & \boldsymbol{H}_{12}(\boldsymbol{\theta},\boldsymbol{q})\\ \boldsymbol{H}_{21}(\boldsymbol{\theta},\boldsymbol{q}) & \boldsymbol{H}_{22}(\boldsymbol{\theta},\boldsymbol{q})\end{bmatrix}=\begin{bmatrix}\boldsymbol{M}_{\mathrm{R}} & \boldsymbol{M}_{\mathrm{RF}}\\ \boldsymbol{M}_{\mathrm{RF}}^{\mathrm{T}} & \boldsymbol{M}_{\mathrm{F}}\end{bmatrix}^{-1}$$

则方程式(3-23)可重新写为

$$\dot{\boldsymbol{x}}=f(\boldsymbol{x})+g(\boldsymbol{x})\boldsymbol{\tau} \tag{3-25}$$

式中

$$f(\boldsymbol{x})=\begin{bmatrix}\dot{\boldsymbol{\theta}}\\ \dot{\boldsymbol{q}}\\ -\boldsymbol{H}_{11}(\boldsymbol{F}_R+\boldsymbol{C}_1\dot{\boldsymbol{\theta}})-\boldsymbol{H}_{12}(\boldsymbol{F}_F+\boldsymbol{K}\boldsymbol{q}+\boldsymbol{C}_2\dot{\boldsymbol{q}})\\ -\boldsymbol{H}_{21}(\boldsymbol{F}_R+\boldsymbol{C}_1\dot{\boldsymbol{\theta}})-\boldsymbol{H}_{22}(\boldsymbol{F}_F+\boldsymbol{K}\boldsymbol{q}+\boldsymbol{C}_2\dot{\boldsymbol{q}})\end{bmatrix}$$

$$g(\boldsymbol{x})=\begin{bmatrix}\boldsymbol{0} & \boldsymbol{0} & \boldsymbol{H}_{11} & \boldsymbol{H}_{21}\end{bmatrix}^{\mathrm{T}}$$

## 3.3　柔体机器人 stiff 微分方程的数值方法

本小节从能量角度证明传统数值积分方法在求解微分方程时的不稳定性。在动力学方程中计入耗散力的阻尼阵，指出阻尼阵的存在导致拉氏体系向哈氏体系转换求解时的困难所在，通过引入状态空间向量得到了与哈密顿模型等价的形式。指出常规精细积分法应用的局限性，通过增维的方式将非齐次动力方程转化为齐次形式，避免了矩阵求逆造成的奇异现象，利用精细积分格式得到了逼近精确解的数值结果。

### 3.3.1　拉氏空间、哈氏空间与状态空间

Lagrange 力学体系以其完善的能量理论和清晰的概念在机械系统的动力学建模与分析领域得以广泛应用，以图 2-1 所示的柔性关节 / 柔性臂杆系统为例，可在 Lagrange 体系下建立该系统的动力微分方程。系统的动能包括电动机转子、轮毂、柔性臂三部分。

$$T=\frac{1}{2}\left(J_{\mathrm{m}}\dot{\theta}_{\mathrm{m}}^2+J_{\mathrm{h}}\dot{\theta}_{\mathrm{h}}^2+\rho A\int_0^L \dot{\boldsymbol{r}}_x\,\dot{\boldsymbol{r}}_x\,\mathrm{d}x\right) \tag{3-26}$$

式中

$$\boldsymbol{r}_x = x\cos\theta_h - \boldsymbol{u}\sin\theta_h, x\sin\theta_h + \boldsymbol{u}\cos\theta_h$$

系统势能包括谐波减速器和柔性臂的弹性变形能两部分：

$$V = \frac{1}{2}\left[K_h (\theta_m/N - \theta_h)^2 + EI\int_0^L \boldsymbol{u}''^2 \mathrm{d}x\right] \tag{3-27}$$

将拉格朗日函数 $L = T - V$ 代入拉氏动力学方程：

$$F_i = \frac{\mathrm{d}}{\mathrm{d}t}\frac{\partial L}{\partial \dot{z}_i} - \frac{\partial L}{\partial z_i} \tag{3-28}$$

式中，$F_i$ 为广义主动力；$z_i$ 为广义坐标。计入黏滑阻尼耗散力并将 $\boldsymbol{u}$ 保留至二阶模态，得到拉氏体系下的动力学模型：

$$\boldsymbol{M}\ddot{\boldsymbol{x}} + \boldsymbol{C}\dot{\boldsymbol{x}} + \boldsymbol{K}\boldsymbol{x} = \boldsymbol{f} \tag{3-29}$$

式中，$\boldsymbol{M}$ 是质量阵且对称正定；$\boldsymbol{C}$ 是阻尼阵且对称非负；$\boldsymbol{K}$ 是刚度阵，对称但未必正定；$\boldsymbol{x}$ 是广义坐标向量；$\boldsymbol{f}$ 是主动控制力向量，各矩阵元素如下（下标表示其行列位置）：

$$\boldsymbol{M}_{11} = J_m;\ \boldsymbol{M}_{22} = J_h + \rho A L^3/3 + q_1^2 + q_2^2;\ \boldsymbol{M}_{33} = \boldsymbol{M}_{44} = 1;$$

$$\boldsymbol{M}_{23} = \boldsymbol{M}_{32} = \rho A\int_0^L x\varphi_1 \mathrm{d}x;\ \boldsymbol{M}_{24} = \boldsymbol{M}_{42} = \rho A\int_0^L x\varphi_2 \mathrm{d}x;$$

$$\boldsymbol{C}_{11} = \alpha;\ \boldsymbol{C}_{22} = \beta + 2(q_1\dot{q}_1 + q_2\dot{q}_2);\ \boldsymbol{C}_{33} = 2\gamma_1\omega_1;\ \boldsymbol{C}_{44} = 2\gamma_2\omega_2;$$

$$\boldsymbol{K}_{11} = K_h/N^2;\ \boldsymbol{K}_{22} = K_h;\ \boldsymbol{K}_{33} = \omega_1^2 - \dot{\theta}_1^2;\ \boldsymbol{K}_{44} = \omega_2^2 - \dot{\theta}_h^2;\ \boldsymbol{K}_{12} = \boldsymbol{K}_{12} = -K_h/N;$$

$$\boldsymbol{x} = [\theta_m \quad \theta_h \quad q_1 \quad q_2]^T;\ \boldsymbol{f} = [\tau \quad 0 \quad 0 \quad 0]^T$$

式中，各矩阵的未指定元素均为零；$\alpha$，$\beta$ 分别表示电动机和谐波减速器的黏滑阻尼系数；$\omega_1$，$\omega_2$ 为臂杆的第一、二阶固有角频率；$\gamma_1$，$\gamma_2$ 为臂杆的第一、二阶结构阻尼；方程中的刚柔耦合项包括 $q_i^2\ddot{\theta}_1$，$q_i\dot{q}_i\dot{\theta}_1$，$q_i\dot{\theta}_1^2$（$i = 1,2$）等非线性项。

在拉氏体系下的数值积分法是对式(3-28)进行的积分：

$$\frac{\partial L}{\partial \dot{z}_i} = \int\left(F_i + \frac{\partial L}{\partial z_i}\right)\mathrm{d}t = \int Q_i \mathrm{d}t \tag{3-30}$$

由于方程右边当前时刻的广义力 $Q_i$ 值未知，故数值积分只能利用前一时刻的值代替，这样相当于对力 $Q_i - \Delta Q$ 进行的积分，而系统减小的力为

$$\Delta Q \approx \frac{\mathrm{d}Q}{\mathrm{d}t}\Delta t = \left(\frac{\partial Q}{\partial \dot{z}}\ddot{z} + \frac{\partial Q}{\partial z}\dot{z} + \frac{\partial Q}{\partial t}\right)\Delta t \tag{3-31}$$

此时的数值积分对应的系统为

$$F_i - \Delta Q = \frac{\mathrm{d}}{\mathrm{d}t}\frac{\partial L}{\partial \dot{z}_i} - \frac{\partial L}{\partial z_i} \tag{3-32}$$

对比式(3-28)和式(3-32)可发现两系统受力关系的不同，能量之差为

$$\Delta E = \int \Delta Q \cdot \dot{z}\mathrm{d}t \tag{3-33}$$

这就说明，数值积分用前一时刻的值代替当前值会消耗系统的一部分能量 $\Delta E$，逐步进行积分时会引起系统的能量衰减，引起误差积累，从而积分失真。可见，这种积分过程的不稳

定性是传统全量式差分类算法本身的原理导致的。

为解决拉氏体系下数值积分的不稳定性问题，钟万勰基于哈密顿力学的辛算法提出了精细时程积分法(PIM)，在哈密顿体系下实现了对一阶微分方程的精确数值求解。对于非齐次哈密顿微分方程组：

$$\dot{\boldsymbol{v}} = \boldsymbol{H}\boldsymbol{v} + \boldsymbol{f} \quad \boldsymbol{v}(\boldsymbol{0}) = \boldsymbol{v}_0 = \text{已知} \tag{3-34}$$

其通解为

$$\boldsymbol{v}(t) = \exp(\boldsymbol{H}t)v_0 + \int_0^t \exp[\boldsymbol{H}(t-\eta)]\cdot \boldsymbol{f}(\eta)\mathrm{d}\eta \tag{3-35}$$

可注意到其递推格式主要运用了矩阵 $\boldsymbol{H}$ 的求逆运算。

若要对拉氏体系下的式(3-29)进行精细求解，需进行求解空间的变换。引入系统的广义动量 $\boldsymbol{p} = \boldsymbol{M}\dot{\boldsymbol{x}} + \boldsymbol{C}\boldsymbol{x}/2$ 并定义向量 $\boldsymbol{v} = [\boldsymbol{x}^{\mathrm{T}} \quad \boldsymbol{p}^{\mathrm{T}}]^{\mathrm{T}}$，则得到哈氏体系下的动力学表述：

$$\dot{\boldsymbol{v}} = \boldsymbol{H}\boldsymbol{v} = \begin{bmatrix} -\boldsymbol{M}^{-1}\boldsymbol{C}/2 & \boldsymbol{M}^{-1} \\ \boldsymbol{C}\boldsymbol{M}^{-1}\boldsymbol{C}/4 - \boldsymbol{K} & -\boldsymbol{C}\boldsymbol{M}^{-1}/2 \end{bmatrix} v + \begin{bmatrix} \boldsymbol{0} \\ \boldsymbol{f} \end{bmatrix} \tag{3-36}$$

式中，$\boldsymbol{H}$ 矩阵为哈密顿矩阵。

注意：这种变换是在无阻尼系统或陀螺系统内进行的，即 $\boldsymbol{C}$ 矩阵为零矩阵或陀螺力阵。若 $\boldsymbol{C}$ 为系统的一般阻尼阵，则这种变换不成立。证明如下：

哈密顿矩阵的特点是 $\boldsymbol{J}\boldsymbol{H} = (\boldsymbol{J}\boldsymbol{H})^{\mathrm{T}}$，其中，$\boldsymbol{J} = \begin{bmatrix} \boldsymbol{0} & \boldsymbol{I} \\ -\boldsymbol{I} & \boldsymbol{0} \end{bmatrix}$ 是辛几何的辛正交基，满足 $\boldsymbol{J}^{\mathrm{T}} = -\boldsymbol{J} = \boldsymbol{J}^{-1}$。若 $\boldsymbol{C}$ 为零矩阵($\boldsymbol{C} = 0$)或陀螺力阵($\boldsymbol{C}^{\mathrm{T}} = -\boldsymbol{C}$)，明显满足条件 $\boldsymbol{J}\boldsymbol{H} = (\boldsymbol{J}\boldsymbol{H})^{\mathrm{T}}$，此时 $\boldsymbol{H}$ 是哈密顿矩阵。若 $\boldsymbol{C}$ 为系统阻尼阵($\boldsymbol{C}^{\mathrm{T}} = \boldsymbol{C}$)，此时有 $\boldsymbol{J}\boldsymbol{H} = \begin{bmatrix} \boldsymbol{C}\boldsymbol{M}^{-1}\boldsymbol{C}/4 - \boldsymbol{K} & -\boldsymbol{C}\boldsymbol{M}^{-1}/2 \\ \boldsymbol{M}^{-1}\boldsymbol{C}/2 & -\boldsymbol{M}^{-1} \end{bmatrix} \neq (\boldsymbol{J}\boldsymbol{H})^{\mathrm{T}}$，故 $\boldsymbol{H}$ 不是哈密顿矩阵。

可以寻求别的途径解决这一问题。控制论的状态空间法也是建立在一阶动力方程的基础之上的，与哈密顿体系具有等价的形式。将哈氏体系下的向量 $\boldsymbol{v}$ 变换为状态空间向量 $\boldsymbol{u} = [\boldsymbol{x}^{\mathrm{T}} \quad \dot{\boldsymbol{x}}^{\mathrm{T}}]^{\mathrm{T}}$，并引入恒等方程 $\boldsymbol{M}\dot{\boldsymbol{x}} - \boldsymbol{M}\dot{\boldsymbol{x}} = 0$，则式(3-29)可以转换为

$$\boldsymbol{A}\dot{\boldsymbol{u}} + \boldsymbol{B}\boldsymbol{u} = \begin{bmatrix} \boldsymbol{f} \\ \boldsymbol{0} \end{bmatrix} \tag{3-37}$$

其中 $\boldsymbol{A} = \begin{bmatrix} \boldsymbol{C} & \boldsymbol{M} \\ \boldsymbol{M} & \boldsymbol{0} \end{bmatrix}$，$\boldsymbol{B} = \begin{bmatrix} \boldsymbol{K} & \boldsymbol{0} \\ \boldsymbol{0} & -\boldsymbol{M} \end{bmatrix}$，于是有一阶微分格式：

$$\dot{\boldsymbol{u}} = \boldsymbol{H}\boldsymbol{u} + \boldsymbol{g} = -\boldsymbol{A}^{-1}\boldsymbol{B}\boldsymbol{u} + \boldsymbol{A}^{-1}\begin{bmatrix} \boldsymbol{f} \\ \boldsymbol{0} \end{bmatrix} \tag{3-38}$$

式中

$$\boldsymbol{H} = -\boldsymbol{A}^{-1}\boldsymbol{B},\boldsymbol{g} = \boldsymbol{A}^{-1}\begin{bmatrix} f \\ \boldsymbol{0} \end{bmatrix}$$

此时的动力方程具备了精细积分求解的形式，可以应用式(3-35)的精细求解格式进行数值积分。

综上，哈氏空间是由系统的广义位移和广义动量组成的几何空间，若将其中的广义动量代之以广义速度，则可得到状态空间。此两种空间均隶属于一阶微分范畴，而拉氏空间则是以系统的广义位移为元素的二阶微分动力体系。当前针对微分方程的定解问题，已发展了多种数值积分算法，尤其以一阶微分方程的数值求解方法最成熟、稳定，如前述的 Newmark 法、Wilson-$\theta$法、Adams 法等，但在求解同时存在快变和慢变分量的 stiff 方程时，这些传统的基于系统广义位移坐标的差分类算法遇到了困难。而基于系统广义位移和广义动量坐标的 PIM 法摒弃了差分类近似算法的全量式积分，代之以增量式积分，在哈密顿体系下实现了对一阶微分方程的精确数值求解。但如果涉及系统的耗散阻尼力，由拉氏体系向哈密顿体系转化时会遇到困难，不得不将阻尼力阵移至方程右侧作为非保守力项处理。而状态空间则克服了这一局限性，可以实现任意二阶形式的方程向一阶形式的转化，并能利用 PIM 的一阶精细积分格式，从而扩大了 PIM 法的应用范围。

### 3.3.2 闭环状态反馈 stiff 方程的 PIM 法

对于齐次动力微分方程，PIM 法只需计算指数矩阵，然后代入初始条件就可进行逐步积分，其数值结果的准确度是其他积分类算法所无法比拟的。但对于非齐次动力微分方程，常规的精细递推格式主要采用了矩阵 $\boldsymbol{H}$ 的求逆运算，且式(3-35) 中 Duhamel 积分的非齐次项 $\boldsymbol{f}$ 的线性化程度将直接影响到求解的精度，这是其应用的局限性。如果系统的矩阵 $\boldsymbol{H}$ 接近奇异或其逆不存在且 $\boldsymbol{f}$ 的线性化程度精度很低，精细求解的结果就会出现很大的误差。

对于机械臂这样典型的靠闭环反馈控制实现操作任务的动力系统，其微分方程显然为非齐次动力方程，其非保守项(即主动控制力项) 与当前的状态反馈变量和采用的控制律相关，这将使机械臂动力微分方程中的非保守项具有不确定的表达形式，所以无法通过线性化或级数展开等方式进行 Duhamel 项的求解。

若能寻找一种求解方式，在避免 $\boldsymbol{H}$ 求逆和 $\boldsymbol{f}$ 的线性化的同时，又能将具有不确定表达式的非保守项纳入指数矩阵，则可发挥齐次方程精细求解的优势，实现非齐次方程在齐次形式下的精细求解。对于非齐次动力方程式(3-38)，考虑将非齐次项 $\boldsymbol{g}$ 也作为系统的一个状态变量纳入矩阵 $\boldsymbol{H}$，将非齐次方程转化为齐次形式。引入一个新变量 $x_{n+1} \equiv 1$，则 $\dot{x}_{n+1} = 0$。采用增维的方式，式(3-38) 可变成如下的齐次形式：

$$\boldsymbol{X} = \begin{bmatrix} \dot{\boldsymbol{u}} \\ \dot{x}_{n+1} \end{bmatrix} = \begin{bmatrix} \boldsymbol{H} & \boldsymbol{g} \\ \boldsymbol{0} & \boldsymbol{0} \end{bmatrix} \begin{bmatrix} \boldsymbol{u} \\ x_{n+1} \end{bmatrix} = \boldsymbol{TX} \tag{3-39}$$

式中，$\boldsymbol{X} = [\boldsymbol{u} \quad x_{n+1}]^{\mathrm{T}}$。需要注意，式(3-39) 只是形式上的齐次方程，其状态矩阵 $\boldsymbol{T}$ 实际上是非定常时变的，这时的精细积分格式需要对矩阵 $\boldsymbol{T}$ 逐步求解，即 $\boldsymbol{T}$ 也要纳入迭代过程。在积分步长为 $\tau$ 的时间区间 $[t_{k-1}, t_k]$($t_k = k\tau$) 上，由于精细积分采用了 $2^M$ 类算法，使在 $\xi = \tau/2^M$ 时间范围内的 $\boldsymbol{T}$ 矩阵几乎是常数，因此在区间 $[t_{k-1}, t_k]$ 上，式(3-39) 的积分可看作对如下常微分方程进行的：

$$\dot{\boldsymbol{X}} = \boldsymbol{T}_{k-1}\boldsymbol{X} \tag{3-40}$$

式中，$\boldsymbol{T}_{k-1} = \boldsymbol{T}[(k-1)\tau]$，其解可表示为

$$\boldsymbol{X}(k\tau) = \exp(\boldsymbol{T}_{k-1}\tau)\boldsymbol{X}[(k-1)\tau] \tag{3-41}$$

利用精细积分求解的格式对式(3-41) 进行求解：

$$\exp(\boldsymbol{T}_{k-1}\tau)=\exp(\boldsymbol{T}_{k-1}\xi)^{2^M} \tag{3-42}$$

由指数矩阵的泰勒展开式可知，若令

$$\boldsymbol{T}_a=\boldsymbol{T}_{k-1}\xi+\frac{(\boldsymbol{T}_{k-1}\xi)^2}{2}+\frac{(\boldsymbol{T}_{k-1}\xi)^3}{3!}+\frac{(\boldsymbol{T}_{k-1}\xi)^4}{4!} \tag{3-43}$$

则

$$\exp(\boldsymbol{T}_{k-1}\xi)\approx\boldsymbol{I}+\boldsymbol{T}_a \tag{3-44}$$

由此可推得下式

$$\exp(\boldsymbol{T}_{k-1}\tau)=(\boldsymbol{I}+\boldsymbol{T}_a)^{2^M}=(\boldsymbol{I}+\boldsymbol{T}_a)^{2^{(M-1)}}\times(\boldsymbol{I}+\boldsymbol{T}_a)^{2^{(M-1)}} \tag{3-45}$$

由于

$$(\boldsymbol{I}+\boldsymbol{T}_b)\times(\boldsymbol{I}+\boldsymbol{T}_c)=\boldsymbol{I}+\boldsymbol{T}_b+\boldsymbol{T}_c+\boldsymbol{T}_b\times\boldsymbol{T}_c$$

那么式(3-45) 相当于执行下列语句：

```
for(i = 0;i < M;i ++)
T_a = 2 T_a + T_a × T_a
```
(3-46)

当循环体执行完毕后，可得到式(3-40) 在 $t_k$ 时刻的数值解：

$$\begin{aligned}&\exp(\boldsymbol{T}_{k-1}\tau)\approx\boldsymbol{I}+\boldsymbol{T}_a\\&\boldsymbol{X}(k\tau)=\exp(\boldsymbol{T}_{k-1}\tau)\boldsymbol{X}[(k-1)\tau]\end{aligned} \tag{3-47}$$

这样，就实现了对柔性臂动力方程式(3-29) 的精细求解。在计算机精度范围内计算的相对误差应小于$10^{-16}$，因此，$\boldsymbol{T}_a$ 的级数展开阶数可取 3,4,7(本节取 4) 且取 $M=20$，保证了指数矩阵的谱半径小于 1，从而算法稳定。

### 3.3.3　柔体机器人微分方程 PIM 法的数值实验

在各类刚性常微分方程组的数值解法中，Gear 法通常被认为是效果最好的方法之一。而隐式四阶 Runge - Kutta (RK) 法也是目前被广泛采用的最稳定、精度最高的一阶微分方程数值积分格式，但 RK 法必须设定非常小的积分步长才能保证算法的稳定性，因此消耗机时长，计算效率较低。为验证柔性臂 PIM 数值积分算法的有效性，本节设计一类数值实验，即给定某柔性臂系统的结构参数，分别采用 Gear 法、RK 法和 PIM 法对建立的 stiff 微分方程进行求解，对比三类算法在求解 stiff 系统动力学响应时的数值结果。

给定方程式(3-29) 的参数：

柔轮刚度 $K_h=7.5\times10^3$ N·m/rad，减速比 $N=100$，柔性臂尺寸为 1 000 mm×30 mm×8 mm，材料为铝，弹性模量 $E=71$ GPa，密度 $\rho=2.71\times10^3$ kg/m$^3$，电动机转子的转动惯量 $J_m=1.06\times10^{-5}$ kg·m$^2$，轮毂的转动惯量 $J_h=3.02\times10^{-5}$ kg·m$^2$。为方便分析，暂不计端点质量。按照式(2-3) 取柔性臂的振型函数为悬臂梁模型，即

$$\varphi_i(x)=C_i\left\{\sinh(k_ix)-\sin(k_ix)-\frac{\sin(k_iL)+\sinh(k_iL)}{\cos(k_iL)+\cosh(k_iL)}[\cosh(k_ix)-\cos(k_ix)]\right\}$$

若不计阻尼即式(3-29) 中的阻尼阵 $\boldsymbol{C}=0$，且取正则化主振型，用$(\theta_m/N-\theta_h)$表示柔性关节的变形量，在 MatLab 环境下分别采用 Gear 法(求解指令 ode15 s，为反向多步法)、RK 法(求解指令 ode45，为四、五阶变步长隐式算法) 和 PIM 法进行柔性机械臂 stiff 系统的动力学数值求解，数值结果如图 3-3 ～ 图 3-5 所示。其中，快变分量为关节变形量、柔性臂第一阶模态坐标和第二阶模态坐标；慢变分量为电动机和关节转角。

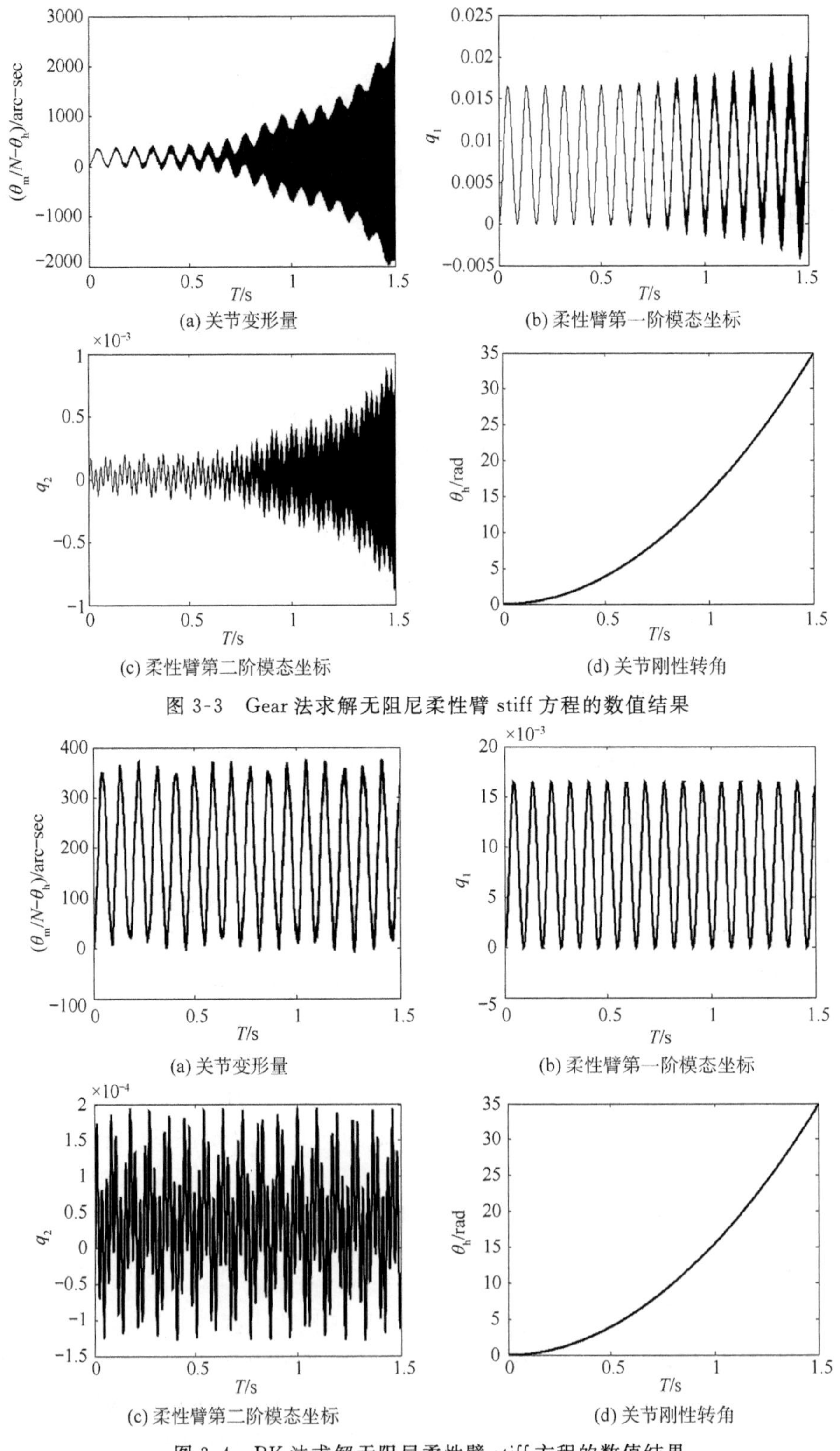


(a) 关节变形量　(b) 柔性臂第一阶模态坐标

(c) 柔性臂第二阶模态坐标　(d) 关节刚性转角

图 3-3　Gear 法求解无阻尼柔性臂 stiff 方程的数值结果

(a) 关节变形量　(b) 柔性臂第一阶模态坐标

(c) 柔性臂第二阶模态坐标　(d) 关节刚性转角

图 3-4　RK 法求解无阻尼柔性臂 stiff 方程的数值结果

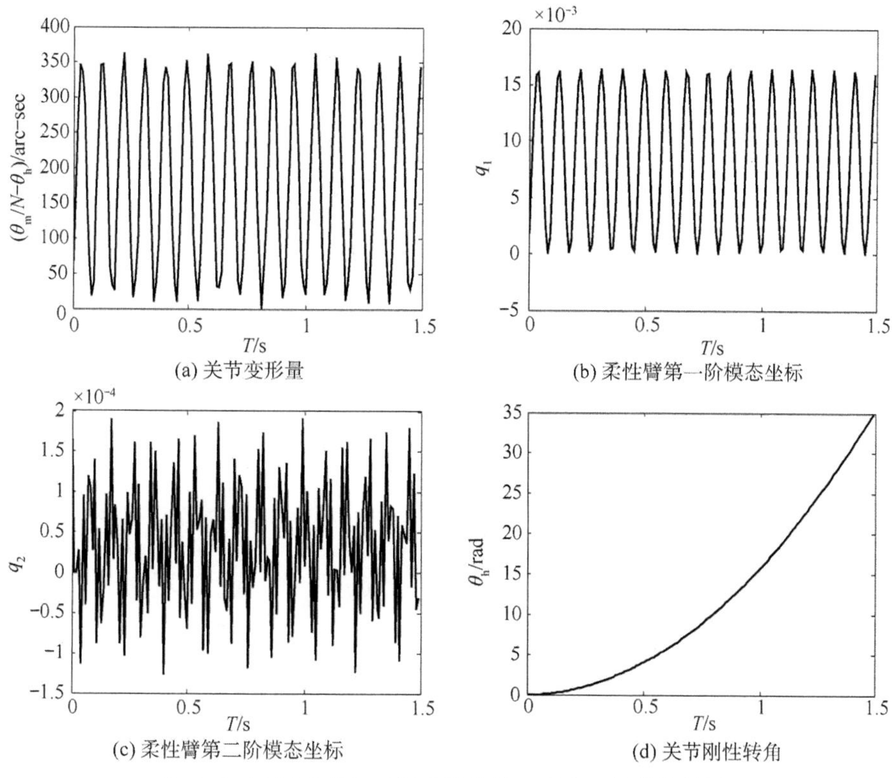


图 3-5　PIM 法求解无阻尼柔性臂 stiff 方程的数值结果

由图 3-3 所示的求解结果可知，Gear 法在求解不计系统阻尼时的柔性臂 stiff 微分方程时，得到的快变分量均趋于发散，算法失效。

对比图 3-4 和图 3-5 所示的数值结果，可知 RK 法和 PIM 法在求解不计系统阻尼时的柔性臂 stiff 微分方程时，快变分量均稳定有界，算法有效。

为验证阻尼阵的存在与否与算法稳定性的关系，设定柔性臂系统的阻尼系数 $\alpha = 10^{-6}$，$\beta = 0.03$，$\gamma_1 = 0.1$，$\gamma_2 = 0.02$，仍然采用上述三种算法求解，数值结果如图 3-6 ～ 图 3-8 所示。

经过数值对比可知，Gear 法求解空间柔性机械臂的 stiff 方程时，阻尼阵的存在对算法的稳定性有所影响，尤其是系统的快变分量，无阻尼时出现发散现象，有阻尼时可以稳定在一个有界区间内，但却不能收敛至某个稳定值。RK 法和 PIM 法求解无阻尼和有阻尼两种情形时，数值结果基本一致。需要指明的是，PIM 法设定的积分步长可以在 0.01 s 时仍保持数值稳定，但 RK 法对时间步长的敏感性要远远高于 PIM 法，需要设定远小于 0.01 s 的积分步长，才能保证不发散，因此，RK 法的计算效率将远不及 PIM 法。

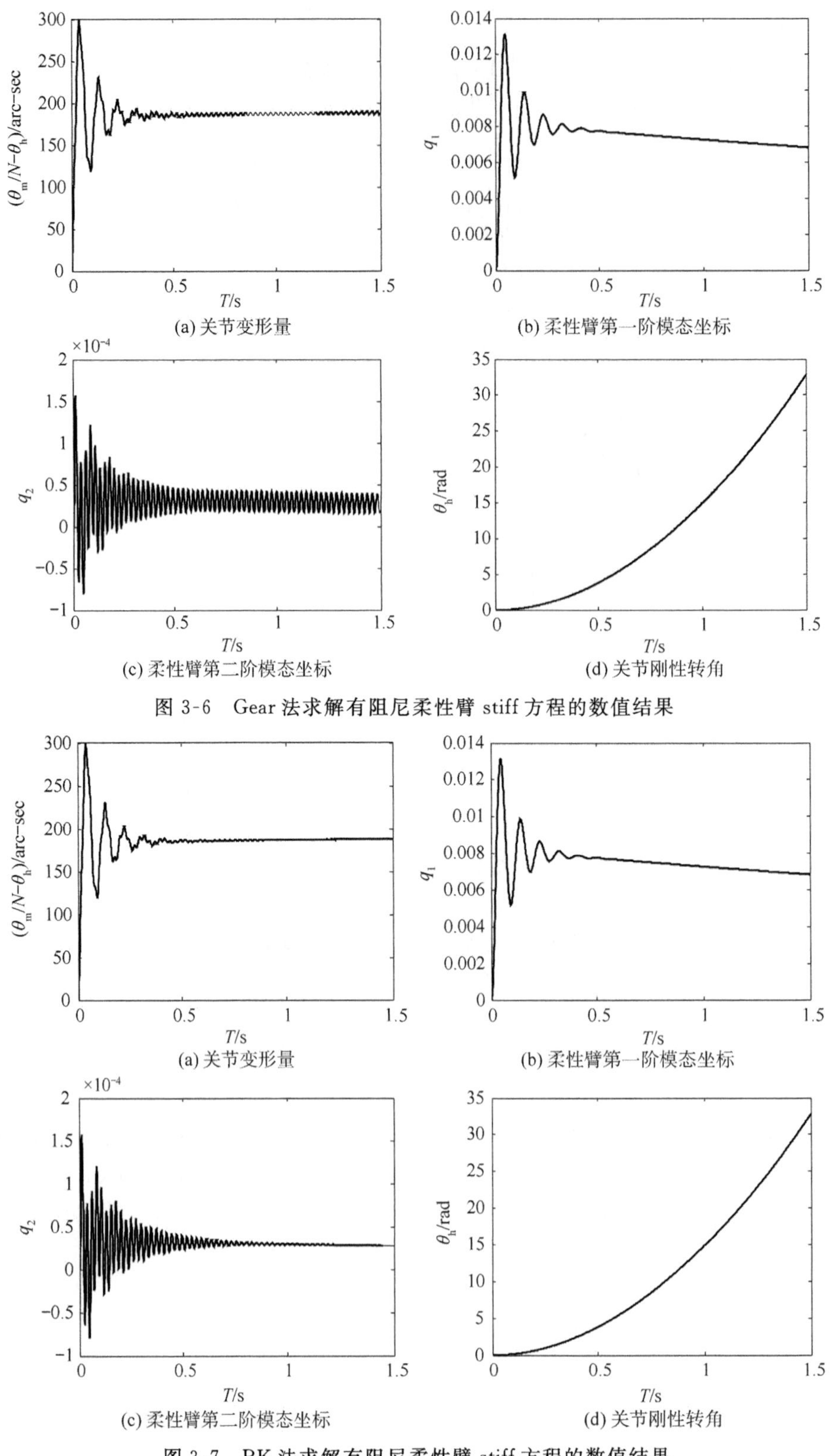


图 3-6　Gear 法求解有阻尼柔性臂 stiff 方程的数值结果



图 3-7　RK 法求解有阻尼柔性臂 stiff 方程的数值结果

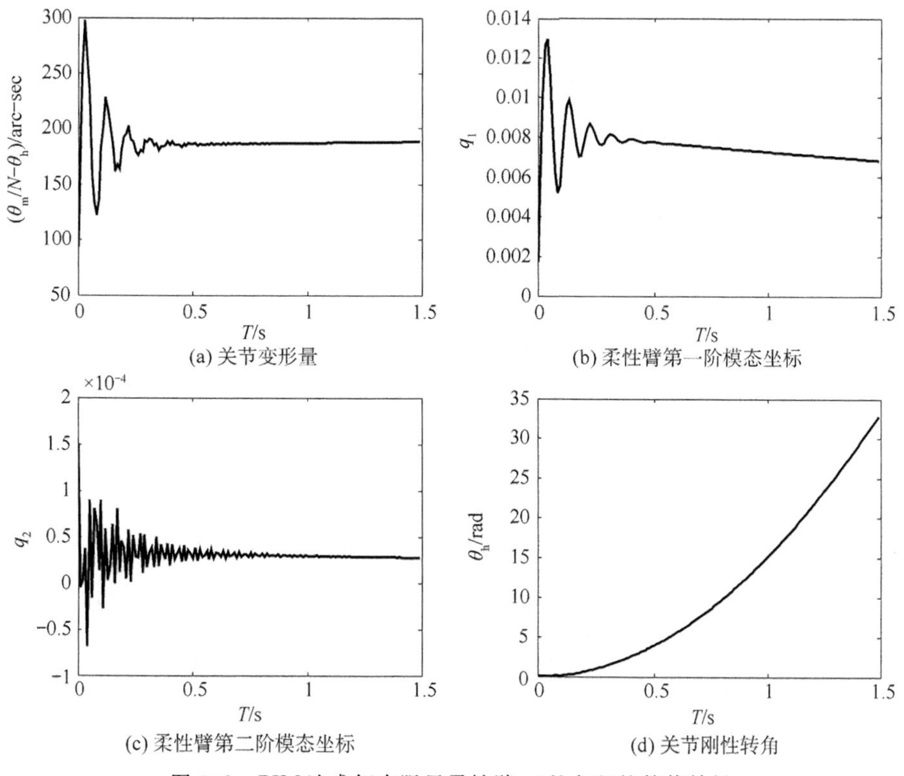


图 3-8　PIM 法求解有阻尼柔性臂 stiff 方程的数值结果

## 3.4　数值仿真与分析

为研究在关节控制器的反馈约束条件下柔性机械臂不同于传统 KED 分析法的动力特性，本节按照图 2-1 所示系统的具体结构参数，对其展开数值仿真实验研究，以验证所建立的柔性臂动力学 / 控制器耦合模型与 KED 模型对系统最终动力学响应的区别。考虑到关节控制器的闭环反馈约束条件，采用的数值算法为 3.3.2 节建立的闭环 PIM 法。

在第 2 章 2.2 节中同时考虑控制器的广义刚度和广义阻尼，建立了柔性机械臂在离散相对平衡位置附近振动时的复模态振型函数，相关的数值仿真结果已在 2.2.6 节给出。为更加清晰地解释控制器参数对系统动力学响应的影响，不妨单独研究控制器的刚度项。实际上，若只考虑控制器的广义刚度而不计广义阻尼项，其分析过程的复杂程度会有所下降，此时仍能得到实数范围内的模态参数。限于篇幅，本节只给出最终结果，详细推导过程与第 2 章 2.2 节一致。在耦合关节控制器广义刚度项时，柔性臂的振型函数为

$$\varphi_i(x)=B_i[a_i\sin(\lambda_i x/L)+c_i\sinh(\lambda_i x/L)+\cos(\lambda_i x/L)-\cosh(\lambda_i x/L)] \quad (3\text{-}48)$$

式中

$$a_i = \frac{g_i \cosh \lambda_i + \sin \lambda_i - \sinh \lambda_i}{\cosh \lambda_i + \cos \lambda_i}$$

$$c_i = \frac{g_i \cos \lambda_i + (\sin \lambda_i - \sinh \lambda_i)(\cos \lambda_i - 1)/\cosh \lambda_i}{\cosh \lambda_i + \cos \lambda_i}$$

$$g_i = 2\left(\frac{1}{K_h} - \frac{1}{NK_p}\right)EI\lambda_i/L$$

设计一类实验，使关节输出角位移跟踪正弦轨迹 $\sin(\pi t)$ rad，控制器广义刚度系数不妨取 $K_p = 0.1$ 和 $K_p = 1$，此时，可以很清楚地观察控制器刚度参数对系统动力学响应的影响，从而有利于得到更明确的结论。悬臂梁 KED 静模态模型和耦合控制器刚度参数动模态模型的数值结果如图 3-9 ～ 图 3-12 所示。其中，图(a) 和(b) 分别表示系统的快变分量的关节变形量和臂杆第一阶模态坐标；图(c) 和(d) 分别表示慢变分量的关节位置跟踪误差和关节刚性转角。

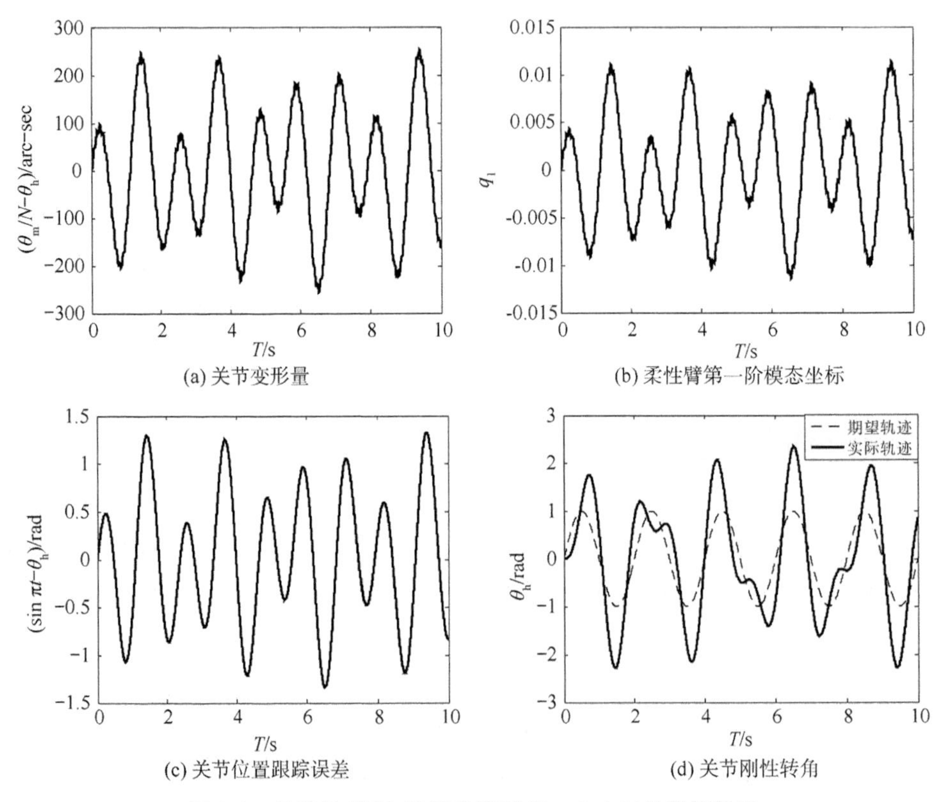


图 3-9　悬臂梁 KED 静模态模型 $K_p=0.1$ 时的数值结果

通过横向对比可知，采用两种模型对系统进行动力学响应求解的数值结果相差很大。耦合控制器刚度参数的动模态模型与 KED 模型相比，系统中快变分量(如关节变形量和臂杆的第一阶模态坐标)的振幅和周期均增大；慢变分量(如关节刚性转角)的轨迹变化十分明显，尤其是在波峰和波谷处的位置跟踪偏差变化较大。通过纵向对比可知，在控制器刚度参数增大时，臂杆的一阶模态坐标幅值由 0.5 下降至 0.1 左右，且振动周期明显缩短，从而有利于系统的稳定。

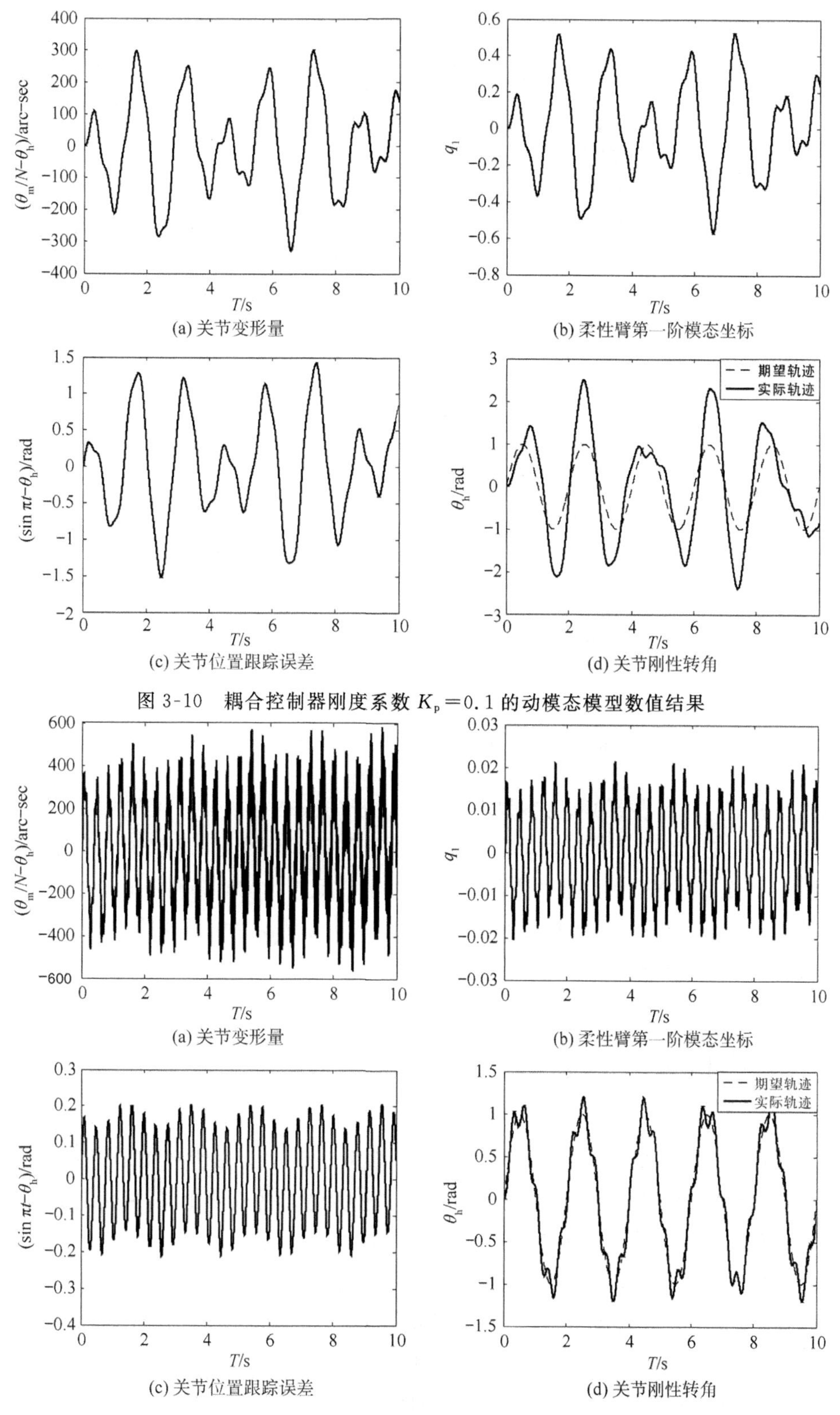


(a) 关节变形量　(b) 柔性臂第一阶模态坐标　(c) 关节位置跟踪误差　(d) 关节刚性转角

图 3-10　耦合控制器刚度系数 $K_p=0.1$ 的动模态模型数值结果

(a) 关节变形量　(b) 柔性臂第一阶模态坐标　(c) 关节位置跟踪误差　(d) 关节刚性转角

图 3-11　悬臂梁 KED 静模态模型 $K_p=1$ 时的数值结果

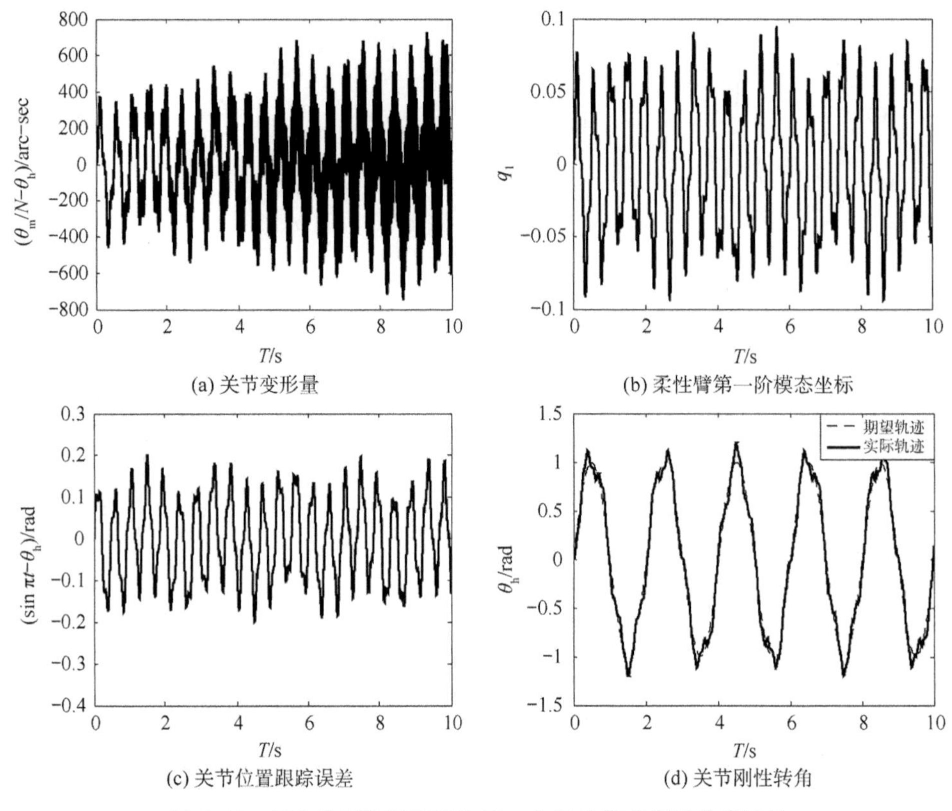


图 3-12　耦合控制器刚度系数 $K_p=1$ 的动模态模型数值结果

以上分析表明，控制器的刚度参数通过影响臂杆的模态特征参数而改变了系统整体的动力特性，数值结果反映了系统的动态响应过程完全有别于传统 KED 方法进行的数值仿真，因此，有必要对存在伺服反馈约束的系统动力学特征进行动态条件下的分析，以得到正确的系统模态参数，仅采用传统意义上的模态分析法会导致与系统真实响应的巨大差距，有时甚至会得到错误的结论。

## 3.5　本章小结

首先，针对分析力学以能量分析法为主导思想的 Lagrange 方程和 Hamilton 正则方程很难对含有约束阻尼力的系统进行能量描述的问题，从虚功的角度出发，采用变分原理对含约束阻尼非保守力的柔体机器人系统进行了刚/柔/控耦合动力学建模。其次，分析了拉格朗日体系下的数值积分算法在求解机械臂强 stiff 微分方程时的不足，基于柔性臂系统的状态空间模型，设计了一种适用于开、闭环条件的稳定数值 PIM 法，并进行了大量的数值实验，验证了该积分算法的有效性。最后，对控制器反馈约束作用下系统的动力学响应进行数值求解，并与 KED 法进行对比分析，得到了不同于经典振动理论的结论。

# 第 4 章 柔性关节摩擦和不确定补偿的轨迹控制

## 4.1 引言

柔体机器人执行在轨操作任务时，其末端处手爪的定位是通过机械臂多个关节的联合动作来实现的。从机器人运动学的观点进行分析，当机械臂关节的定位精度不高，尤其是当臂杆设计为大跨度尺寸时，即使关节处非常小的定位误差，经过运动学求解后换算到臂杆末端引起的位置误差也将是工程领域难以接受的。因此，若不对柔体机器人的关节实行高精度的轨迹控制，机械臂执行高精度操作任务的能力将会受到很大限制。

谐波减速器或力矩传感器在机械臂关节结构中的应用增加了关节的柔性效应，降低了系统的带宽，严重制约了机械臂执行高精度操作任务的能力和稳定性。此外，在实际的工程领域中，机械臂关节系统往往存在诸如参数误差、未建模动态、观测噪声以及不确定的外部干扰等多种不确定性。造成这些不确定因素的原因是多种多样的，如数学建模时忽略的各种高频动特性、运动副构件间的摩擦、齿轮传动机构的死区特性、信号的检测误差和噪声等，因此，对柔性关节高精度轨迹控制策略的研究成为当前机械臂控制领域重要的课题之一。

由于传统的经典控制理论不能给出有效的解析设计手段，而以线性调节器为代表的近代控制理论则必须基于系统精确的数学模型，因此，两者均难以解决柔性关节的高精度轨迹控制问题。于是，以不确定估计为基础的智能控制理论和以 $H_\infty$ 标准设计问题为基础的现代鲁棒控制理论开始出现在柔性关节的控制研究中。当前对柔性关节的轨迹控制研究中应用的神经网络智能控制和 $H_\infty$ 鲁棒控制存在以下不足：

(1) 对不确定外部干扰抑制问题和摩擦补偿问题的讨论不充分，特别是对非线性摩擦的预测和补偿，往往基于上一阶已知的假设；

(2) 把过多的非线性项交由神经网络处理，这对于认识关节的内部机理和物理特性不利，并且势必造成网络学习时间过长，引起系统响应的滞后；

(3) 如何保证神经网络闭环系统的鲁棒性和稳定性成为重要问题；

(4) 即使低增益的 $H_\infty$ 鲁棒控制器能保证系统的鲁棒稳定性，一些干扰和非线性因素的变动也可能使得鲁棒控制器变得过于保守，因而并非是最佳控制，闭环控制品质可能随时出现恶化；

(5) 保证稳定性和收敛性的控制增益若取得足够大，会引起增益过高的问题，必须考虑抑制过大的控制输入。

本章研究的主要内容和目标：在研究柔体机器人关节的同时对柔性、摩擦和不确定项的高精度鲁棒控制进行补偿。建立柔性关节二阶级联动力方程，并引入非连续摩擦力和不确定干扰项，针对系统存在的柔性与摩擦并存、不确定参数摄动、外部干扰等复杂动力特性，提出一种复合控制策略。全局采用 Lyapunov 函数的 Backstepping 方法设计具有柔性补偿和 $L_2$ 干扰抑制性能的控制器，同时，针对常规神经网络无法辨识非连续性函数的问题，提出在局部采用小波神经网络对摩擦和不确定项进行补偿。最后，给出数值仿真结果，验证所提出控制策略的有效性。

## 4.2 柔性关节的动力学模型

### 4.2.1 摩擦环节与预测模型

摩擦是一种具有复杂的、非线性的、具有不确定性的自然现象，其形式和大小取决于相互接触两物体表面的质地和结构、两表面间的压力、相对运动速度、润滑状况等多种不确定因素，因此用准确的数学模型对摩擦进行描述是很困难的。而在高精度机械伺服系统中，摩擦力对伺服性能的影响尤为突出，不但造成系统的稳态误差，而且往往导致低速爬行和振荡，极大地降低运动系统的性能。例如，在重工业机械臂的工程应用中，50％ 的跟踪误差是由摩擦引起的。

对于摩擦学，至今虽然仍未能提出完整且准确的摩擦模型，但对于摩擦现象产生的机理已有较为充分的认识。具有相对运动或相对运动趋势的两个接触面由相对静止到相对运动会经历四个阶段，分别为接触面弹性变形阶段、边界润滑阶段、部分液体润滑阶段和完全液体润滑阶段，在不同的阶段中，接触面之间的相对运动速度是不同的。在第一阶段，接触面之间没有相对滑动，只是发生轻微的弹性形变，此时的摩擦力称为静摩擦力，且其大小与施加的控制力是一对作用力与反作用力；当所施加的外部控制力达到某一临界值后，开始进入第二阶段 —— 边界润滑；从边界润滑到最后的完全液体润滑，接触面间由直接接触而逐渐在接触面间形成一层液体油膜，直至接触面完全脱离，部分液体润滑阶段正体现了这一过渡过程；当完全润滑阶段开始后，随着速度的增加，与速度成正比的黏性摩擦力(矩) 逐渐占据主导作用。对于机械位置伺服系统，摩擦环节会产生如下不良影响：

(1) 对于位置定位系统，零速时存在的静摩擦将使系统响应表现出死区特性，系统的稳态响应具有多个平衡点，为一条线段，系统存在很大的静态误差；

(2) 对于位置定位系统，当静摩擦大于库伦摩擦时，为消除静差引入的积分控制并不能发挥作用，反而会使系统响应出现极限环振荡。这是由于含有摩擦环节的伺服系统从静止到运动的过程中，摩擦的变化不连续且具有负斜率特性；

(3) 对于位置跟踪系统，当位置输入为斜坡信号时，在低速情况下会出现静动交替变化的跳跃运动，即低速爬行现象；

(4) 对于位置跟踪系统，在零速时，由于静摩擦多值且不连续，导致系统在速度过零时的运动不平稳，波形畸变出现平顶现象。

对摩擦环节建立数学模型，无论对于认识摩擦现象的机理还是对于进行摩擦补偿控制，重要性都是不言而喻的。目前，工程上已存在的摩擦数学模型主要分为两类，即静态模型和动态模型。其中静态摩擦模型从简单到复杂包括库伦摩擦、库伦摩擦＋黏滞摩擦、静摩擦＋库伦摩擦＋黏滞摩擦、静摩擦＋库伦摩擦＋黏滞摩擦＋滑动黏附现象的Stribeck曲线模型。其中 Stribeck 曲线模型是静态摩擦模型中与实际摩擦最接近的模型，它不但包含了前三个模型的各个部分，还预测了摩擦力在零速附近的动态特性(即 Stribeck 现象：当外力克服静摩擦力而产生运动后，摩擦力会先按指数规律减小至静摩擦力的 60% 左右，然后随运动速度按黏性摩擦规律递增)，充分体现了摩擦过程的四个阶段，其数学表达式如下：

当 $|\dot{\theta}(t)| < \alpha$ 时，静摩擦为

$$F_f(t)=\begin{cases} F_s & F(t) > F_s \\ F(t) & -F_s < F(t) < F_s \\ -F_s & F(t) < -F_s \end{cases} \tag{4-1}$$

当 $|\dot{\theta}(t)| > \alpha$ 时，动摩擦为

$$F_f(t)=\left[F_c+\frac{F_s-F_c}{\exp[\alpha|\dot{\theta}(t)|]}\right]\operatorname{sgn}[\dot{\theta}(t)]+k_v\dot{\theta}(t) \tag{4-2}$$

式中：$F_f(t)$表示外部驱动力；$F_s$ 表示最大静摩擦力；$F_c$ 表示库伦摩擦力；$k_v$ 表示黏性摩擦系数；$\dot{\theta}(t)$表示角速度，$\alpha$ 表示非常小的正常数。与式(4-1) 和式(4-2) 对应的函数曲线如图 4-1 所示。

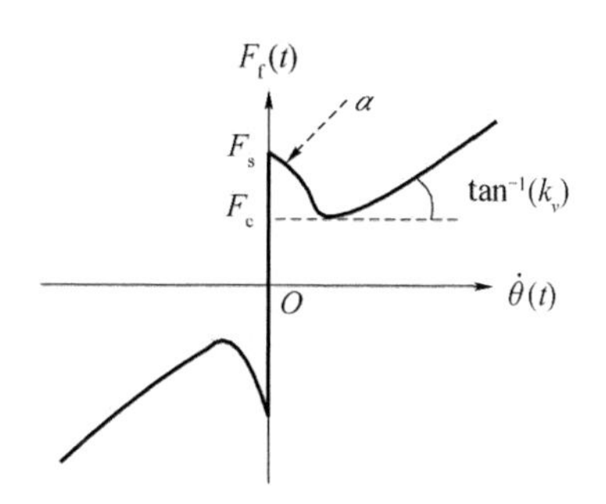


图 4-1　Stribeck 摩擦 — 速度稳态关系曲线

Stribeck 曲线描述了摩擦力与转速之间的稳态对应关系，本质上仍属于静态特性范畴，而摩擦力的动态特性非常复杂且具有不确定性，至今尚在研究之中。近年来，对动态摩擦模型的研究也获得了一定的进展，较有影响力的代表模型有 Dahl 状态变量模型、Bliman-Sorine 模型和 LuGre 鬃毛模型。其中模型 Dahl 状态变量模型是一阶模型，能反映摩擦记忆现象，却无法描述 Stribeck 特性，因而 Bliman 和 Sorine 将 Dahl 模型推广至二阶，弥补

了这一缺陷。著名的 LuGre 模型是 Canudas De Wit C 等学者于 1995 年提出来的，仍来源于一阶 Dahl 模型，但将状态变量赋予了确切的物理含义，不但可以描述静摩擦力及摩擦记忆现象，而且可以描述 Stribeck 特性。对于动态摩擦模型而言，一个重要的评价标准是它能否精确地预测摩擦力在零速附近的动特性，因为在零速附近摩擦力受非线性因素的影响最大。Gafvert 对 Bliman-Sorine 模型和 LuGre 模型的精确性做了比较。研究结果表明，在零速附近，后者优于前者。因此，LuGre 模型被认为是目前较为完善的动态摩擦模型，若考虑系统中的摩擦力矩，可得其数学表达式：

$$
\begin{aligned}
M_f(\dot{\theta}_L) &= \sigma_0 z + \sigma_1 \dot{z} + \sigma_2 \dot{\theta}_L \\
\dot{z} &= \dot{\theta}_L - \frac{|\dot{\theta}_L|}{g(\dot{\theta}_L)} z \\
\sigma_0 g(\dot{\theta}_L) &= T_c + (T_s - T_c)\exp\left[-\left(\frac{|\dot{\theta}_L|}{\dot{\theta}_s}\right)^2\right]
\end{aligned}
\tag{4-3}
$$

式中：$\dot{\theta}_L$ 表示角速度；$z$ 表示鬃毛的平均变形量；$\sigma_0$ 表示鬃毛刚性系数；$\sigma_1$ 表示滑动阻尼系数；$\sigma_2$ 表示黏性摩擦系数；$T_c$ 表示库伦摩擦力矩；$T_s$ 表示最大静摩擦力矩；$\dot{\theta}_s$ 表示 Stribeck 特征速度。

以上给出了当前工程领域中应用最广泛的摩擦力静态 Stribeck 模型和动态 LuGre 模型，虽然本章发展的鲁棒控制策略无须辨识系统的摩擦力，但考虑到柔性关节系统仿真实验的可实现性，有必要将摩擦力的预测模型引入到系统的动力学模型中。

### 4.2.2 柔性关节的标称力学模型

以由伺服电动机和谐波减速器组成的柔性关节为例，关节结构如图 4-2 所示。其中，减速器柔轮可等效为具有一定刚度系数的扭转弹簧，末端负载等效为集中惯量。

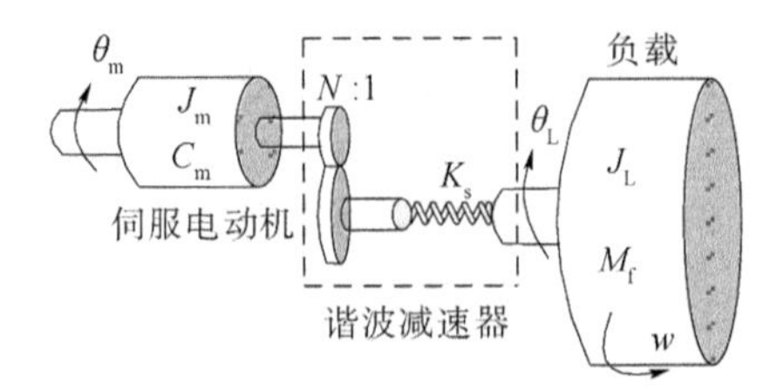


图 4-2　机械臂柔性关节的结构简图

系统的总动能包括电动机转子动能和负载动能

$$T = \frac{1}{2} J_m \dot{\theta}_m^2 + \frac{1}{2} J_L \dot{\theta}_L^2$$

式中：$\dot{\theta}_L$ 表示关节输出轴位置，$\dot{\theta}_m$ 表示电动机轴位置；$J_L$ 表示负载的标称惯量；$J_m$ 表示电动机的标称惯量。

系统的总势能为扭簧的弹性势能：

$$V = \frac{1}{2}K_s \cdot \left(\frac{\theta_m}{N} - \theta_L\right)^2$$

式中：$K_s$ 表示扭转弹簧的标称刚度系数；$N$ 表示减速比。

选取 $\dot{\theta}_L$ 和 $\dot{\theta}_m$ 为广义坐标，根据 Lagrange 第二类方程：

$$\begin{cases} \dfrac{\mathrm{d}}{\mathrm{d}t}\dfrac{\partial T}{\partial \dot{\theta}_m} - \dfrac{\partial T}{\partial \theta_m} + \dfrac{\partial V}{\partial \theta_m} = \tau_m \\ \dfrac{\mathrm{d}}{\mathrm{d}t}\dfrac{\partial T}{\partial \dot{\theta}_L} - \dfrac{\partial T}{\partial \theta_L} + \dfrac{\partial V}{\partial \theta_L} = 0 \end{cases}$$

并引入电动机的黏滑阻尼和减速器与负载的摩擦力，可建立柔性关节系统的标称二阶级联动力学方程

$$J_L \ddot{\theta}_L + M_f + K_s \theta_L = \frac{K_s}{N}\theta_m \tag{4-4a}$$

$$J_m \ddot{\theta}_m + C_m \dot{\theta}_m + \frac{K_s}{N} \cdot \left(\frac{\theta_m}{N} - \theta_L\right) = \tau_m \tag{4-4b}$$

式中：$C_m$ 表示电动机的标称阻尼系数；$M_f$ 表示标称摩擦力矩；$\tau_m$ 表示电动机的驱动力矩。

### 4.2.3　柔性关节的动态不确定力学模型

实际上，式(4-4)是按照系统参数的标称值给出的名义模型，但由于系统模型存在不确定性，系统各个参数的标称值 $J_L, J_m, C_m, M_f, K_s$ 与其各自对应的真实值 $\hat{J}_L, \hat{J}_m, \hat{C}_m, \hat{M}_f, \hat{K}_s$ 之间必然存在建模误差，并且负载端通常受到外部不确定性干扰 $w$ 的影响，这样，标称模型就不能从根本上反映系统的真实动力学特性。若以系统参数的真实值进行建模，可得到柔性关节的真实动力学模型：

$$\hat{J}_L \ddot{\theta}_L + \hat{M}_f + \hat{K}_s \theta_L + w = \frac{\hat{K}_s}{N}\theta_m \tag{4-5a}$$

$$\hat{J}_m \ddot{\theta}_m + \hat{C}_m \dot{\theta}_m + \frac{\hat{K}_s}{N} \cdot \left(\frac{\theta_m}{N} - \theta_L\right) = \tau_m \tag{4-5b}$$

对于一个既定的系统，其真实值和外部干扰 $w$ 通常无法确定。综合式(4-4)和式(4-5)可得到用标称值表示的真实动力学方程：

$$J_L \ddot{\theta}_L + M_f + K_s \theta_L + w + \Gamma_L = \frac{K_s}{N}\theta_m \tag{4-6a}$$

$$J_m \ddot{\theta}_m + C_m \dot{\theta}_m + \frac{K_s}{N} \cdot \left(\frac{\theta_m}{N} - \theta_L\right) + \Gamma_m = \tau_m \tag{4-6b}$$

式中

$$\Gamma_L(\theta_m, \theta_L, \dot{\theta}_L) = -J_L^{-1}\hat{J}_L^{-1} \cdot \left(\frac{\hat{K}_s}{N}\theta_m - \hat{M}_f - \hat{K}_s\theta_L - w\right) + \left(\frac{K_s}{N}\theta_m - M_f - K_s\theta_L - w\right)$$

$$\Gamma_{\mathrm{m}}(\theta_{\mathrm{m}},\dot{\theta}_{\mathrm{m}},\theta_{\mathrm{L}},\tau_{\mathrm{m}})=-J_{\mathrm{m}}\hat{J}_{\mathrm{m}}^{-1}\left[\tau_{\mathrm{m}}-\hat{C}_{\mathrm{m}}\dot{\theta}_{\mathrm{m}}-\frac{\hat{K}_{\mathrm{s}}}{N}\cdot\left(\frac{\theta_{\mathrm{m}}}{N}-\theta_{\mathrm{L}}\right)\right]+\left[\tau_{\mathrm{m}}-C_{\mathrm{m}}\dot{\theta}_{\mathrm{m}}-\frac{K_{\mathrm{s}}}{N}\cdot\left(\frac{\theta_{\mathrm{m}}}{N}-\theta_{\mathrm{L}}\right)\right]$$

分别代表负载端和电动机端的不确定项。由于其中含有未知的摩擦力、外部不确定干扰、电动机的实时输入力矩等无法直接准确获取的不确定因素，因而一般无法直接进行计算，且不能利用已知参数准确预测其上界，这就导致标准 $H_\infty$ 鲁棒控制在设计柔性关节控制律的过程中很难实现，因此，需要发展一种更先进的控制策略以对系统中的复杂不确定项进行补偿。

## 4.3 柔性关节摩擦和不确定项补偿的高精度轨迹控制

### 4.3.1 级联系统的反演鲁棒控制

考查柔性关节的动力方程式(4-6)，在式(4-6a)中对状态量 $\theta_{\mathrm{L}}$ 来说，$\theta_{\mathrm{m}}$ 是控制量，而 $\theta_{\mathrm{m}}$ 在式(4-6b)中作为状态量又由控制量 $\tau_{\mathrm{m}}$ 决定，其中还包括状态量 $\theta_{\mathrm{L}}$，因此电驱动柔性关节是典型的二阶级联系统。若将其用状态空间向量的形式重新整理，则可以得到类似如下形式的广义非线性串联系统：

$$\begin{cases}\dot{x}_1=f(x_1)+\varphi(x_1,x_2)\\ \dot{x}_2=u\end{cases}\tag{4-7}$$

式中，$f(0)=0$。根据现代鲁棒控制理论，如果一个动力系统的特征结构是由几个子系统通过积分环节串联连接组成的，那么该系统对应的总体存储函数或 Lyapunov 函数将是以第一个子系统的 Lyapunov 函数为基础，再加上其后几个子系统状态变量的二次项依次递推累加构成的。这种设计 Lyapunov 函数的思路称为 Backstepping 或 Lyapunov 递推设计方法。假设式(4-7) 满足条件：

(1) 子系统的平衡点 $x_1=0$ 是可镇定的；

(2) 子系统之间的耦合项满足 $\phi(x_1,0)=0$，

则存在如下定理：

**定理 4.1** 存在镇定控制器 $u$，使得 $x_1=0$，$x_2=0$ 是非线性串联系统[式(4-7)]的渐进稳定平衡点。

证明：如果被驱动的子系统不是渐进稳定的，那么可以先视 $x_2$ 为 $x_1$ 子系统的控制输入，并通过适当选取 $x_2=g(x_1)$ 镇定被驱动子系统，然后通过实际控制输入 $u$，使 $x_2$ 趋近 $g(x_1)$，从而达到使整个系统稳定的目的。

子系统的平衡点 $x_1=0$ 是可镇定的，即存在

$$x_2=g(x_1),g(0)=0$$

使得 $x_1=0$ 是子系统 $\dot{x}_1=f(x_1)+\phi(x_1,g)$ 的渐进稳定平衡点，或等价地存在正定函数

$V_1(x_1)$，使得：

$$\frac{\partial V_1}{\partial x_1}\{f(x_1)+\phi[x_1,g(x_1)]\}<0,\quad \forall x_1\neq 0 \tag{4-8}$$

对式(4-7)进行坐标变换：

$$\begin{cases} y_1=x_1 \\ y_2=x_2-g(x_1) \end{cases} \tag{4-9}$$

此外，子系统之间的耦合项满足 $\phi(x_1,0)=0$，即存在适当的函数矩阵 $\eta(y_1,y_2)$ 使下式成立

$$\phi(x_1,x_2)=\phi[y_1,y_1+g(y_1)]=\phi[y_1,g(y_1)]+\eta(y_1,y_2)y_2$$

在新的坐标系下式(4-7)可以表示为

$$\begin{cases} \dot{y}_1=f(y_1)+\phi[y_1,g(y_1)]+\eta(y_1,y_2)y_2 \\ \dot{y}_2=u+h(y_1,y_2) \end{cases} \tag{4-10}$$

其中

$$h(y_1,y_2)=-\frac{\partial g}{\partial y_1}\{f(y_1)+\phi[y_1,g(y_1)]+\eta(y_1,y_2)y_2\}$$

令控制输入为

$$u=v-h(y_1,y_2) \tag{4-11}$$

式中，$v$ 是新的控制输入信号，记 $\tilde{f}(y_1)=f(y_1)+\phi[y_1,g(y_1)]$，则式(4-10)可重新写为

$$\begin{cases} \dot{y}_1=\tilde{f}(y_1)+\eta(y_1,y_2)y_2 \\ \dot{y}_2=v \end{cases} \tag{4-12}$$

由于坐标变换式(4-9)是正则的，所以式(4-7)的镇定问题完全等价于式(4-12)的镇定问题。基于正定函数 $V_1(y_1)$ 构造如下正定函数：

$$V_2(y_1,y_2)=V_1(y_1)+\frac{1}{2}y_2^2$$

则

$$\begin{aligned} \dot{V}_2(y_1,y_2) &= \frac{\partial V_1}{\partial y_1}\dot{y}_1+y_2\dot{y}_2 \\ &= \frac{\partial V_1}{\partial y_1}\tilde{f}(y_1)+\frac{\partial V_1}{\partial y_1}\eta(y_1,y_2)y_2+y_2 v \\ &= \frac{\partial V_1}{\partial y_1}\tilde{f}(y_1)+y_2\left[\eta(y_1,y_2)\frac{\partial V_1}{\partial y_1}+v\right] \end{aligned}$$

按照式(4-8)，$\forall y_1\neq 0$，$\frac{\partial V_1}{\partial y_1}\tilde{f}(y_1)<0$，显然，若设计反馈镇定控制器：

$$v=-\eta(y_1,y_2)\frac{\partial V_1}{\partial y_1}-\varepsilon y_2 \tag{4-13}$$

则对于闭环系统：

$$\dot{V}_2(y_1,y_2)<0,\quad \forall y_1\neq 0,y_2\neq 0 \tag{4-14}$$

由 Lyapunov 理论可知，$y_1 = 0, y_2 = 0$ 是非线性串联系统式(4-10) 的渐进稳定平衡点。

将式(4-13) 代入(4-11) 得到系统式(4-7) 在原坐标下的镇定控制器为

$$\begin{aligned} u &= v - h(y_1, y_2) \\ &= -\eta(y_1, y_2)\frac{\partial V_1}{\partial y_1} - \varepsilon y_2 - h(y_1, y_2) \\ &= -\eta[x_1, x_2 - g(x_1)]\frac{\partial V_1}{\partial y_1} - \varepsilon[x_2 - g(x_1)] - h[x_1, x_2 - g(x_1)] \end{aligned} \tag{4-15}$$

此时，$x_1 = 0, x_2 = 0$ 是非线性串联系统式(4-7) 的渐进稳定平衡点。证毕。

可见，反演设计方法的基本思想是将复杂的非线性系统分解成不超过系统阶数的子系统，然后为每个子系统分别设计 Lyapunov 函数和中间虚拟控制量，一直后退到整个系统，直到完成整个控制律的设计。其中，该设计方法中引进的虚拟控制本质上是一种静态补偿思想，前面的子系统必须通过后面的子系统的虚拟控制才能达到镇定的目的。通常，反演设计与智能控制或 Lyapunov 自适应律结合使用，可使整个闭环系统满足期望的动、静态性能指标。

对于方程式(4-6)，可将反演设计方法应用于空间机械臂柔性关节系统的控制律设计，但由于方程存在无法预知的不确定项 $\Gamma_L$ 和 $\Gamma_m$，仅仅采用反演设计难以实现控制目标。若考虑结合人工智能的预测理论对其进行复合控制，则有可能解决动态不确定柔性关节系统的高精度轨迹控制问题。

### 4.3.2 小波神经网络的结构设计

人工智能理论的一个重要分支是神经网络，其网络信息分布式存储于连接权系数中，利用网络的拓扑结构和权值分布实现非线性映射，能够实现从输入空间到输出空间的非线性变换，具有解决高度非线性和严重不确定性系统的能力。目前，工程界应用最广泛的常规神经网络有 BP 神经网络和 RBF 神经网络两种类型。其中，BP 多层前馈神经网络的 Sigmoid 激励函数为全局函数，基支集为整个欧式空间，存在严重重叠，难以保证解的唯一性，由于基函数非正交，因而收敛速度慢，难以确定逼近的分辨尺度，且容易陷入局部极小。而 RBF 径向基网络是利用紧支撑基函数中的成员来表示函数(如高斯基函数)，基函数的局域性使径向基网络更适应学习可变的不连续函数，但径向基函数网络中激励函数是非正交的，这就使它的基函数有冗余，导致其逼近函数的表达式并不唯一。此外，Young 已指出常规神经网络的万能逼近只对连续函数有效，在辨识具有分段、非连续等非线性函数时需要更多的神经元和迭代次数，但其逼近效果却很一般。

小波变换能在满足框架条件时保证其反变换存在，在时频域内具有局部化特性，并且可以依据空间位置平移和尺度伸缩进行信号动态特性的识别，能够在不确定性原理允许范围内具有可调的时频分辨率，有效提取信号的局部信息，且具有对突变函数逐步精细的描述特性，使得函数的逼近效果更好。因此，充分发挥小波变换和神经网络各自的优势，将二者进行有效的组合，得到一种小波神经网络(WNN - wavelet neural network)，有望解决传统神经网络无法解决的问题。

对小波神经网络研究的出发点不同于常规神经网络，其逼近特性是在多分辨分析(MRA)的框架中进行的，这种研究保证了小波神经网络在$L^2(\mathscr{R})$空间中对函数的逼近特性而不要求被逼近函数的连续性。基于 MRA 分析的特征，存在如下定理：

**定理 4.2**　$\forall f(x) \in L^2(\mathscr{R})$，对于任意的 $\varepsilon \geqslant 0$，必然存在一个函数 $f'(x) = \sum_{i=1}^{r}\sum_{j\in Z}\sum_{k\in Z} c_i \psi_i^{j,k}(x)$，使得 $\| f - f' \|_2 \leqslant \varepsilon$，其中 $Z$ 为 $L^2(\mathscr{R})$的子空间。

可见，$f'(x)$具有与单隐层的神经网络类似的表达式，只是在 MRA 分析中，$i,j,k$ 的个数是无限的，而在实际系统中，往往只需对要逼近的非连续函数的一部分进行补偿即可，这就保证了可以在有限支集范围内利用小波神经网络对系统中存在的不确定项进行辨识和补偿。从结构形式上，小波神经网络可分为两大类：一是小波变换和常规神经网络的结合；二是小波分解与前向神经网络的融合。其中，前者属松散型网络，并不是真正意义上的小波神经网络，它仅仅是信号经小波变换后再输入给常规神经网络以完成分类和函数逼近等功能。后者属紧致型网络，根据小波基函数和学习参数的不同选取又可细分为三种形式的网络：① 连续参数的小波网络，它来源于连续小波变换的定义，其特点是基函数的定位不局限于有限离散值，冗余度高，展开式不唯一，无法固定小波参数与函数之间的对应关系，这种网络虽然类似于 RBF 网络，但借助于小波分析理论，可以指导网络的初始化和参数选取；② 基于小波框架的小波网络，由于不考虑正交性，小波函数的选取有很大的自由度，且这种网络的可调参数只有权值，并与输出呈线性关系，可调参数少，简便易行；③ 基于多分辨分析的正交基小波网络，网络隐节点由小波函数和尺度函数两类节点组成，但正交基的构造及网络学习算法较为复杂，网络抗干扰能力较差。

本节设计了一种具有输入层、隐含小波层、乘积层和输出层共四层结构的前向小波神经网络结构，如图 4-4 所示，该结构共有 $N_i$ 个输入、1 个输出，$N_i \times N_w$ 个隐含小波结点，且每一个结点的小波母函数采用 Mexico hat 小波，即墨西哥帽小波函数：

$$\psi(x) = (1 - x^2) \cdot \exp(-x^2/2) \tag{4-16}$$

该小波函数的时域和频域都有很好的局部性，但不具有正交性，对 $\psi(x)$ 进行伸缩和平移变换得到连续的小波基函数：

$$\psi_{a,b}(x) = \frac{1}{\sqrt{a}}\psi\left(\frac{x-b}{a}\right) \quad (m,n \in Z^2; a > 0, b > 0) \tag{4-17}$$

按照小波分析理论，如果取伸缩因子 $a = 2$，平移因子 $b = 0.5$，则 $\psi_{a,b}$ 构成了 $L^2(\mathscr{R})$ 中的小波框架，式(4-16) 和式(4-17) 的函数曲线如图 4-3 所示。

根据定理 4.2 中 $f'(x)$ 的结构可以得出图 4-4 所示中小波神经网络的输出：

$$\begin{aligned} y &= \sum_{i=1}^{N_w} w_i \psi_i(x) = \boldsymbol{W}^T \boldsymbol{\psi}(x) \quad (i = 1,2,\cdots,N_w) \\ \psi_i(x) &= \prod_{j=1}^{N_i} \psi_{ij}(x_j) \qquad (j = 1,2,\cdots,N_i) \end{aligned} \tag{4-18}$$

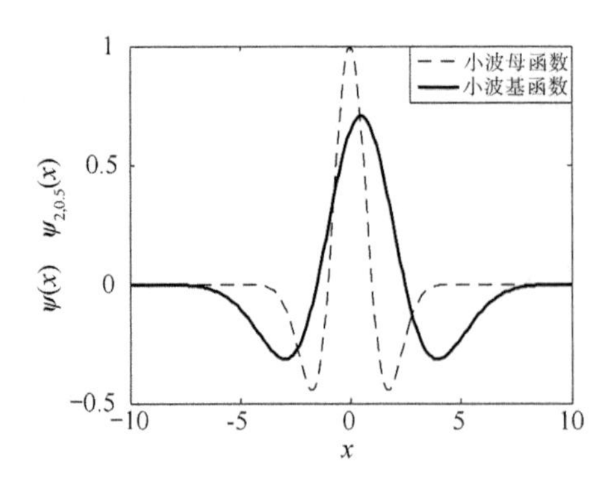


图 4-3 小波母函数和小波基函数

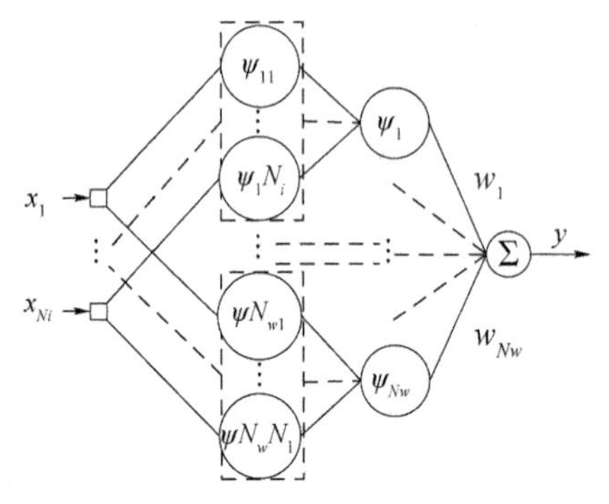


图 4-4 四层小波神经网络结构示意

式中，$w_i$ 是乘积层和输出层结点间的连接权值，且权值向量 $\boldsymbol{W}$ 定义为$\boldsymbol{W}^{\mathrm{T}}=[w_1,w_2,\cdots,w_{N_w}]\in\mathscr{R}^{1\times N_w}$，隐含层向量 $\boldsymbol{\psi}(x)$ 定义为$\boldsymbol{\psi}^{\mathrm{T}}=[\psi_1,\psi_2,\cdots,\psi_{N_w}]\in\mathscr{R}^{1\times N_w}$。

因为小波函数所具有的局部化特性，所以在初始化伸缩参数和平移参数时需遵循一定的原则。若伸缩参数过小，则小波基函数过于局部化；若平移参数选取不当，则容易使样本值脱离研究的范围。

确定 $a_{ij}$，$b_{ij}$ 初始值的原则：每个隐层节点对应的小波基函数的窗口宽度和通过隐层节点数划分的小区间长度应该一致。但为了使小波基函数能够在每个区间上进行叠加，各窗口宽度应该适当放宽至稍大于小区间长度。

设有 $N_i$ 个输入、$N_i\times N_w$ 个隐层节点，输入层第 $i$ 个神经元的输入样本中最大值为 $x_{i\max}$，最小值为 $x_{i\min}$，母小波的时域中心为 $t^*$，半径为 $\Delta\psi$，则小波伸缩系数在时域的集中区域为

$$[b+at^*-a\Delta\psi,\quad b+at^*+a\Delta\psi]$$

为使小波伸缩系数覆盖输入向量的整个范围，伸缩平移参数的初始值设置必须满足：

$$\begin{cases} b_{ij}+a_{ij}t^*-a_{ij}\Delta\psi=\displaystyle\sum_{i=1}^{N_i}x_{i\min} \\ b_{ij}+a_{ij}t^*+a_{ij}\Delta\psi=\displaystyle\sum_{i=1}^{N_i}x_{i\max} \end{cases}\quad (j=1,2,\cdots,N_w) \tag{4-19}$$

由式(4-19)可得

$$\begin{cases} a_{ij} = \dfrac{\sum\limits_{i=1}^{N_i} x_{i\max} - \sum\limits_{i=1}^{N_i} x_{i\min}}{2\Delta\psi} \\ b_{ij} = \dfrac{(\Delta\psi + t^*)\sum\limits_{i=1}^{N_i} x_{i\min} + (\Delta\psi - t^*)\sum\limits_{i=1}^{N_i} x_{i\max}}{2\Delta\psi} \end{cases} \quad (j = 1,2,\cdots,N_w) \tag{4-20}$$

最后,应对求得的 $a_{ij}$ 适当放大,即取 $a_{ij} = k \cdot a_{ij}\,(1 < k < 2)$。根据实际系统输入信号的有效映射范围并确定好 $a_{ij}$ 和 $b_{ij}$ 后,小波神经网络的可调参数只有权系数 $w_j$ 了,这时小波神经网络的输出及其权值是线性的,不存在局部极小点。

由于结合了小波变换良好的时频局域化性质和传统神经网络的自学习功能,因而小波神经网络具有较强的逼近和容错能力,其优点如下:

(1) 小波基函数及整个网络结构的确定有可靠的理论依据,避免了网络结构设计上的盲目性;

(2) 网络权值和基函数之间为线性关系,使网络训练从根本上避免了局部极小问题的出现,且加快了收敛速度;

(3) 具有很强的学习和泛化能力以及良好的函数逼近能力。

### 4.3.3　动态不确定柔性关节的小波神经—鲁棒复合控制

鲁棒控制对于具有不确定因素和外部干扰的机器人系统是较常采用的一种控制策略,但存在两个不足:一是对于不确定项的界定一般依赖于系统的物理参数和状态变量,有时甚至需要先验知识,这往往影响到控制精度;二是对模型中某些非线性项的计算过于复杂,而且需要关节的角加速度可测,这严重影响了该算法在工程领域的应用。针对这种状况,一些学者提出了神经网络控制方案,但仍有两方面的不足:一是神经网络的学习过程较长,使在控制初期系统的跟踪误差较大;二是神经网络在学校过程中具有的未知和高度非线性行为使网络在某些瞬态阶段会出现过大的输出。

综合上述情形,本节通过 $L_2$ 标准设计方法并结合智能神经网络理论提出一种小波神经—鲁棒复合控制策略。系统的整体将按 Backstepping 鲁棒控制的思路进行,在局部利用前节设计的小波神经网络识别具有非连续特性的复杂非线性项,这样既保证了系统的鲁棒稳定性和鲁棒干扰抑制性能,又能简化控制器设计,最终提高控制精度。

**1. 假设条件和性能指标**

在设计控制器之前,先假设给定的期望轨迹 $\theta_{\mathrm{Ld}}$ 和外部干扰 $w$ 满足如下条件:

(1)$\theta_{\mathrm{Ld}}$ 是充分可微的,且当 $w = 0$,$\theta_{\mathrm{L}}(0) = \theta_{\mathrm{Ld}}(0)$时,存在控制输入力矩使得 $\theta_{\mathrm{L}}(t) = \theta_{\mathrm{Ld}}(t)$,$\forall t \geqslant 0$ 成立,即系统是能控的;

(2) 干扰力矩是一致有界的,即存在正数 $\bar{\omega}$ 使得 $\| w(t) \| \leqslant \bar{\omega}$,$\forall t \geqslant 0$ 成立。

控制器的设计指标为:

(1) 鲁棒稳定性。跟踪误差向量 $\bar{e}$ 一致终值有界(UUB—uniformly and ultimately bounded),且误差向量为

$$\bar{e}(t)=\begin{bmatrix}e_{\mathrm{L}}(t)\\ \dot{e}_{\mathrm{L}}(t)\end{bmatrix}=\begin{bmatrix}\theta_{\mathrm{Ld}}(t)-\theta_{\mathrm{L}}(t)\\ \dot{\theta}_{\mathrm{Ld}}(t)-\dot{\theta}_{\mathrm{L}}(t)\end{bmatrix}$$

其中,UUB 的定义如下:

考察非自治系统 $\dot{x}=f(x,t)$,若存在正定函数 $V(x)$ 满足

$$\gamma_1\|x\|^2\leqslant V(x)\leqslant\gamma_2\|x\|^2,\forall x,\forall t\geqslant 0$$

$$\dot{V}(x)\leqslant-\gamma_3\|x\|^2+\varepsilon,\forall x,\forall t\geqslant 0$$

式中,$\gamma_1>0,\gamma_2>0,\gamma_3>0,\varepsilon>0$ 均为给定常数,则对于任意的初始状态 $x(0)$,有

$$\|x\|^2\leqslant\frac{\gamma_2}{\gamma_1}\|x(0)\|^2e^{-\frac{\gamma_3}{\gamma_2}t}+\frac{\gamma_2\varepsilon}{\gamma_1\gamma_3}(1-e^{-\frac{\gamma_3}{\gamma_2}t})$$

此时 $x(t)$ 一致终值有界。

(2) $L_2$ 干扰抑制性能。当初始误差向量 $\bar{e}(0)=0$ 时,对于任意给定的正数 $T$ 和干扰力矩 $w$,闭环系统满足

$$\int_0^T\|z(t)\|^2\mathrm{d}t\leqslant r^2\int_0^T\|w(t)\|^2\mathrm{d}t+\varepsilon_0$$

式中,$r>0$ 表示给定的常数;$\varepsilon_0>0$ 为充分小的正数;$z(t)$ 为评价信号,定义为

$$z(t)=\begin{bmatrix}r_1e_{\mathrm{L}}(t)\\ r_2\dot{e}_{\mathrm{L}}(t)\end{bmatrix}$$

其中,$r_1>0,r_2>0$ 均为加权系数。若 $r$ 越小,则 $z(t)$ 的范数越小,对应的跟踪误差 $e_{\mathrm{L}}$ 和 $\dot{e}_{\mathrm{L}}$ 越小。$r$ 反映了系统对干扰的抑制能力。

**2. 控制器设计**

鲁棒控制器的全局设计采用 Backstepping 方法,即基于各个子系统的 Lyapunov 函数来构造整个子系统的存储函数。首先,将实际的电动机轴转角 $\theta_{\mathrm{m}}$ 用一虚拟的期望电动机轴 $\theta_{\mathrm{md}}$ 来代换并作用于系统;其次,为保证代换的有效性,必须设计合适的控制器 $\tau_{\mathrm{m}}$,使得 $\theta_{\mathrm{md}}$ 和 $\theta_{\mathrm{m}}$ 之间的误差尽可能小。

定义关节轴和电动机轴的跟踪误差分别为

$$e_{\mathrm{L}}=\theta_{\mathrm{Ld}}-\theta_{\mathrm{L}}$$

$$e_{\mathrm{m}}=\theta_{\mathrm{md}}-\theta_{\mathrm{m}}$$

则经过滤波后的误差信号为

$$\zeta=\dot{e}_{\mathrm{L}}+\alpha e_{\mathrm{L}}$$

$$\eta=\dot{e}_{\mathrm{m}}+\beta e_{\mathrm{m}}$$

式中,$\alpha>0,\beta>0$,且均为给定常数。此时,式(4-6) 可重新写为

$$J_{\mathrm{L}}\dot{\zeta}=J_{\mathrm{L}}\ddot{\theta}_{\mathrm{Ld}}+K_{\mathrm{s}}\theta_{\mathrm{L}}-\frac{K_{\mathrm{s}}}{N}\theta_{\mathrm{m}}+\alpha J_{\mathrm{L}}\cdot(\dot{\theta}_{\mathrm{Ld}}-\dot{\theta}_{\mathrm{L}})+M_f+\Gamma_{\mathrm{L}}+w \tag{4-21a}$$

$$J_m\dot{\eta}=\frac{K_s}{N}\cdot\left(\frac{\theta_{md}}{N}-\theta_L\right)-\tau_m+\beta J_m\cdot(\dot{\theta}_{md}-\dot{\theta}_m)+\Gamma_m+\Theta_2(\theta_{md},\dot{\theta}_{md},\theta_m,\dot{\theta}_m) \tag{4-21b}$$

式中，$M_f(\dot{\theta}_L)$、$\Gamma_L$、$\Gamma_m$ 和 $\Theta_2$ 均为复杂非连续非线性项，因而不能直接求解，可采用小波神经网络对式(4-21)进行补偿，令

$$\begin{aligned}\Xi_1(\dot{\theta}_{Ld},\theta_L,\dot{\theta}_L,\theta_m)&=\alpha J_L\cdot(\dot{\theta}_{Ld}-\dot{\theta}_L)+M_f+\Gamma_L\\&=\boldsymbol{W}_1^T\boldsymbol{\psi}(\boldsymbol{x}_1)+\varepsilon_1 \qquad (a)\\&=(\hat{\boldsymbol{W}}_1^T+\tilde{\boldsymbol{W}}_1^T)\boldsymbol{\psi}(\boldsymbol{x}_1)+\varepsilon_1\\\Xi_2(\theta_{md},\dot{\theta}_{md},\theta_m,\dot{\theta}_m)&=\beta J_m\cdot(\dot{\theta}_{md}-\dot{\theta}_m)+\Theta_2+\Gamma_m\\&=\boldsymbol{W}_2^T\boldsymbol{\psi}(x_2)+\varepsilon_2 \qquad (b)\\&=(\hat{\boldsymbol{W}}_2^T+\tilde{\boldsymbol{W}}_2^T)\boldsymbol{\psi}(\boldsymbol{x}_2)+\varepsilon_2\end{aligned} \tag{4-22}$$

式中，$\boldsymbol{x}_1=[\dot{\theta}_{Ld},\theta_L,\dot{\theta}_L,\theta_m]$，$\boldsymbol{x}_2=[\theta_{md},\dot{\theta}_{md},\theta_m,\dot{\theta}_m]$是输入向量，$\boldsymbol{W}_i=[w_{i1},w_{i2},\cdots,w_{iN_w}]$ $(i=1,2)$是权值的真实值向量且满足 $\|\boldsymbol{W}_i\|_F\leqslant W_{iM}$，$\|\cdot\|_F$ 为 Frobenius 范数，简称 F-范数。$\hat{\boldsymbol{W}}_i=[\hat{w}_{i1},\hat{w}_{i2},\cdots,\hat{w}_{iN_w}]$是权值的标称值向量，$\tilde{\boldsymbol{W}}_i=\boldsymbol{W}_i-\hat{\boldsymbol{W}}_i=[\hat{w}_{i1},\hat{w}_{i2},\cdots,\hat{w}_{iN_w}]$是权值的误差向量；$\varepsilon_i$ 为网络重构误差且满足 $\|\varepsilon_i\|\leqslant\varepsilon_{iN}$。

采用 Backstepping 方法进行控制器设计的步骤如下。

第一步：研究子系统式(4-6a)，可定义虚拟控制量 $\theta_{md}$ 取代 $\theta_m$。根据式(4-21a)和式(4-22a)，由负载端期望位置 $\theta_{Ld}$ 决定的电动机端期望转角可设计为

$$\theta_{md}=\frac{N}{K_s}\cdot\left(J_L\ddot{\theta}_{Ld}+K_s\theta_L+\hat{\Xi}_1+\alpha_1J_L\zeta+\frac{1}{4r^2}\zeta\right) \tag{4-23}$$

式中，$\hat{\Xi}_1=\hat{\boldsymbol{W}}_1^T\boldsymbol{\psi}(x_1)$是 $\Xi_1$ 的标称值。将式(4-23)代入式(4-6a)可得到柔性关节负载端子系统的闭环动力方程：

$$J_L\dot{\zeta}=-\left(\alpha_1J_L+\frac{1}{4r^2}\right)\zeta+\tilde{\boldsymbol{W}}_1^T\boldsymbol{\psi}(\boldsymbol{x}_1)+\varepsilon_1+w \tag{4-24}$$

为保证鲁棒稳定性，定义关于 $e_L$ 和 $\dot{e}_L$ 的 Lyapunov 函数为

$$V_1(e_L,\zeta)=\frac{1}{2}(e_L^2+J_L\zeta^2) \tag{4-25}$$

对式(4-25)关于时间求导数并考虑式(4-24)得：

$$\dot{V}_1=-\alpha e_L^2+\zeta\cdot\left[\tilde{\boldsymbol{W}}_1^T\boldsymbol{\psi}(\boldsymbol{x}_1)+\varepsilon_1-\alpha_1J_L\zeta-\frac{1}{4r^2}\zeta\right]+\zeta w \tag{4-26}$$

为实现干扰抑制性能，上式两端同时加上 $\|z(t)\|^2-r^2\|w(t)\|^2$，即

$$\begin{aligned}&\dot{V}_1+\|z(t)\|^2-r^2\|w(t)\|^2\\&=-\alpha e_L^2+\zeta\cdot\left[\tilde{W}_1^T\boldsymbol{\psi}(\boldsymbol{x}_1)+\varepsilon_1-\alpha_1J_L\zeta-\frac{1}{4r^2}\zeta\right]+\frac{1}{4r^2}\zeta^2-\left\|\frac{1}{2r}\zeta-rw\right\|^2+\|z\|^2\\&\leqslant-\alpha e_L^2+\zeta\cdot[\tilde{W}_1^T\boldsymbol{\psi}(\boldsymbol{x}_1)+\varepsilon_1-\alpha_1J_L\zeta]+\|z\|^2\end{aligned} \tag{4-27}$$

将评价信号 $z=[r_1e_L \quad r_2\dot{e}_L]^T(r_1>0,r_2>0)$ 和 $\dot{e}_L=\zeta-\alpha e_L$ 代入式(4-27)，得

$$\begin{aligned}&\dot{V}_1+\|z(t)\|^2-r^2\|w(t)\|^2\\&\leqslant(r_1^2+r_2^2\alpha^2-\alpha)e_L^2+\zeta\widetilde{W}_1^T\boldsymbol{\psi}(\boldsymbol{x}_1)+\zeta\varepsilon_1-\alpha_1J_L\zeta^2\end{aligned}\tag{4-28}$$

第二步：研究子系统式(4-6b)，根据式(4-21b)和式(4-22b)，由 $\theta_{md}$ 决定的电动机期望力矩可设计为

$$\tau_m=\frac{K_s}{N}\cdot\left(\frac{\theta_{md}}{N}-\theta_L\right)+\hat{\Xi}_2-\alpha_2J_m\eta\tag{4-29}$$

式中，$\hat{\Xi}_2=\hat{\boldsymbol{W}}_2^T\boldsymbol{\psi}(\boldsymbol{x}_2)$ 是 $\Xi_2$ 的标称值。将式(4-29)代入式(4-6b)得到柔性关节电动机子系统的闭环方程为

$$J_m\dot{\eta}=-\alpha_2J_m\eta+\varepsilon_2+\widetilde{\boldsymbol{W}}_2^T\boldsymbol{\psi}(\boldsymbol{x}_2)\tag{4-30}$$

为保证 $\theta_{md}$ 和 $\theta_m$ 之间的误差有界，将 $\eta$ 引入式(4-25)得

$$V_2=V_1+\frac{1}{2}J_m\eta^2\tag{4-31}$$

采用与式(4-28)一致的方法，有

$$\begin{aligned}&\dot{V}_2+\|z(t)\|^2-r^2\|w(t)\|^2\\&=\dot{V}_1+\|z(t)\|^2-r^2\|w(t)\|^2+\eta^TJ_m\dot{\eta}\\&\leqslant(r_1^2+r_2^2\alpha^2-\alpha)e_L^2+\zeta\varepsilon_1+\zeta\widetilde{W}_1^T\boldsymbol{\psi}(\boldsymbol{x}_1)-\alpha_1J_L\zeta^2+\eta\varepsilon_2+\eta\widetilde{W}_2^T\boldsymbol{\psi}(\boldsymbol{x}_2)-\alpha_2J_m\eta^2\end{aligned}\tag{4-32}$$

第三步：前两步的设计是为了保证滤波误差 $\zeta$ 和 $\eta$ 满足 Lyapunov 稳定性，同样，也需保证网络权值的一致终值有界性。

**定理 4.3** 按在 t 时刻，

$$\begin{cases}\dot{\hat{\boldsymbol{W}}}_1(t)=\lambda\boldsymbol{\psi}[\boldsymbol{x}_1(t)]\zeta(t)-k|\zeta(t)|\hat{\boldsymbol{W}}_1(t)\\\dot{\hat{\boldsymbol{W}}}_2(t)=\lambda\boldsymbol{\psi}[\boldsymbol{x}_2(t)]\eta(t)-k|\eta(t)|\hat{\boldsymbol{W}}_2(t)\end{cases}\tag{4-33}$$

设计网络权值的调整算法，则能保证图 4-4 中小波神经网络的权值一致终值有界。

式中，$\lambda>0$ 是权值收敛系数；$k>0$ 是误差逼近系数。

证明：在式(4-31)的基础上将权值误差也引入 Lyapunov 函数，得

$$V_3=V_2+\frac{1}{2\lambda}\sum_{i=1}^{2}\mathrm{Tr}(\widetilde{\boldsymbol{W}}_i^T\widetilde{\boldsymbol{W}}_i)\tag{4-34}$$

式中，$\mathrm{Tr}(\boldsymbol{A})$ 表示矩阵 $\boldsymbol{A}=(a_{ij})_{m\times n}$ 的迹。且有性质 $\mathrm{Tr}(\boldsymbol{A}^T\boldsymbol{A})=\|\boldsymbol{A}\|_F^2=\sum_{i=1}^{m}\sum_{j=1}^{n}a_{ij}^2$，其对时间的导数为

$$\begin{aligned}\frac{\mathrm{d}}{\mathrm{d}t}\left[\frac{1}{2\lambda}\mathrm{Tr}(\widetilde{\boldsymbol{W}}_1^T\widetilde{\boldsymbol{W}}_1)\right]&=\frac{1}{2\lambda}\frac{\mathrm{d}}{\mathrm{d}t}(\|\widetilde{\boldsymbol{W}}_1\|_F^2)=\frac{1}{\lambda}\sum_{i=1}^{N_w}(w_{1i}-\hat{w}_{1i})(\dot{w}_{1i}-\dot{\hat{w}}_{1i})\\&=-\zeta\widetilde{\boldsymbol{W}}_1^T\boldsymbol{\psi}(x_1)+\frac{k}{\lambda}|\zeta|\mathrm{Tr}[\widetilde{\boldsymbol{W}}_1^T(\boldsymbol{W}_1-\widetilde{\boldsymbol{W}}_1)]\end{aligned}\tag{4-35}$$

因权值的真实值 $w_{1i}$ 是常数，故 $\dot{w}_{1i}=0$。与式(4-32) 形式一致，可得到：

$$
\begin{aligned}
&\dot{V}_3+\|z(t)\|^2-r^2\|w(t)\|^2\\
&\leqslant(r_1^2+r_2^2\alpha^2-\alpha)e_L^2-\alpha_1J_L\zeta^2-\alpha_2J_m\eta^2+\zeta\varepsilon_1+\eta\varepsilon_2+\\
&\frac{k}{\lambda}\{|\zeta|\operatorname{Tr}[\tilde{\boldsymbol{W}}_1^T(\boldsymbol{W}_1-\tilde{\boldsymbol{W}}_1)]+|\eta|\operatorname{Tr}[\tilde{\boldsymbol{W}}_2^T(\boldsymbol{W}_2-\tilde{\boldsymbol{W}}_2)]\}\\
&=(r_1^2+r_2^2\alpha^2-\alpha)e_L^2-(1-\sigma+\sigma)(\alpha_1J_L\zeta^2+\alpha_2J_m\eta^2)+\\
&\frac{k}{\lambda}\{|\zeta|\operatorname{Tr}[\tilde{\boldsymbol{W}}_1^T(\boldsymbol{W}_1-\sigma\tilde{\boldsymbol{W}}_1)]+|\eta|\operatorname{Tr}[\tilde{\boldsymbol{W}}_2^T(\boldsymbol{W}_2-\sigma\tilde{\boldsymbol{W}}_2)]\}-\\
&(1-\sigma)\frac{k}{\lambda}[|\zeta|\operatorname{Tr}(\tilde{\boldsymbol{W}}_1^T\tilde{\boldsymbol{W}}_1)-|\eta|\operatorname{Tr}(\tilde{\boldsymbol{W}}_2^T\tilde{\boldsymbol{W}}_2)]+\\
&\zeta\varepsilon_1+\eta\varepsilon_2\qquad(0\leqslant\sigma\leqslant1)
\end{aligned}\tag{4-36}
$$

定义小波神经网络对在紧集 $\mathscr{R}_\rho=\{\boldsymbol{\rho}|\ \|\boldsymbol{\rho}\|\leqslant b_\rho\}\ (b_\rho>0)$ 内的任意向量 $\boldsymbol{\rho}=[\zeta\ \eta]^T$ 都能以精度 $\varepsilon_{1N}$ 逼近所要识别的函数。取 $\alpha=1,r_1^2+r_2^2=1-\tilde{\varepsilon}$，且 $\tilde{\varepsilon}$ 是充分小的正数，令

$$\alpha_0=\min[\tilde{\varepsilon},(1-\sigma)\alpha_1,(1-\sigma)\alpha_2,(1-\sigma)k|\zeta|,(1-\sigma)k|\eta|]$$

则式(4-36) 可化为

$$
\begin{aligned}
&\dot{V}_3+\|z(t)\|^2-r^2\|w(t)\|^2\\
&\leqslant-2\alpha_0V_3+\zeta\varepsilon_1+\eta\varepsilon_2-\sigma(\alpha_1J_L\zeta^2+\alpha_2J_m\eta^2)+\\
&\frac{k}{\lambda}\{|\zeta|\operatorname{Tr}[\tilde{\boldsymbol{W}}_1^T(\boldsymbol{W}_1-\sigma\tilde{\boldsymbol{W}}_1)]+|\eta|\operatorname{Tr}[\tilde{\boldsymbol{W}}_2^T(\boldsymbol{W}_2-\sigma\tilde{\boldsymbol{W}}_2)]\}
\end{aligned}\tag{4-37}
$$

考虑到 $\|\varepsilon_i\|\leqslant\varepsilon_{iN}$、$\|W_i\|_F\leqslant W_{iM}(i=1,2)$，则对于任意的向量 $\boldsymbol{\rho}$ 存在 $B$ 使

$$\zeta\varepsilon_1+\eta\varepsilon_2\leqslant\|\boldsymbol{\rho}\|B$$

成立，并且对于 $0\leqslant\sigma\leqslant1,\alpha_1>0,\alpha_2>0$，存在 $b_1>0,b_2>0$ 使得

$$b_1\|\boldsymbol{\rho}\|^2\leqslant\sigma(\alpha_1J_L\zeta^2+\alpha_2J_m\eta^2)\leqslant b_2\|\boldsymbol{\rho}\|^2$$

成立。根据 Schwartz 不等式：

$$
\begin{aligned}
&\frac{k}{\lambda}\{|\zeta|\operatorname{Tr}[\tilde{\boldsymbol{W}}_1^T(\boldsymbol{W}_1-\sigma\tilde{\boldsymbol{W}}_1)]+|\eta|\operatorname{Tr}[\tilde{\boldsymbol{W}}_2^T(\boldsymbol{W}_2-\sigma\tilde{\boldsymbol{W}}_2)]\}\\
&\leqslant\frac{k}{\lambda}\|\boldsymbol{\rho}\|(\|\tilde{\boldsymbol{W}}_1\|_F\boldsymbol{W}_{1M}+\|\tilde{\boldsymbol{W}}_2\|_F\boldsymbol{W}_{2M}-\sigma\|\tilde{\boldsymbol{W}}_1\|_F^2-\sigma\|\tilde{\boldsymbol{W}}_2\|_F^2)
\end{aligned}\tag{4-38}
$$

则式(4-37) 可化为

$$
\begin{aligned}
&\dot{V}_3+\|z(t)\|^2-r^2\|w(t)\|^2\leqslant-2\alpha_0V_3+\\
&\|\boldsymbol{\rho}\|\left[B-b_1\|\boldsymbol{\rho}\|+\frac{k}{\lambda}(\|\tilde{\boldsymbol{W}}_1\|_FW_{1M}+\|\tilde{\boldsymbol{W}}_2\|_FW_{2M}-\sigma\|\tilde{\boldsymbol{W}}_1\|_F^2-\sigma\|\tilde{\boldsymbol{W}}_2\|_F^2)\right]
\end{aligned}\tag{4-39}
$$

显然，只要式(4-39) 方括号内的部分非正则可以保证上式右端非正，将其经配方整理：

$$B-b_1\parallel\boldsymbol{\rho}\parallel+\frac{k}{\lambda}(\parallel\tilde{\boldsymbol{W}}_1\parallel_F W_{1M}+\parallel\tilde{\boldsymbol{W}}_2\parallel_F W_{2M}-\sigma\parallel\tilde{\boldsymbol{W}}_1\parallel_F^2-\sigma\parallel\tilde{\boldsymbol{W}}_2\parallel_F^2)$$

$$=-\sigma k\sum_{i=1}^{2}\left(\parallel\tilde{\boldsymbol{W}}_i\parallel_F-\frac{1}{2\sigma}W_{iM}\right)^2-b_1\parallel\rho\parallel+B+\frac{k}{4\sigma\lambda}\sum_{i=1}^{2}W_{iM}^2 \tag{4-40}$$

若使式(4-40)非正,只须

$$\parallel\boldsymbol{\rho}\parallel\geqslant\frac{B+\frac{k}{4\sigma\lambda}\sum_{i=1}^{2}W_{iM}^2}{b_1} \tag{4-41}$$

对比于常规BP及推广算法等一系列误差反传类权值调整算法,式(4-33)具有更好的稳定性、快速性和实时性。首先,它是基于Lyapunov稳定性理论设计得来的,因此网络的稳定性好;其次,它只需对乘积层和输出层的连接权值进行调整,不必考虑输入层和隐层之间的连接权值,且该权值的调整直接在线进行,无须事先离线训练;最后,网络的训练时间较之常规算法将大大缩短。由于通常的误差反传算法需要在每一个$t$时刻根据误差信号进行调整,而在下一$t+\Delta t$时刻又要重复进行前面的调整过程,这势必影响控制的实时性。而本节设计的权值更新算法并不是按照网络实际输出和期望输出之间的误差信号来进行的,而是仅需要在两个时刻$t$和$t+\Delta t$之间进行调整,只根据前一时刻系统的误差和网络权值就可以得到系统当前时刻的权值,无须反复调整。显然,这时系统中网络权值调整所用的时间要远远小于通常的算法,而且,更为重要的一点是,由于网络的权值调整历程同整个系统的控制过程是同步的,因而使得该算法不存在局部极小值问题。于是可得到如下引理:

引理:对于由式(4-6)描述的柔性关节动力系统,按式(4-23)和式(4-29)设计小波神经-鲁棒复合跟踪控制器并采用式(4-33)和式(4-41)作为控制条件,则系统的跟踪误差和网络权值误差一致终值有界(UUB)。

系统小波神经—鲁棒复合控制器的结构框图如图4-5所示。

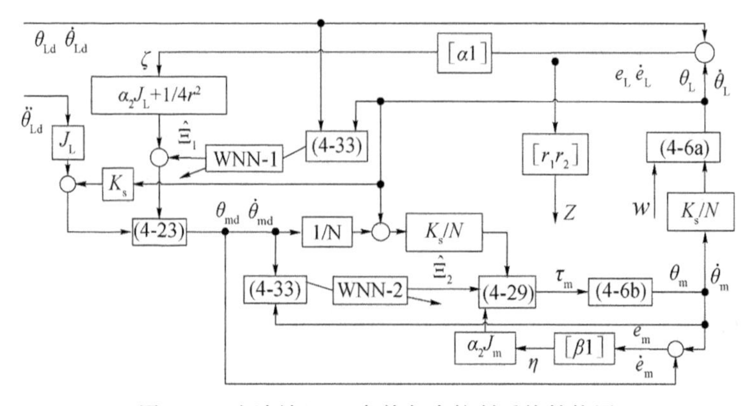


图4-5 小波神经—鲁棒复合控制系统结构图

### 4.3.4 稳定性分析

根据向量 $\boldsymbol{\rho}$ 的两种不同取值情况分析所设计控制器的鲁棒稳定性和 $L_2$ 干扰抑制性能。

(1) 任意时刻 $\boldsymbol{\rho}$ 都在紧集 $\mathscr{R}_\rho$ 内部时，根据式(4-40) 得：

$$B-b_1\|\boldsymbol{\rho}\|+\frac{k}{\lambda}(\|\widetilde{\boldsymbol{W}}_1\|_F\boldsymbol{W}_{1M}+\|\widetilde{\boldsymbol{W}}_2\|_F\boldsymbol{W}_{2M}-\sigma\|\widetilde{\boldsymbol{W}}_1\|_F^2-\sigma\|\widetilde{\boldsymbol{W}}_2\|_F^2)$$
$$\leqslant B+\frac{k}{4\sigma\lambda}\sum_{i=1}^{2}W_{iM}^2 \tag{4-42}$$

则式(4-39) 可化为

$$\dot{V}_3+\|z(t)\|^2-r^2\|w(t)\|^2\leqslant -2\alpha_0V_3+b_\rho\left(B+\frac{k}{4\sigma\lambda}\sum_{i=1}^{2}\boldsymbol{W}_{iM}^2\right) \tag{4-43}$$

定义

$$\bar{\varepsilon}=b_\rho\left(B+\frac{k}{4\sigma\lambda}\sum_{i=1}^{2}\boldsymbol{W}_{iM}^2\right)$$

当 $b_\rho$ 充分小且其余参数选择合理时可保证 $\bar{\varepsilon}$ 充分小，式(4-43) 可重新写为

$$\dot{V}_3+\|z(t)\|^2-r^2\|w(t)\|^2\leqslant -2\alpha_0V_3+\bar{\varepsilon} \tag{4-44}$$

必然存在 $\gamma_1>0,\gamma_2>0$，使得

$$\gamma_1\|\boldsymbol{x}\|^2\leqslant V_3(\boldsymbol{x})\leqslant\gamma_2\|\boldsymbol{x}\|^2,\left(\boldsymbol{x}=\left[e_L\quad\zeta\ \eta\ \widetilde{\boldsymbol{W}}_1\quad\widetilde{\boldsymbol{W}}_2\right]\right) \tag{4-45}$$

若 $w=0$，则

$$\dot{V}_3\leqslant -2\alpha_0V_3+\bar{\varepsilon}\leqslant -2\alpha_0\gamma_1\|\boldsymbol{x}\|^2+\bar{\varepsilon} \tag{4-46}$$

此时，根据动态系统终值有界性定义可知，误差向量 $\bar{\mathbf{e}}=[e_L\quad\dot{e}_L]$一致终值有界，误差界 $C$ 表示为

$$C=\frac{\bar{\varepsilon}}{\gamma_1\dfrac{2\alpha_0\gamma_1}{\gamma_2}}=\frac{\gamma_2}{2\alpha_0\gamma_1^2}\bar{\varepsilon}$$

可以通过减小 $\bar{\varepsilon}$ 的值来提高控制精度，因此鲁棒稳定性得以实现。

若 $w\neq 0$，式(4-39) 可写为

$$\dot{V}_3+\|z(t)\|^2-r^2\|w(t)\|^2\leqslant\bar{\varepsilon} \tag{4-47}$$

对任意给定的 $T>0$，式(4-47) 两端从 0 到 $T$ 积分：

$$\int_0^T\|z(t)\|^2\mathrm{d}t+V_3(T)\leqslant r^2\int_0^T\|w(t)\|^2\mathrm{d}t+\bar{\varepsilon}T+V_3(0) \tag{4-48}$$

由于 $V_3$ 为正定函数且 $\bar{\varepsilon}T$ 有界，对于给定的充分小正数 $\varepsilon_0$，可取适当的参数，使得

$$\int_0^T\|z(t)\|^2\mathrm{d}t\leqslant r^2\int_0^T\|w(t)\|^2\mathrm{d}t+\varepsilon_0 \tag{4-49}$$

因此，控制器具有 $\mathrm{L}_2$ 干扰抑制性能。

(2) 在某一时刻 $\boldsymbol{\rho}$ 落在紧集 $\mathscr{R}_\rho$ 外部时，可以通过减小 $k$、增大 $\lambda$、增大 $b_1$(即 $\alpha_1$ 和 $\alpha_2$)，使

$$b_{\rho} \geqslant \frac{B + \frac{k}{4\sigma\lambda}\sum_{i=1}^{2} \boldsymbol{W}_{iM}^{2}}{b_{1}}$$

此时式(4-39)可写为

$$\dot{V}_{3} + \| z(t) \|^{2} - r^{2} \| w(t) \|^{2} \leqslant -2\alpha_{0} V_{3} \tag{4-50}$$

若 $w = 0$,则式(4-50)等价于

$$\dot{V}_{3} \leqslant 0 \tag{4-51}$$

故具有鲁棒稳定性。式(4-51)是在 $\boldsymbol{\rho}$ 落在紧集 $\mathscr{R}_{\rho}$ 外部时满足的,随着误差的减小,当 $\boldsymbol{\rho}$ 进入 $\mathscr{R}_{\rho}$ 内部时,需按照(1)中的稳定性条件式(4-46)进行判定。

若 $w \neq 0$,则式(4-50)可写为

$$\dot{V}_{3} + \| z(t) \|^{2} - r^{2} \| w(t) \|^{2} \leqslant 0 \tag{4-52}$$

对任意给定的 $T > 0$,式(4-52)两端从 0 到 $T$ 积分得

$$\int_{0}^{T} \| z(t) \|^{2} \mathrm{d}t + V_{3}(T) \leqslant r^{2} \int_{0}^{T} \| w(t) \|^{2} \mathrm{d}t + V_{3}(0) \tag{4-53}$$

则式(4-49)仍可满足,即具有 $L_2$ 干扰抑制性能。

综上,在小波神经—鲁棒复合控制器的作用下,不论 $\boldsymbol{\rho}$ 是否始终在紧集 $\mathscr{R}_{\rho}$ 内部,所有从 $\mathscr{R}_{\rho}$ 出发的 $\boldsymbol{\rho}$ 最终都将收敛于 $\mathscr{R}_{\rho}$ 内,且 $\boldsymbol{\rho}$ 和 $\bar{e}(t)$都是一致终值有界的,满足闭环系统的鲁棒稳定性和 $L_2$ 干扰抑制性能。

## 4.4 数值仿真与分析

为验证小波神经—鲁棒复合控制器的有效性,对柔性关节系统进行轨迹跟踪的数值实验。由于摩擦力导致的爬行、平顶和极限环振荡现象主要出现在低速跟踪阶段,因此,设计幅值为 $1\times10^{-3}$ rad、周期为 2 s 的正弦轨迹函数 $\theta_{\mathrm{Ld}} = 1\times10^{-3}\sin(\pi t)$ 作为跟踪对象,即跟踪速度小于 0.003rad/s,摩擦力矩影响很大。

柔性关节动力系统的标称参数:

$J_{\mathrm{L}} = 2.5\times10^{-3}$ N·m/(rad·s$^{-2}$),$K_{s} = 5\ 500$ N·m/rad,$J_{m} = 3.2\times10^{-4}$ N·m/(rad·s$^{-2}$),$N = 60$,$C_{\mathrm{m}} = 0.002$ N·m/(rad·s$^{-1}$)。

非连续 LuGre 鬃毛摩擦模型参数:

$\sigma_{0} = 300$ N·m/rad,$\sigma_{1} = 10$ N·ms/rad, $\sigma_{2} = 0.04$ N·ms/rad,$T_{c} = 1.0$ N·m,$T_{s} = 1.5$ N·m,$\dot{\theta}_{s} = 0.001$ rad/s。

外部干扰 $w$ 设定为复杂时变项:

$$w = \begin{cases} 0.6\sin(2t) & (2\mathrm{s} \leqslant t \leqslant 3\mathrm{s}) \\ 0 & \text{otherwise} \end{cases}$$

常规控制方法通常采用高增益进行摩擦补偿，图 4-6 所示为摩擦力矩曲线，明显具有非连续特性。图 4-7 所示为采用高增益 PID 控制方式 $K_P = 200$、$K_D = 0.1$、$K_I = 180$ 时柔性关节的轨迹跟踪结果，可见，控制效果一般，在轨迹跟踪过程的上升和下降阶段均出现爬行现象，在速度换向时出现平顶现象，最大跟踪误差达 1 min，摩擦使得系统的轨迹跟踪性能恶化。

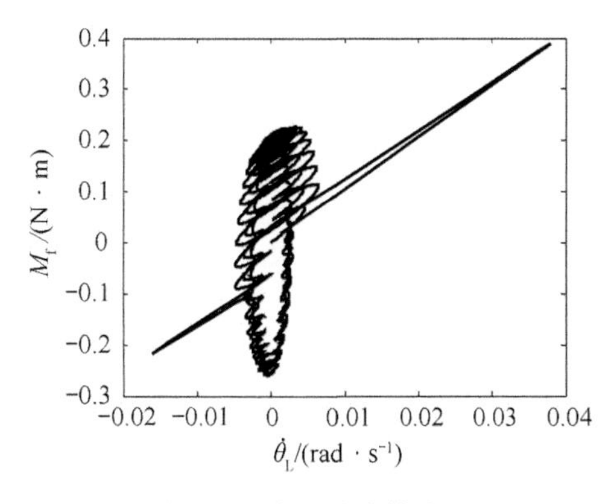


图 4-6　非连续摩擦力矩

将设计的小波神经—鲁棒复合控制器应用于柔性关节动力系统，并把负载端和电动机端的不确定项 $\Gamma_L$ 及 $\Gamma_m$ 设定为复杂时变项：

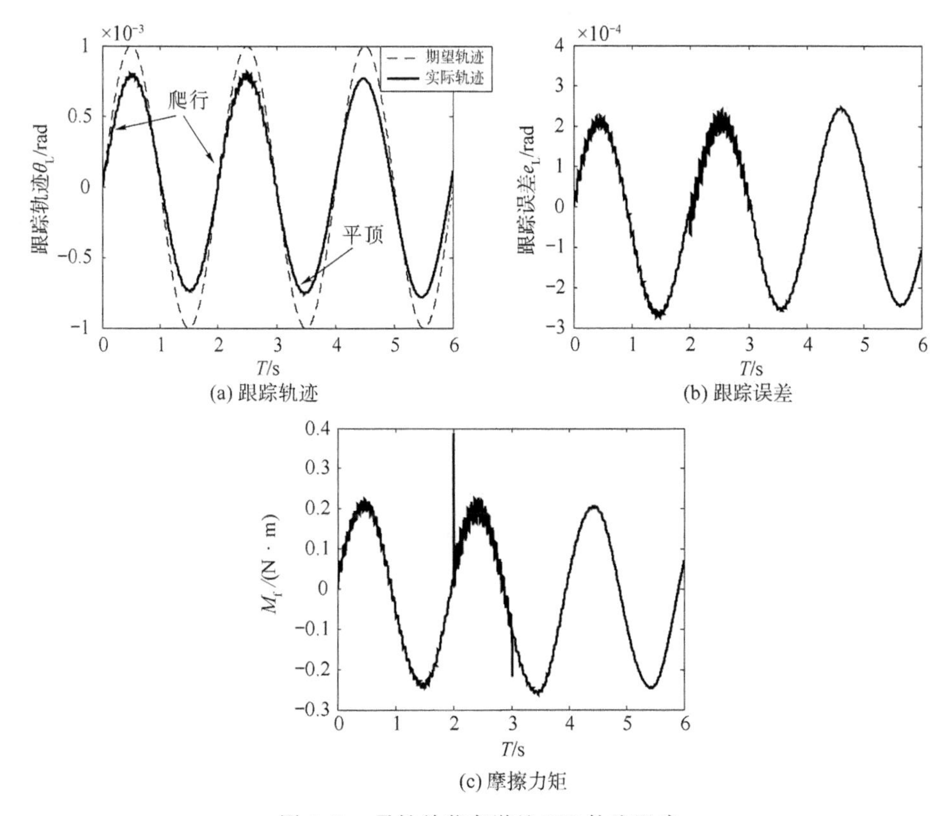


图 4-7　柔性关节高增益 PID 轨迹跟踪

$$\Gamma_L = 0.2\sin(t), \Gamma_m = 0.05\sin(3t)$$

根据式(4-48)，$\lambda$ 取较大值、$k$ 取较小值、$b_1$ 取较大值时可保证较高的控制精度，因此，控制器参数可设计为 $\alpha = \beta = 20, \alpha_1 = 0.4, \alpha_2 = 31.25, \lambda = 300, k = 50$。

图 4-5 中的两个小波神经网络辨识器 WNN-1 和 WNN-2 结构一致，均有 4 个输入量、8 个小波激励函数和 1 个输出量，分别用以补偿包含非连续摩擦力的复杂非线性项 $\Xi_1$ 和 $\Xi_2$。由于网络权值的更新律与其初值的选取无关，因此可定义网络权值的初值为 $\hat{\boldsymbol{W}}_1 = \hat{\boldsymbol{W}}_2 = [\boldsymbol{0}]$。为保证 $L_2$ 干扰抑制性能，定义评价信号 $z(t)$ 的加权系数为 $r_1 = r_2 = 0.1, r = 0.01$。仿真结果如图 4-8 所示。

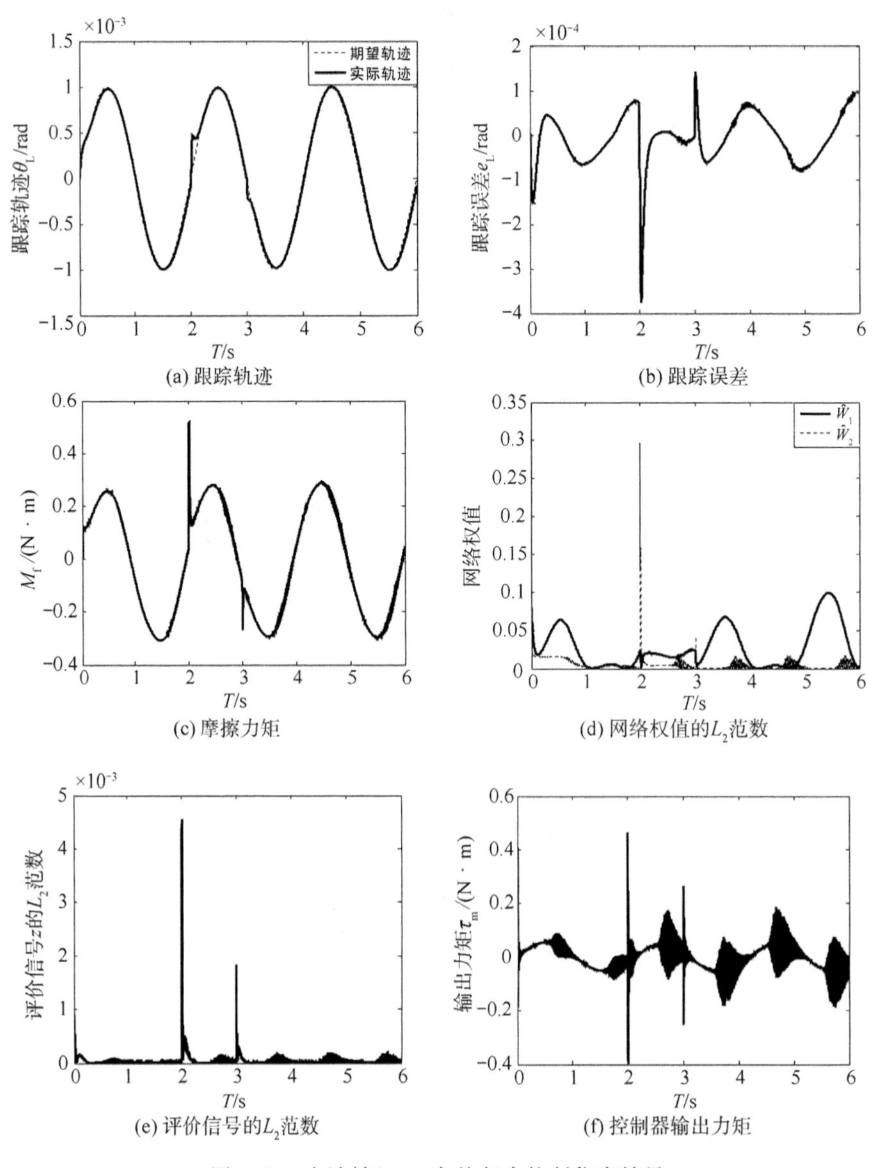


图 4-8　小波神经—鲁棒复合控制仿真结果

由分析可知，无外部干扰 $w$ 时，系统的位置跟踪误差控制在 0.2 min 范围内，外部干扰 $w$ 加载和卸载的瞬间，跟踪误差最大分别为 1.3 min、0.5 min(图 4-8b)，但控制器能在大约 0.2 s 的短时间内将误差快速调整至允许范围[图 4-8(a)、(b)]，网络权值的 $L_2$ 范数有界[图 4-8(c)]，评价信号的 $L_2$ 范数基本保持在零水平[图 4-8(d)]，实现了柔性补偿、摩擦和不确定补偿、干扰抑制等性能指标，而且避免了爬行、平顶现象的出现，且保证了跟踪误差、网络权值误差、评价信号和输入力矩的一致终值有界[图 4-8(e)]。因此，提出的小波神经 — 鲁棒复合控制器不但能实现高精度的位置跟踪，而且同时具有鲁棒稳定性和 $L_2$ 干扰抑制性能。

## 4.5　本章小结

针对柔性关节的动态不确定模型进行了建模分析，并提出了一种同时补偿柔性、非连续摩擦、系统不确定项和外部干扰抑制的小波神经 — 鲁棒复合控制策略，不仅避免了单一反演鲁棒设计中复杂的求导运算，而且无须检测关节角加速度、辨识摩擦样本和估计不确定上界。其中，针对小波神经网络设计的在线网络权值调整算法，避免局部极小值出现的同时大大缩短了调整时间，效果远远优于传统的梯度下降法等离线训练算法。闭环稳定性分析和数值仿真表明，复合控制器具有鲁棒稳定性和干扰抑制性能，并可保证系统的跟踪误差和网络权值误差一致终值有界。

# 第5章　柔体机器人的振动主动控制

## 5.1　引言

柔体机器人在执行操作任务时，不仅要求控制器对各关节的位置实现高精度轨迹跟踪，而且必须快速抑制由大柔度臂杆的柔性引发的残余振动，以减少振动衰减的等待时间，提高机械臂的工作效率。然而，对于具有柔性臂杆的空间机械臂系统，其振动控制器的设计面临几个难题：首先，由关节端输入的驱动力矩到臂杆末端的端点位置输出间的传递函数具有非最小相位特征，特别是在关节轴上有一个正的输入而在末端有负的位移时表现更加明显；其次，机械臂操作负载和边界条件都是时变的，振动模态参数具有时变性和不确定性；再次，建模时的模态截断技术会引起控制溢出和观测溢出，导致剩余模态的激励，使控制性能变坏甚至失稳。这些因素使得柔性臂的末端精确定位控制不易实现，若仅把关节位置作为系统的输出量进行控制，虽然可以将传递函数转化为最小相位，但显然无法进行振动抑制，必将引起大的动态跟踪误差；若以系统的名义截断模型进行控制器设计，其鲁棒性又必须得以保证。

事实上，工程领域最难实现的关键技术是振动控制时作动器的选择，如果能设计一种控制器使得仅依靠机械臂关节处的驱动电动机就能实现臂杆残余振动的抑制，将对机械臂在工程领域的应用起到积极的推动作用。

柔体机器人具有非线性、强耦合、时变、多输入—多输出特征，近年来，对其进行的位置和振动控制已取得了一些阶段性成果。反馈线性化控制是利用柔性臂状态空间的坐标变换和控制变换使得非线性系统的输入—输出状态映射或输入—输出映射反馈等价于线性系统，再利用成熟的线性系统控制理论进行等效控制，但应用反馈线性化方法时并非所有的系统观测点都是零动力学的稳定区域，因而需要讨论零动力学的稳定观测点。奇异摄动控制通过将原系统分解为慢变和快变两个子系统，分别进行刚性和弹性控制器的设计，但由于系统动力参数的不确定性，使得传统的线性控制策略不能完成既定任务并可能很快失稳。于是，自适应控制策略在柔性臂的应用中得到了发展，但其迭代算法往往很复杂且计算过程费时。更极端的情况是，由于外部干扰不确定或未建模动态无法由定常参数表示时，参数估计误差往往不收敛，甚至会发散。变结构控制以其对系统参数不确定性和外部扰动的强鲁棒性而在工程上得以广泛应用，由它和自适应方法组成的混合控制策略增强了控制器的鲁棒性，但滑模变结构系统存在的抖振问题不仅影响控制的精确性，甚至使系统产生振荡或失稳，虽然可以通过将切换函数由饱和函数代替或由自适应规则调整符号函数项的幅度，然而，这些措施只能削弱和减小抖振的幅度，却不能从根本上避免抖振。

综上，当前对柔性臂的位置和振动控制存在以下不足：

(1)反馈线性化方法缺乏对零动力学稳定区域的判定和讨论；

(2)自适应规则对振动控制不具有足够的鲁棒性；

(3)动态终端滑模控制不能给出最优的收敛时间；

(4)滑模控制的抖振问题没有消除。

本章研究的主要内容和目标是：基于微分几何输入—输出线性化方法建立柔性臂的全局快速收敛终端滑模控制策略，解决非最小相位系统的鲁棒控制问题，实现仅依靠关节处的驱动电动机完成臂杆残余振动的抑制。通过新的坐标变换，重新定义系统的观测输出，将原系统在新坐标系下分解为输入—输出子系统和内部子系统，导出系统的零动力学规范化方程，并讨论系统观测输出位置的选择和零动力学稳定性间的关系。设计一种 MIMO 全局终端滑模控制策略，使输入—输出子系统在最优的有限时间内快速收敛至零。利用极点配置设计零动态子系统的控制器参数，使其在平衡点附近渐进稳定，从而保证了整个系统的渐进稳定。最后，给出了数值仿真实例，其结果证明了所设计控制策略的有效性。

## 5.2　微分几何反馈线性化

微分几何方法研究非线性控制系统是现代数学发展的必然产物，其原理是将非线性系统定义在微分流形上，而将系统的状态运动轨迹看作向量场在微分流形上的积分曲线，这样就建立起了非线性系统同微分流形及向量场的关系。微分几何的反馈线性化完全不同于传统的泰勒展开局部线性化或雅可比线性化，它是通过状态变换与反馈来达到的，在线性化过程中没有忽略任何高阶非线性项，因此，这种线性化不仅是精确的而且是整体的。

比较有代表性的一类非线性系统称作仿射非线性系统，其中，该类系统的单输入/单输出控制系统可以定义为

$$\left.\begin{aligned}\dot{\boldsymbol{x}} &= \boldsymbol{f}(\boldsymbol{x})+\boldsymbol{g}(\boldsymbol{x})u \\ y &= h(\boldsymbol{x})\end{aligned}\right\} \tag{5-1}$$

式中，状态向量 $\boldsymbol{x} \in \mathscr{R}^n$；$\boldsymbol{f}(\boldsymbol{x})$ 与 $\boldsymbol{g}(\boldsymbol{x})$ 为状态空间中 $n$ 维向量场；$u$ 为控制量；输出量 $h(\boldsymbol{x})$ 为标量函数。可见，该类系统的特点是对于状态向量 $\boldsymbol{x}$ 是非线性的，但对于控制量 $u$ 却是线性的关系。

### 5.2.1　光滑函数、向量场和微分同胚

函数与向量场分别是微积分学和微分几何学中最基本的概念，尤以光滑函数与向量场最为重要。

**定义 5.1** 存在向量 $\boldsymbol{x}=[x_1,x_2,\cdots,x_n]$，函数 $h(\boldsymbol{x}):\mathscr{R}^n\rightarrow\mathscr{R}^n\in\mathscr{R}^0_{(a,b)}$ 在区间 $(a,b)$ 连续，其任意 $k$ 阶导数 $\dfrac{\partial^k h}{\partial x^k}:\mathscr{R}^n\rightarrow\mathscr{R}^n\in\mathscr{R}^k_{(a,b)}$ 存在且连续，则称 $h(x)\in\mathscr{R}^\infty$ 为光滑函数。

**定义 5.2** $n$ 维函数向量 $\boldsymbol{f}(\boldsymbol{x})=[f_1(\boldsymbol{x}),f_2(\boldsymbol{x}),\cdots,f_n(\boldsymbol{x})]$，若 $f_i(\boldsymbol{x})\in\mathscr{R}^\infty$ 均为光滑函数，称 $\boldsymbol{f}(\boldsymbol{x})\in\mathscr{R}^n$ 是一个光滑向量场。

可见，动力系统状态空间中的每一个确定的点 $x_i$ 都对应着一个由映射 $h:\mathscr{R}\rightarrow\mathscr{R}$ 确定的向量 $\boldsymbol{f}(\boldsymbol{x}_i)$，这样就把 $\boldsymbol{f}(\boldsymbol{x})$ 称为状态空间的一个光滑向量场，显然，$\boldsymbol{f}(\boldsymbol{x})$ 具有任意阶连续偏导数。

给定一个变量函数 $h(\boldsymbol{x})$，其梯度向量记为 $\nabla h(\boldsymbol{x})$，则：

$$\nabla h(\boldsymbol{x})=\frac{\partial h}{\partial \boldsymbol{x}}=\left[\frac{\partial h}{\partial x_1},\frac{\partial h}{\partial x_2},\cdots,\frac{\partial h}{\partial x_n}\right] \tag{5-2}$$

给定一个向量场 $\boldsymbol{f}(\boldsymbol{x})$，其雅可比矩阵记为 $J_f(\boldsymbol{x})$，则：

$$J_f(\boldsymbol{x})=\frac{\partial \boldsymbol{f}}{\partial \boldsymbol{x}}=\begin{bmatrix}\frac{\partial f_1}{\partial x_1} & \frac{\partial f_1}{\partial x_2} & \cdots & \frac{\partial f_1}{\partial x_n}\\ \frac{\partial f_2}{\partial x_1} & \frac{\partial f_2}{\partial x_2} & \cdots & \frac{\partial f_2}{\partial x_n}\\ \vdots & \vdots & \ddots & \vdots\\ \frac{\partial f_n}{\partial x_1} & \frac{\partial f_n}{\partial x_2} & \cdots & \frac{\partial f_n}{\partial x_n}\end{bmatrix} \tag{5-3}$$

**定义 5.3** 某一区域 $\Omega$ 内的映射 $T(\boldsymbol{x}):\mathscr{R}^n\rightarrow\mathscr{R}^n$，变换 $z=T(\boldsymbol{x})$，若 $T(\boldsymbol{x})\in\mathscr{R}^\infty$ 为光滑函数且其逆 $T^{-1}(\boldsymbol{x})\in\mathscr{R}^\infty$ 存在亦为光滑函数，则关系式 $z=T(\boldsymbol{x})$ 是一个有效的坐标变换，称 $T(\boldsymbol{x})$ 为两个坐标空间之间的一个微分同胚。

如果区域 $\Omega$ 是整个空间 $\mathscr{R}^n$，就称 $T(\boldsymbol{x})$ 为全局微分同胚。全局微分同胚一般极少存在，因此实际中往往更关注局部微分同胚，即仅在一个给定点的邻域内定义坐标变换。给定一个非线性函数 $T(\boldsymbol{x})$，可利用如下定理检验其是否为局部微分同胚。

**定理 5.1** $T(\boldsymbol{x})$ 为在 $\mathscr{R}^n$ 的区域 $\Omega$ 内定义的光滑函数，如果 $T(\boldsymbol{x})$ 在 $\Omega$ 内的一点 $\boldsymbol{x}=\boldsymbol{x}_0$ 处的雅可比矩阵 $J_T(\boldsymbol{x}_0)$ 是非奇异的，那么 $T(\boldsymbol{x})$ 在包含 $\boldsymbol{x}_0$ 点在内的 $\Omega$ 的一个子区域内是一个局部微分同胚。

微分同胚本质上是坐标变换概念的推广，在一定条件下，通过适当的微分同胚映射可以将复杂非线性系统变换为用一个新的坐标表示的简单非线性系统。显然，可利用微分同胚实现柔性机械臂复杂动力微分方程在不同向量场间的变换，从而实现形式上的线性化。

### 5.2.2 李导数及其相对阶

在研究柔性臂这一非线性系统的控制问题时，将离不开李导数及其相对阶这两个重要的概念和运算法则，它们是非线性系统几何方法的核心之一。利用微分同胚进行系统的反馈线性化时，李导数及其相对阶是判定系统能否进行输入－输出线性化或状态线性化的充分条件。

**定义 5.4**　光滑标量函数 $h(\boldsymbol{x})$ 沿光滑向量场 $f(\boldsymbol{x})$ 的方向导数称为李导数，记为 $L_f h(\boldsymbol{x})$，根据式(5-2)，李导数的计算法则为

$$L_f h(\boldsymbol{x}) = \frac{\partial h}{\partial \boldsymbol{x}} \cdot \boldsymbol{f}(\boldsymbol{x}) = \nabla h(\boldsymbol{x}) \cdot \boldsymbol{f}(\boldsymbol{x}) = \sum_{i=1}^{n} \frac{\partial h}{\partial x_i} f_i(\boldsymbol{x}) \tag{5-4}$$

可见，李导数是一个标量函数。多重李导数可以递归地定义为

$$\begin{aligned} L_f^0 h(x) &= h(x) \\ L_f^i h(\boldsymbol{x}) &= L_f[L_f^{i-1} h(\boldsymbol{x})] = \nabla L_f^{i-1} \boldsymbol{h}(\boldsymbol{x}) \cdot \boldsymbol{f}(\boldsymbol{x}) \end{aligned} \tag{5-5}$$

类似地，若多重李导数中含有另一个向量场 $g(\boldsymbol{x})$，则标量函数 $L_g L_f h(\boldsymbol{x})$ 定义为

$$L_g L_f h(\boldsymbol{x}) = \nabla[L_f h(\boldsymbol{x})] \cdot g(\boldsymbol{x}) \tag{5-6}$$

**定义 5.5**　研究非线性式(5-1)，如果存在某一正整数 $r$，满足在区域 $\Omega$ 内某一点 $\boldsymbol{x} = \boldsymbol{x}_0$ 的邻域范围内，

(1) 标量函数 $h(\boldsymbol{x})$ 对向量场 $\boldsymbol{f}(\boldsymbol{x})$ 的所有 $k$ 阶李导数($0 \leqslant k < r-1$) 对向量场 $\boldsymbol{g}(\boldsymbol{x})$ 的李导数为零，即 $L_g L_f^k h(\boldsymbol{x}) = 0$；

(2) 标量函数 $h(\boldsymbol{x})$ 对向量场 $\boldsymbol{f}(\boldsymbol{x})$ 的 $r-1$ 阶李导数对向量场 $\boldsymbol{g}(\boldsymbol{x})$ 的李导数不为零，即 $L_g L_f^{r-1} h(\boldsymbol{x}) \neq 0$；

那么称式(5-1) 在 $\boldsymbol{x} = \boldsymbol{x}_0$ 的邻域内的相对阶为 $r$。具体到控制系统，相对阶的含义和性质可以理解为如下几点：

(1) 对于线性系统，相对阶就是极点数与零点数之差，即传递函数的分母阶次与分子阶次之差；

(2)$n$ 阶系统的相对阶必然满足 $r \leqslant n$；

(3) 对式(5-1) 的输出标量函数 $y$ 求 $r$ 阶导数后，可得到从输出到输入之间的显式表达式。

(4) 相对阶反应了系统输入对输出的动态影响，不与具体的实现有关，也不随微分同胚的变换而改变。

可见，对于柔性臂系统，若能确定系统输出量的相对阶，则可以得到输入与输出间呈显式表达时的微分次数，从而可以得到新坐标系统下的微分同胚变换，同时还可以观察不同的输出定义对系统相对阶的影响。

### 5.2.3　单输入—单输出系统的反馈线性化

当式(5-1) 在 $\boldsymbol{x} = \boldsymbol{x}_0$ 的邻域内有相对阶 $r \leqslant n$ 时，可以通过恰当的坐标变换和输入—输出反馈使系统实现线性化，即要产生输出 $y$ 与一个新的输入 $v$ 之间的线性微分关系，这个过程将涉及以下三个问题：

(1) 对于非线性系统如何产生一个线性的输入-输出关系；

(2) 与新的输入-输出子系统相对应的内动态子系统和零动态子系统；

(3) 如何在输入-输出线性化的基础上设计鲁棒稳定的控制器。

考虑状态空间中的某个区域 $\Omega$，对式(5-1) 的输出函数 $y$ 进行微分并利用式(5-4) 的定

义，有

$$\dot{y}=\frac{\partial h}{\partial \boldsymbol{x}}[\boldsymbol{f}(\boldsymbol{x})+\boldsymbol{g}(\boldsymbol{x})u]=L_f h(\boldsymbol{x})+L_g h(\boldsymbol{x})u \tag{5-7}$$

如果对于 $\boldsymbol{x}=\boldsymbol{x}_0$，$L_g h(\boldsymbol{x})\neq 0$，由连续性可知，在 $\boldsymbol{x}_0$ 的一个有限邻域内该关系成立，此时通过状态反馈控制律 $u=\dfrac{1}{L_g h(\boldsymbol{x})}[-L_f h(\boldsymbol{x})+v]$ 可得到输出 $y$ 对新输入 $v$ 的一阶线性系统 $\dot{y}=v$。如果对于 $\boldsymbol{x}=\boldsymbol{x}_0$，$L_g h(\boldsymbol{x})=0$，可继续对 $\dot{y}$ 进行微分；更一般地，当 $i=0,1,\cdots,r-2$ 时，$L_g L_f^i h(\boldsymbol{x})\equiv 0$，且 $L_g L_f^{r-1} h(\boldsymbol{x})\neq 0$，即式(5-1)有相对阶 $r$，那么存在状态反馈控制律 $u=\dfrac{1}{L_g L_f^{r-1} h(\boldsymbol{x})}[-L_f^r h(\boldsymbol{x})+v]$，使得

$$y^{(r)}=L_f^r h(\boldsymbol{x})+L_g L_f^{r-1} h(\boldsymbol{x})u \tag{5-8}$$

变成 $r$ 阶线性系统 $y^{(r)}=v$。

显然，可以通过定义一组局部微分同胚进行坐标变换，使式(5-1)变为新坐标下的标准形。令

$$\boldsymbol{\xi}=\begin{bmatrix}\xi_1\\ \xi_2\\ \vdots\\ \xi_r\end{bmatrix}=\begin{bmatrix}h(\boldsymbol{x})\\ L_f h(\boldsymbol{x})\\ \vdots\\ L_f^{r-1} h(\boldsymbol{x})\end{bmatrix}$$

$$\boldsymbol{\eta}=\begin{bmatrix}\eta_1\\ \eta_2\\ \vdots\\ \eta_{n-r}\end{bmatrix}$$

式中，$\eta_i$ 满足 Frobenius 定理的条件，且可根据式(5-9)求出

$$\mathrm{d}\eta_i(\boldsymbol{x})\boldsymbol{g}(\boldsymbol{x})=0\quad (i=1,2,\cdots,n-r) \tag{5-9}$$

则矩阵 $[\mathrm{d}\boldsymbol{\xi}\quad \mathrm{d}\boldsymbol{\eta}]^{\mathrm{T}}$ 在 $x=x_0$ 点的秩为 $n$，那么式(5-1)在新的坐标变换 $[\boldsymbol{\xi}\quad \boldsymbol{\eta}]^{\mathrm{T}}$ 下可表示为

$$\begin{cases}\dot{\xi}_1=\xi_2\\ \dot{\xi}_2=\xi_3\\ \quad\vdots\\ \dot{\xi}_r=\boldsymbol{b}(\boldsymbol{\xi},\boldsymbol{\eta})+\boldsymbol{a}(\boldsymbol{\xi},\boldsymbol{\eta})\boldsymbol{u}\\ \dot{\boldsymbol{\eta}}=\boldsymbol{p}(\boldsymbol{\xi},\boldsymbol{\eta})\end{cases} \tag{5-10}$$

式中

$$\boldsymbol{b}(\boldsymbol{\xi},\boldsymbol{\eta})=L_f h(\boldsymbol{x})$$

$$\boldsymbol{a}(\boldsymbol{\xi},\boldsymbol{\eta})=L_g L_f^{r-1} h(\boldsymbol{x})$$

$$\boldsymbol{p}(\boldsymbol{\xi},\boldsymbol{\eta})=[p_1(\boldsymbol{\xi},\boldsymbol{\eta}),\cdots,p_i(\boldsymbol{\xi},\boldsymbol{\eta})\cdots]^{\mathrm{T}}=[L_f\eta_1,\cdots,L_f\eta_i,\cdots]^{\mathrm{T}}$$

系统输出为：$y=\xi_1$

注意到在 $\boldsymbol{\eta}$ 的微分方程中没有输入项，这是由于式(5-9)的结果。这里，称式(5-10)为

式(5-1) 的标准形，且该表达式在新坐标变换$[\boldsymbol{\xi} \quad \boldsymbol{\eta}]^{\mathrm{T}}$下将原系统分解成外在的输入 - 输出子系统：

$$\boldsymbol{\xi} = \begin{bmatrix} \xi_2 \\ \xi_3 \\ \vdots \\ \xi_r \\ \boldsymbol{b}(\boldsymbol{\xi},\boldsymbol{\eta}) + \boldsymbol{a}(\boldsymbol{\xi},\boldsymbol{\eta})u \end{bmatrix} \tag{5-11}$$

和不包括系统输入 $u$ 的内在的不可观子系统：

$$\dot{\boldsymbol{\eta}} = \boldsymbol{p}(\boldsymbol{\xi},\boldsymbol{\eta}) \tag{5-12}$$

若选择系统控制

$$u = \frac{1}{\boldsymbol{a}(\boldsymbol{\xi},\boldsymbol{\eta})}[-\boldsymbol{b}(\boldsymbol{\xi},\boldsymbol{\eta}) + v] \tag{5-13}$$

则式(5-11) 可写为

$$\dot{\boldsymbol{\xi}} = A\boldsymbol{\xi} + \boldsymbol{B}v \tag{5-14}$$

式中

$$\boldsymbol{A} = \begin{bmatrix} 0 & 1 & 0 & \cdots & 0 \\ 0 & 0 & 1 & \cdots & 0 \\ \vdots & \vdots & \vdots & \vdots & \vdots \\ 0 & 0 & 0 & 0 & 1 \\ 0 & 0 & 0 & 0 & 0 \end{bmatrix}, \boldsymbol{B} = \begin{bmatrix} 0 \\ 0 \\ 0 \\ \vdots \\ 1 \end{bmatrix}$$

至此，完成了非线性系统式(5-1) 的反馈线性化，可以进行系统的稳定控制律设计了。

**定义 5.6**　称式(5-12) 所表示的为非线性系统(5-1) 的内动态子系统，而称 $\boldsymbol{\xi} = \boldsymbol{0}$ 的内动态子系统 $\dot{\boldsymbol{\eta}} = \boldsymbol{p}(\boldsymbol{0},\boldsymbol{\eta})$ 为非线性系统(5-1) 的零动态子系统。

一般说来，内动态子系统式(5-12) 的动态特性依赖于外部特性 $\xi$，若此内动态系统稳定，则原系统的稳定问题就能得以保证。而零动态子系统的特性与控制律及期望运动的选择无关，对它的动态特性进行研究能够引导我们得到使内动态子系统稳定的某些结论。输出 $y$ 恒等于零，意味着它的所有时间导数均为零，这由标准形式(5-10) 可以很容易求出答案，即 $\xi_1 = \xi_1 = \cdots = \xi_r \equiv 0$，为保证 $\xi_r \equiv 0$，就必须使控制输入满足

$$u_0 = -\frac{\boldsymbol{b}(\boldsymbol{0},\boldsymbol{\eta})}{\boldsymbol{a}(\boldsymbol{0},\boldsymbol{\eta})} \tag{5-15}$$

式中，$\boldsymbol{\eta}$ 为微分方程 $\dot{\boldsymbol{\eta}} = \boldsymbol{p}(\boldsymbol{0},\boldsymbol{\eta})$ 的解。由于系统的外在部分 $y$ 与输入 $v$ 呈线性关系，因此很容易设计控制律使 $y$ 具有期望的性能。因控制器设计必须保证整个系统的动态性能，所以要求系统的内状态必须保持稳定、有界。此时，若将最小相位线性系统的概念推广，可以得到最小相位非线性系统的定义。

**定义 5.7**　如果零动态子系统 $\dot{\boldsymbol{\eta}} = \boldsymbol{p}(\boldsymbol{0},\boldsymbol{\eta})$ 的平衡点 $\boldsymbol{x} = \boldsymbol{x}_0$ 是局部渐进(指数) 稳定的，

则称非线性系统(5-1) 在$\boldsymbol{x}_0$ 点是局部渐进(指数) 最小相位的。

可以证明,零动态子系统的渐进稳定并不能充分保证内动态子系统的有界输入有界状态稳定,但零动态子系统的指数稳定可以保证内动态子系统对于有界的 $\boldsymbol{\xi}$,必有 $\boldsymbol{\eta}$ 有界。显然,可以按照常规方法来判断零动态系统的稳定性。如果式 $\dot{\boldsymbol{\eta}} = \boldsymbol{p}(\boldsymbol{0},\boldsymbol{\eta})$ 的近似线性化系统的特征值位于左半复平面,则它是局部指数最小相位的,也即当近似线性矩阵

$$\frac{\partial \boldsymbol{p}}{\partial \boldsymbol{\eta}}(\boldsymbol{0},\boldsymbol{0})$$

的特征值位于 $\mathscr{R}_-$ 时,系统是局部指数最小相位的;如果有一个特征值在 $\mathscr{R}_+$,那么系统是非最小相位的;如果有特征值位于虚轴上,就可以采用 Lyapunov 稳定性法进行分析。控制律式(5-13) 和式(5-15) 不能应用于非最小相位系统,因为这一类系统不可求逆,这可以由非最小相位线性系统传递函数的逆不稳定推广得知。

研究非最小相位系统的控制问题时,一种实用的方法是输出重定义法,其原理是通过重新定义系统的输出函数,使由它产生的零动态子系统是稳定的。如果所定义的新输出函数使在所关注的频率范围内基本上与原来的输出函数保持一致,那么对新输出函数的跟踪就意味着对原来函数的良好跟踪。需要指出的是,输出函数的不同选择将产生不同的内动态子系统,有可能一种输出定义产生一个稳定的内动态,而另一种定义则产生一个不稳定的内动态。因此,有必要对重新定义的输出进行稳定性分析和验证,得到一个稳定的内动态,然后再进行稳定性控制律的设计。

### 5.2.4　多输入—多输出系统的反馈线性化

将第 5.2.4 小节的线性化方法推广到多输入—多输出系统,考虑输入与输出维数相等的系统:

$$\begin{aligned}\dot{\boldsymbol{x}} &= \boldsymbol{f}(\boldsymbol{x})+\boldsymbol{G}(\boldsymbol{x})u \\ \boldsymbol{y} &= \boldsymbol{H}(\boldsymbol{x})\end{aligned} \tag{5-16}$$

式中,$\boldsymbol{x} \in \mathscr{R}^n$,$\boldsymbol{u} = [u_1,u_2,\cdots,u_m] \in \mathscr{R}^m$ 及 $y \in \mathscr{R}^m$,它们分别表示系统的状态、输入控制量及输出向量;$\boldsymbol{f}(\boldsymbol{x})$ 为 $n$ 维充分光滑的向量场;$\boldsymbol{G}(\boldsymbol{x}) = [g_1(\boldsymbol{x}),\cdots,g_m(\boldsymbol{x})]$,$\boldsymbol{H}(\boldsymbol{x}) = [h_1(\boldsymbol{x}),\cdots,h_m(\boldsymbol{x})]^{\mathrm{T}}$, 且 $\boldsymbol{g}_i(\boldsymbol{x})(i = 1,2,\cdots,m)$ 为 $n$ 维充分光滑的向量场;$h_i(\boldsymbol{x})(i = 1,2,\cdots,m)$为充分光滑的标量函数。

多输入—多输出系统的输入 - 输出线性化方法仍然是通过求第 $i$ 个输出 $y_i$ 对时间的导数,直至出现控制输入。设 $r_i$ 是使导数 $y_i^{(r_i)}$ 至少依赖一个输入的最小整数,也即

$$y_i^{(r_i)} = L_f^{r_i}h_i + \sum_{j=1}^{m} L_{g_j}(L_f^{r_i-1}h_i)u_j$$

中至少有一个 $L_{g_j}(L_f^{r_i-1}h_i)$不为零。对每个输出都按上述步骤计算后,可以得到

$$\begin{bmatrix} y_1^{(r_1)} \\ y_2^{(r_2)} \\ \vdots \\ y_m^{(r_m)} \end{bmatrix} = \begin{bmatrix} L_f^{r_1}h_1 \\ L_f^{r_2}h_2 \\ \vdots \\ L_f^{r_m}h_m \end{bmatrix} + \boldsymbol{A}(\boldsymbol{x}) \begin{bmatrix} u_1 \\ \vdots \\ u_m \end{bmatrix} \tag{5-17}$$

式中

$$A(x)=\begin{bmatrix} L_{g_1}L_f^{r_1-1}h_1 & \cdots & L_{g_m}L_f^{r_1-1}h_1 \\ \vdots & \ddots & \vdots \\ L_{g_1}L_f^{r_m-1}h_m & \cdots & L_{g_m}L_f^{r_m-1}h_m \end{bmatrix}$$

显然矩阵 $\boldsymbol{A}(\boldsymbol{x}_0)$ 可逆，因此取状态反馈控制律为

$$\boldsymbol{u}=-A^{-1}(\boldsymbol{x})\begin{bmatrix} L_f^{r_1}h_1 \\ \vdots \\ L_f^{r_m}h_m \end{bmatrix}+A^{-1}(\boldsymbol{x})\boldsymbol{v} \tag{5-18}$$

可实现多输入－多输出系统的反馈线性化为

$$\begin{bmatrix} y_1^{(r_1)} \\ \vdots \\ y_m^{(r_m)} \end{bmatrix}=\begin{bmatrix} v_1 \\ \vdots \\ v_m \end{bmatrix} \tag{5-19}$$

同时，还实现了输入和输出间的解耦，即各输入 / 输出分量间没有相互耦合作用或关联影响，即矩阵 $\boldsymbol{A}(\boldsymbol{x})$ 不仅是线性化矩阵，同时还是解耦矩阵。由于实现了解耦，许多单输入－单输出系统的结果可以很容易地推广到多输入－多输出系统。

## 5.3　柔体机器人反馈观测的稳定性分析

柔性臂由于弹性变形的存在使得关节驱动力矩到臂杆末端点位置的传递函数呈现非最小相位特征，若直接由关节的位置状态进行控制力矩的规划，势必引起柔性臂弹性变形的不可控，最终影响系统的动态稳定性。因此，需要利用本章第 5.2 节的反馈线性化理论对柔性机械臂的输出量进行重新定义，得到使系统稳定的内动态，从而保证系统的最小相位实现。事实上，对于一个给定参数的柔性臂系统，由于弹性变形具有无限维特征，并非任意的区域都能满足内动态的稳定性要求，而且该区域的选择不仅与弹性模态阶数的截断取舍有关，还与系统中柔性臂杆的数量有关。考虑到工程领域中柔性臂的应用类型，可以对具有典型代表意义的单连杆和双连杆机械臂分别进行分析，寻求能使系统实现稳定控制的反馈区域。

### 5.3.1　单连杆柔性臂的反馈线性化和稳定性

单连杆柔性臂系统是一个单输入－单输出的非线性系统，以图 3-1 所示的系统为研究对象，选取臂杆上任意一点 $x_1$ 为观测点，则该点的方位角可以定义为

$$\alpha_1=\theta_1+\tan^{-1}\frac{u_1(x_1,t)}{x_1}$$

在小变形时，观测输出量可以取上式的线性部分，将系统输出重新写为

$$y_1 = \theta_1 + \frac{\boldsymbol{\varphi}_1 \boldsymbol{q}_1}{x_1} \tag{5-20}$$

将式(5-20)进行二阶微分,并联立式(3-21)可得

$$\begin{aligned}\ddot{y}_1 &= \ddot{\theta}_1 + \frac{\boldsymbol{\varphi}_1 \ddot{\boldsymbol{q}}_1}{x_1} \\ &= \boldsymbol{M}_{11}{}^{-1}[\tau_1 - \boldsymbol{M}_{12}\ddot{\boldsymbol{q}}_1 - \boldsymbol{F}_1(\dot{\theta}_1, \boldsymbol{q}_1, \dot{\boldsymbol{q}}_1)] + \frac{\boldsymbol{\varphi}_1 \ddot{\boldsymbol{q}}_1}{x_1}\end{aligned} \tag{5-21}$$

显然,根据定义 5.5 和式(5-8)可知,此时系统(3-21)的相对阶为 2,小于系统的维数,因而可以输入 - 输出线性化。将连杆上任意一点在动坐标系中的位置的方位角 $y_1$ 作为新的坐标变量代入式(3-21),可得到新的方程组:

$$\begin{cases}\boldsymbol{M}_{11}\ddot{y}_1 + (\boldsymbol{M}_{12} - \boldsymbol{M}_{11}\boldsymbol{\varphi}_1/x_1)\ddot{\boldsymbol{q}}_1 + \bar{\boldsymbol{F}}_1(\dot{y}_1, \boldsymbol{q}_1, \dot{\boldsymbol{q}}_1) = \tau_1 \\ \boldsymbol{M}_{21}\ddot{y}_1 + (\boldsymbol{M}_{22} - \boldsymbol{M}_{21}\boldsymbol{\varphi}_1/x_1)\ddot{\boldsymbol{q}}_1 + \bar{\boldsymbol{F}}_2(\dot{y}_1, \boldsymbol{q}_1, \dot{\boldsymbol{q}}_1) + \boldsymbol{K}_1\boldsymbol{q}_1 = 0\end{cases} \tag{5-22}$$

若定义状态空间变量 $z = [z_1 \quad z_2 \quad z_3^{\mathrm{T}} \quad z_4^{\mathrm{T}}]^{\mathrm{T}} = [y_1 \quad \dot{y}_1 \quad \boldsymbol{q}_1^{\mathrm{T}} \quad \dot{\boldsymbol{q}}_1^{\mathrm{T}}]^{\mathrm{T}}$,则可将式(5-22)写为式(5-1)的形式,其中

$$\begin{cases}\dot{z}_1 = z_2 \\ \dot{z}_2 = [\boldsymbol{M}_{11} - (\boldsymbol{M}_{12} - \boldsymbol{M}_{11}\boldsymbol{\varphi}_1/x_1)(\boldsymbol{M}_{22} - \boldsymbol{M}_{21}\boldsymbol{\varphi}_1/x_1)^{-1}\boldsymbol{M}_{21}]^{-1} \cdot \\ \qquad \{\tau_1 + (\boldsymbol{M}_{12} - \boldsymbol{M}_{11}\boldsymbol{\varphi}_1/x_1)(\boldsymbol{M}_{22} - \boldsymbol{M}_{21}\boldsymbol{\varphi}_1/x_1)^{-1} \cdot \\ \qquad [\bar{\boldsymbol{F}}_2(z_2, z_3, z_4) + \boldsymbol{K}_1\boldsymbol{x}_3] - \bar{\boldsymbol{F}}_1(z_2, z_3, z_4)\} \\ \dot{z}_3 = z_4 \\ \dot{z}_4 = [\boldsymbol{M}_{21}\boldsymbol{M}_{11}{}^{-1}(\boldsymbol{M}_{12} - \boldsymbol{M}_{11}\boldsymbol{\varphi}_1/x_1) - (\boldsymbol{M}_{22} - \boldsymbol{M}_{21}\boldsymbol{\varphi}_1/x_1)]^{-1} \cdot \\ \qquad \{\boldsymbol{M}_{21}\boldsymbol{M}_{11}{}^{-1}[\tau_1 - \bar{\boldsymbol{F}}_1(z_2, z_3, z_4)] + \bar{\boldsymbol{F}}_2(z_2, z_3, z_4) + \boldsymbol{K}_1\boldsymbol{x}_3\}\end{cases} \tag{5-23}$$

系统的输出为

$$y_1 = h(\boldsymbol{z}) = z_1$$

根据式(5-10)可以将式(5-23)进行规范化,首先定义一组局部微分同胚:

$$\begin{aligned}\xi_1 &= h(\boldsymbol{z}) = z_1 \\ \xi_2 &= L_f h(\boldsymbol{z}) = z_2 \\ \boldsymbol{\xi}_3 &= \boldsymbol{z}_3 \\ \boldsymbol{\xi}_4 &= \boldsymbol{M}_{21}z_2 + (\boldsymbol{M}_{22} - \boldsymbol{M}_{21}\boldsymbol{\varphi}_1/x_1)\boldsymbol{z}_4\end{aligned} \tag{5-24}$$

并计算相关的李导数:

$$\begin{cases}L_g\xi_1 = [1 \quad 0 \quad 0 \quad 0]g(\boldsymbol{z}) = 0 \\ L_g\xi_2 = [0 \quad 1 \quad 0 \quad 0]g(\boldsymbol{z}) \neq 0 \\ L_g\xi_3 = [0 \quad 0 \quad 1 \quad 0]g(\boldsymbol{z}) = 0 \\ L_g\xi_4 = [0 \quad \boldsymbol{M}_{21} \quad 1 \quad \boldsymbol{M}_{22} - \boldsymbol{M}_{21}\boldsymbol{\varphi}_1/x_1]\boldsymbol{g}(\boldsymbol{z}) = 0\end{cases}$$

因此,根据式(5-23)和式(5-24),可得到系统最终的规范化方程:

$$\begin{cases}\dot{\xi}_1 = \xi_2 \\ \dot{\xi}_2 = [\boldsymbol{M}_{11} - (\boldsymbol{M}_{12} - \boldsymbol{M}_{11}\boldsymbol{\varphi}_1/x_1)(\boldsymbol{M}_{22} - \boldsymbol{M}_{21}\boldsymbol{\varphi}_1/x_1)^{-1}\boldsymbol{M}_{21}]^{-1} \cdot \\ \quad \{\tau_1 - \bar{\boldsymbol{F}}_1(\xi_2,\xi_3,\xi_4) + \\ \quad (\boldsymbol{M}_{12} - \boldsymbol{M}_{11}\boldsymbol{\varphi}_1/x_1)(\boldsymbol{M}_{22} - \boldsymbol{M}_{21}\boldsymbol{\varphi}_1/x_1)^{-1}[\bar{\boldsymbol{F}}_2(\xi_2,\xi_3,\xi_4) + \boldsymbol{K}_1\xi_3]\} \\ \dot{\xi}_3 = (\boldsymbol{M}_{22} - \boldsymbol{M}_{21}\boldsymbol{\varphi}_1/x_1)^{-1}(\xi_4 - \boldsymbol{M}_{21}\xi_2) \\ \dot{\xi}_4 = (\tilde{\boldsymbol{M}} + \tilde{\boldsymbol{M}}^{-1} - 2I)[\bar{\boldsymbol{F}}_2(\xi_2,\xi_3,\xi_4) + \boldsymbol{K}_1\xi_3]\end{cases} \tag{5-25}$$

式中，$\tilde{\boldsymbol{M}} = \boldsymbol{M}_{21}\boldsymbol{M}_{11}{}^{-1}(\boldsymbol{M}_{12} - \boldsymbol{M}_{11}\boldsymbol{\varphi}_1/x_1)(\boldsymbol{M}_{22} - \boldsymbol{M}_{21}\boldsymbol{\varphi}_1/x_1)^{-1}$。

由式(5-11)、式(5-12) 及定义 5.6 可知，式(5-25) 的前两个方程表示原系统反馈线性化后的输入 - 输出子系统，其余的部分表示内动态子系统，描述了连杆的弹性变形运动特性，而外部控制输入将通过对 $\xi_1$ 和 $\xi_2$ 的影响间接作用于内动态子系统。当强制系统输出 $y_1 = 0$ 时，可得到系统的零动态：

$$\begin{cases}\dot{\xi}_3 = (\boldsymbol{M}_{22} - \boldsymbol{M}_{21}\boldsymbol{\varphi}_1/x_1)^{-1}\xi_4 \\ \dot{\xi}_4 = (\tilde{\boldsymbol{M}} + \tilde{\boldsymbol{M}}^{-1} - 2I)[\bar{\boldsymbol{F}}_2(0,\xi_3,\xi_4) + \boldsymbol{K}_1\xi_3]\end{cases} \tag{5-26}$$

由于系统的相对阶为 2，可设计适当的控制律使系统的输入 - 输出部分线性化为 $\ddot{y}_1 = v$，此时的控制输入可以根据(5-25) 的第二式求出：

$$\begin{aligned}\tau_1 = {} & [\boldsymbol{M}_{11} - (\boldsymbol{M}_{12} - \boldsymbol{M}_{11}\boldsymbol{\varphi}_1/x_1)(\boldsymbol{M}_{22} - \boldsymbol{M}_{21}\boldsymbol{\varphi}_1/x_1)^{-1}\boldsymbol{M}_{21}]v - \\ & (\boldsymbol{M}_{12} - \boldsymbol{M}_{11}\boldsymbol{\varphi}_1/x_1)(\boldsymbol{M}_{22} - \boldsymbol{M}_{21}\boldsymbol{\varphi}_1/x_1)^{-1}[\bar{\boldsymbol{F}}_2(\dot{y}_1,\boldsymbol{q}_1,\dot{\boldsymbol{q}}_1) + \boldsymbol{K}_1\boldsymbol{q}_1] + \\ & \bar{\boldsymbol{F}}_1(\dot{y}_1,\boldsymbol{q}_1,\dot{\boldsymbol{q}}_1)\end{aligned} \tag{5-27}$$

将式(5-27) 代入式(5-22)，柔性机械臂的线性化动力方程式：

$$\begin{cases}\ddot{y}_1 = v \\ \ddot{\boldsymbol{q}}_1 = -(\boldsymbol{M}_{22} - \boldsymbol{M}_{21}\boldsymbol{\varphi}_1/x_1)^{-1}[\boldsymbol{M}_{21}v + \bar{\boldsymbol{F}}_2(\dot{y}_1,\boldsymbol{q}_1,\dot{\boldsymbol{q}}_1) + \boldsymbol{K}_1\boldsymbol{q}_1]\end{cases} \tag{5-28}$$

在式(5-28) 中，若令 $v = 0$，则得到系统的零动力学方程：

$$\ddot{\boldsymbol{q}}_1 = -(\boldsymbol{M}_{22} - \boldsymbol{M}_{21}\boldsymbol{\varphi}_1/x_1)^{-1}[\bar{\boldsymbol{F}}_2(0,\boldsymbol{q}_1,\dot{\boldsymbol{q}}_1) + \boldsymbol{K}_1\boldsymbol{q}_1] \tag{5-29}$$

显然，$z = \boldsymbol{0}$ 是系统的平衡点，由定义 5.7 可知，若要保证非线性系统(5-22) 的零动力学稳定，必须使得式(5-29) 为指数稳定的最小相位系统。如果通过定义状态变量 $\boldsymbol{\eta} = [\boldsymbol{q}_1 \quad \dot{\boldsymbol{q}}_1]^{\mathrm{T}}$ 将式(5-29) 重新写为 $\dot{\boldsymbol{\eta}} = \boldsymbol{Z}(\boldsymbol{0},\boldsymbol{\eta})$的形式，那么，在最小相位系统的意义下，只须保证矩阵：

$$\frac{\partial \boldsymbol{Z}}{\partial \boldsymbol{\eta}}(\boldsymbol{0},\boldsymbol{0}) \tag{5-30}$$

在零点附近的特征值全部位于复平面的左半区间。而通过式(5-29) 显然可以确定由式(5-30) 定义的特征值将是柔性臂连杆上观测点坐标 $x_1$ 的函数，也即观测点的选择将决定零动力学的稳定性。于是，可得到以下定理：

**定理 5.2**　图 3-1 所示的柔性臂系统，其连杆上必然存在一点，使得从臂的根部与该点定义的区间内，式(5-30) 的特征值为负定的，而由该点与臂的末端点定义的区间内，式

(5-30) 的特征值为非负定的。

这个定理可以解释为:柔性臂根部的驱动力矩从静止的平衡位置开始作用于臂杆,并使其发生旋转运动时,由于连杆的柔性导致其末端点的运动滞后于关节处的转角,使关节转角和末端位置的运动不匹配或不同步,这就是控制输入与末端点观测输出之间呈现非最小相位特征而使得零动力学不稳定的根源。但式(5-30) 决定了并非连杆上所有的点都是非匹配的,从根部关节处开始一定存在某个区间,在该区域内的点是运动匹配点,系统也将是最小相位的。研究式(5-29) 还可发现,模态截断阶数和刚度阵$\boldsymbol{K}_1$ 中包含的刚性运动项 $\dot{\theta}_1^2$ 的大小也都会影响稳定观测点的选取,这使寻找系统稳定观测点的工作量不仅是巨大的,而且充满了不确定性。

## 5.3.2　双连杆柔性臂的稳定反馈观测器设计

本章第 5.3.1 小节完成了对单连杆柔性臂这一单输入 - 单输出系统的反馈线性化和零动力学的稳定性分析,本节研究的双连杆柔性臂隶属于多数入 - 多输出系统的范畴。在定义该系统的观测输出向量时,若以式(5-20) 作为第一个输出变量,第二臂的输出定义与第一臂一致,则输出向量可写为

$$\boldsymbol{y}=[y_1 \quad y_2]^{\mathrm{T}}=\boldsymbol{\theta}+\frac{\boldsymbol{\varphi q}}{\boldsymbol{x}} \tag{5-31}$$

式中,$\boldsymbol{\theta}=[\theta_1 \quad \theta_2]^{\mathrm{T}}$,$\dfrac{\boldsymbol{\varphi q}}{\boldsymbol{x}}=\left[\dfrac{\boldsymbol{\varphi}_1\,\boldsymbol{q}_1}{x_1} \quad \dfrac{\boldsymbol{\varphi}_2\,\boldsymbol{q}_2}{x_2}\right]^{\mathrm{T}}$,$y_i=\theta_i+\dfrac{\boldsymbol{\varphi}_i\,\boldsymbol{q}_i}{x_i}(i=1,2)$。由于 $y_i$ 的相对阶均为 2,系统的总相对阶为 4,故经过反馈线性化后的输入 - 输出子系统阶数为 4。与式(5-22) 的方法类似,将 $\boldsymbol{y}$ 作为新变量代入式(3-23) 后可得到由 $\boldsymbol{y}$ 和 $\boldsymbol{q}$ 表示的动力方程为

$$\begin{cases}\boldsymbol{M}_R(\boldsymbol{y},\boldsymbol{q})\ddot{\boldsymbol{y}}+\left[\boldsymbol{M}_{RF}(\boldsymbol{y},\boldsymbol{q})-\boldsymbol{M}_R(\boldsymbol{y},\boldsymbol{q})\dfrac{\boldsymbol{\varphi}}{\boldsymbol{x}}\right]\ddot{\boldsymbol{q}}+\bar{\boldsymbol{F}}_R(\boldsymbol{y},\dot{\boldsymbol{y}},\boldsymbol{q},\dot{\boldsymbol{q}})=\boldsymbol{\tau} \\ \boldsymbol{M}_{RF}(\boldsymbol{y},\boldsymbol{q})^T\ddot{\boldsymbol{y}}+\left[\boldsymbol{M}_F(\boldsymbol{y},\boldsymbol{q})-\boldsymbol{M}_{RF}(\boldsymbol{y},\boldsymbol{q})^T\dfrac{\boldsymbol{\varphi}}{\boldsymbol{x}}\right]\ddot{\boldsymbol{q}}+\bar{\boldsymbol{F}}_F(\boldsymbol{y},\dot{\boldsymbol{y}},\boldsymbol{q},\dot{\boldsymbol{q}})+\boldsymbol{Kq}=\boldsymbol{0}\end{cases} \tag{5-32}$$

此时,定义状态变量 $z=[z_1 \quad z_2 \quad z_3^{\mathrm{T}} \quad z_4^{\mathrm{T}}]^{\mathrm{T}}=[\boldsymbol{y} \quad \dot{\boldsymbol{y}} \quad \boldsymbol{q}^{\mathrm{T}} \quad \dot{\boldsymbol{q}}^{\mathrm{T}}]^{\mathrm{T}}$ 可得到式(5-1) 的形式,为转化为标准规范形,可继续定义一组与式(5-24) 形式一致的微分同胚变量,最终得到系统的线性化方程:

$$\begin{cases}\ddot{\boldsymbol{y}}=\boldsymbol{v} \\ \ddot{\boldsymbol{q}}=-\left[\boldsymbol{M}_{\mathrm{F}}(\boldsymbol{y},\boldsymbol{q})-\boldsymbol{M}_{\mathrm{RF}}(\boldsymbol{y},\boldsymbol{q})^{\mathrm{T}}\dfrac{\boldsymbol{\varphi}}{\boldsymbol{x}}\right]^{-1}\left[\boldsymbol{M}_{\mathrm{RF}}(\boldsymbol{y},\boldsymbol{q})^{\mathrm{T}}\boldsymbol{v}+\bar{\boldsymbol{F}}_{\mathrm{F}}(\boldsymbol{y},\dot{\boldsymbol{y}},\boldsymbol{q},\dot{\boldsymbol{q}})+\boldsymbol{Kq}\right]\end{cases} \tag{5-33}$$

式中,$\boldsymbol{v}=[v_1 \quad v_2]^{\mathrm{T}}$ 为参考输入向量。在式(5-33) 中,令 $\boldsymbol{v}=\boldsymbol{0}$ 可得到系统的零动态:

$$\ddot{\boldsymbol{q}}=-\left[\boldsymbol{M}_{\mathrm{F}}(\boldsymbol{0},\boldsymbol{q})-\boldsymbol{M}_{\mathrm{RF}}(\boldsymbol{0},\boldsymbol{q})^{\mathrm{T}}\frac{\boldsymbol{\varphi}}{\boldsymbol{x}}\right]^{-1}\left[\bar{\boldsymbol{F}}_F(\boldsymbol{0},\boldsymbol{0},\boldsymbol{q},\dot{\boldsymbol{q}})+\boldsymbol{Kq}\right] \tag{5-34}$$

若定义状态变量 $\boldsymbol{\eta}=[\boldsymbol{q} \quad \dot{\boldsymbol{q}}]^{\mathrm{T}}$,则式(5-34) 写为 $\dot{\boldsymbol{\eta}}=\boldsymbol{Z}'(\boldsymbol{0},\boldsymbol{\eta})$的形式后,按照最小相位系统的定义,只须保证矩阵:

$$\frac{\partial \boldsymbol{Z}'}{\partial \boldsymbol{\eta}}(\boldsymbol{0},\boldsymbol{0}) \tag{5-35}$$

在零点附近的特征值全部位于复平面的左半区间。需要注意的是，式(5-30) 中的矩阵仅仅是第一臂观测点 $x_1$ 的函数，而式(5-35) 中的矩阵同时是第一臂观测点 $x_1$ 和第二臂观测点 $x_2$ 的函数。如果选取了第二臂上的某一点为观测点，则式(5-35) 的特征值是否为负，定与第一臂上观测点位置的选取有关。选择第一臂上不同的观测点将导致不同的零动力学稳定性，即两根臂杆相互作用并最终决定了零动力学的最小相位稳定。按照定理 5.2，第一臂上存在某个区间，使得当第一臂的观测点位于该区域时能保证第二臂上观测点的零动态稳定性。

可见，由于两臂之间相互约束，使确定双连杆柔性臂的稳定观测区间的难度将远远高于单连杆柔性臂。为此，本节设计一种输出规律，使系统输出在人为的干预下，只要选择经过设计的合理的控制参数，就能保证零动态矩阵的特征值位于复平面的左半区间，从而最小相位系统是指数稳定的。

通过式(5-20) 和式(5-31) 可知，系统的输出是由刚性转角变量 $\boldsymbol{\theta}$ 和柔性模态坐标变量 $\boldsymbol{q}$ 组成的，若能通过合理地设计二者的线性组合，使零动态矩阵(5-35) 的特征值为负，则能达到系统稳定的设计要求。

在状态向量 $\boldsymbol{x}(t)=\begin{bmatrix}\boldsymbol{\theta}^{\mathrm{T}} & \boldsymbol{q}^{\mathrm{T}} & \dot{\boldsymbol{\theta}}^{\mathrm{T}} & \dot{\boldsymbol{q}}^{T}\end{bmatrix}^{\mathrm{T}}$ 的定义下研究式(3-25)，并将式(5-31) 重新定义为

$$\boldsymbol{y}=\boldsymbol{h}(\boldsymbol{x})=\boldsymbol{\alpha\theta}+\boldsymbol{\beta q} \tag{5-36}$$

式中，$\boldsymbol{\alpha}\in\mathscr{R}^{2\times 2}$，$\boldsymbol{\beta}\in\mathscr{R}^{2\times 2r}$。

计算相关的李导数：

$$\begin{cases}\dot{\boldsymbol{y}}=L_f\boldsymbol{h}(\boldsymbol{x})+L_g\boldsymbol{h}(\boldsymbol{x})\boldsymbol{\tau}\\ L_f\boldsymbol{h}(\boldsymbol{x})=\dfrac{\partial\boldsymbol{h}}{\partial\boldsymbol{x}}f(\boldsymbol{x})=\boldsymbol{\alpha}\dot{\boldsymbol{\theta}}+\boldsymbol{\beta}\dot{\boldsymbol{q}}\\ L_g\boldsymbol{h}(\boldsymbol{x})=\dfrac{\partial\boldsymbol{h}}{\partial\boldsymbol{x}}\boldsymbol{g}(\boldsymbol{x})=\boldsymbol{0}\end{cases} \tag{5-37}$$

$$\begin{cases}\ddot{\boldsymbol{y}}=L_f^2\boldsymbol{h}(\boldsymbol{x})+L_gL_f\boldsymbol{h}(\boldsymbol{x})\boldsymbol{\tau}\\ L_f^2\boldsymbol{h}(\boldsymbol{x})=\dfrac{\partial L_f\boldsymbol{h}}{\partial\boldsymbol{x}}f(\boldsymbol{x})=-(\alpha\boldsymbol{H}_{11}+\beta\boldsymbol{H}_{21})(\boldsymbol{F}_R+\boldsymbol{C}_1\dot{\boldsymbol{\theta}})-\\ (\boldsymbol{\alpha}\boldsymbol{H}_{12}+\boldsymbol{\beta}\boldsymbol{H}_{22})(\boldsymbol{F}_F+\boldsymbol{Kq}+\boldsymbol{C}_2\dot{\boldsymbol{q}})\\ L_gL_f\boldsymbol{h}(\boldsymbol{x})=\dfrac{\partial L_f\boldsymbol{h}}{\partial\boldsymbol{x}}\boldsymbol{g}(\boldsymbol{x})=\boldsymbol{\alpha}\boldsymbol{H}_{11}+\boldsymbol{\beta}\boldsymbol{H}_{21}\end{cases} \tag{5-38}$$

可见，式(5-38) 即为系统的输入－输出子系统，而内动态子系统可由式(3-25) 导出：

$$\ddot{\boldsymbol{q}}=-\boldsymbol{H}_{21}(\boldsymbol{F}_{\mathrm{R}}+\boldsymbol{C}_1\dot{\boldsymbol{\theta}})-\boldsymbol{H}_{22}(\boldsymbol{F}_{\mathrm{F}}+\boldsymbol{Kq}+\boldsymbol{C}_2\dot{\boldsymbol{q}})+\boldsymbol{H}_{21}\boldsymbol{\tau} \tag{5-39}$$

若令 $\ddot{\boldsymbol{y}}=\boldsymbol{0}$，得到

$$\boldsymbol{\tau}_0=-L_gL_f\boldsymbol{h}(\boldsymbol{x})^{-1}L_f^2\boldsymbol{h}(\boldsymbol{x}) \tag{5-40}$$

故系统的零动态为

$$\ddot{\boldsymbol{q}}=[-\boldsymbol{H}_{22}+\boldsymbol{H}_{21}(\boldsymbol{\alpha}\boldsymbol{H}_{11}+\boldsymbol{\beta}\boldsymbol{H}_{21})^{-1}(\boldsymbol{\alpha}\boldsymbol{H}_{12}+\boldsymbol{\beta}\boldsymbol{H}_{22})](\boldsymbol{F}_F+\boldsymbol{Kq}+\boldsymbol{C}_2\dot{\boldsymbol{q}}) \tag{5-41}$$

在平衡点 $\boldsymbol{x}=\boldsymbol{0}$ 处将上式线性化，定义紧集 $\Omega$ 为 $\boldsymbol{x}=\boldsymbol{0}$ 的邻域，矩阵 $\boldsymbol{H}$ 可分解为

$$\boldsymbol{H}(\boldsymbol{\theta},\boldsymbol{q})\big|_{x\in\Omega}=\boldsymbol{H}_0+\boldsymbol{f}_{\mathrm{h}}(\boldsymbol{x})$$

式中，$\boldsymbol{H}_0=\begin{bmatrix}\boldsymbol{H}_{11}(\boldsymbol{0},\boldsymbol{0}) & \boldsymbol{H}_{12}(\boldsymbol{0},\boldsymbol{0})\\ \boldsymbol{H}_{21}(\boldsymbol{0},\boldsymbol{0}) & \boldsymbol{H}_{22}(\boldsymbol{0},\boldsymbol{0})\end{bmatrix}=\begin{bmatrix}\boldsymbol{H}_{110} & \boldsymbol{H}_{120}\\ \boldsymbol{H}_{210} & \boldsymbol{H}_{220}\end{bmatrix}$，$\boldsymbol{f}_{\mathrm{h}}(\boldsymbol{x})$ 为高阶项。

而 $\boldsymbol{F}_{\mathrm{F}}(\boldsymbol{\theta},\boldsymbol{q})\big|_{x\in\Omega}=f_{\mathrm{h}}(\boldsymbol{x})$，因此，式(5-41) 转化为

$$\ddot{\boldsymbol{q}}=\boldsymbol{F}_0\boldsymbol{C}_2\dot{\boldsymbol{q}}+\boldsymbol{F}_0\boldsymbol{K}\boldsymbol{q}+\boldsymbol{f}_{\mathrm{h}}(\boldsymbol{x}) \tag{5-42}$$

式中，$\boldsymbol{F}_0=-\boldsymbol{H}_{220}+\boldsymbol{H}_{210}(\boldsymbol{\alpha}\boldsymbol{H}_{110}+\boldsymbol{\beta}\boldsymbol{H}_{210})^{-1}(\boldsymbol{\alpha}\boldsymbol{H}_{120}+\boldsymbol{\beta}\boldsymbol{H}_{220})$。将式(5-42) 写为状态空间：

$$\begin{bmatrix}\dot{\boldsymbol{q}}\\ \ddot{\boldsymbol{q}}\end{bmatrix}=\boldsymbol{A}(\boldsymbol{\alpha},\boldsymbol{\beta})\begin{bmatrix}\boldsymbol{q}\\ \dot{\boldsymbol{q}}\end{bmatrix}+\begin{bmatrix}\boldsymbol{0}\\ \boldsymbol{f}_h(\boldsymbol{x})\end{bmatrix} \tag{5-43}$$

式中，$\boldsymbol{A}(\boldsymbol{\alpha},\boldsymbol{\beta})=\begin{bmatrix}\boldsymbol{0} & \boldsymbol{I}\\ \boldsymbol{F}_0\boldsymbol{K} & \boldsymbol{F}_0\boldsymbol{C}_2\end{bmatrix}$。

**定理 5.3** 若选择适当的参数向量 $\boldsymbol{\alpha}$ 和 $\boldsymbol{\beta}$，使式(5-43) 中矩阵 $\boldsymbol{A}(\boldsymbol{\alpha},\boldsymbol{\beta})$ 的特征值均位于复平面的左半区，则双连杆柔性臂的零动态子系统(5-41) 在平衡点 $\boldsymbol{x}=\boldsymbol{0}$ 处是指数稳定的，且此时的系统为最小相位的。

由 Lyapunov 稳定定理可以得到上述结论。

因系统(5-43) 是线性的可以很容易地利用极点配置法对其极点任意配置，只要保证所有极点均在复平面的负半区域即可，如图 5-1 所示。

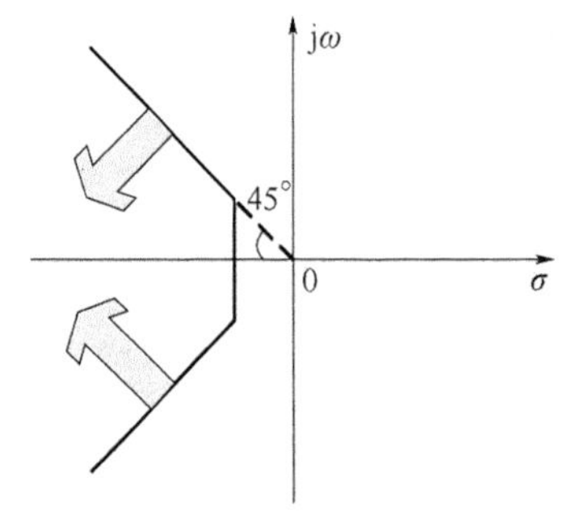


图 5-1 极点配置稳定区域

施加振动控制

未施加振动控制

## 5.4 柔体机器人的全局终端滑模振动鲁棒控制

由 5.2.4 节多输入 - 多输出系统的反馈线性化理论可知，对于柔性臂的输入 - 输出子系统(5-38)，线性化的同时已经实现了解耦，因此可以针对各个单独的输入 - 输出关系分别设计各自的控制律，使系统满足期望的运动规律。滑模控制具有对系统参数不敏感、对不确定因素和外部干扰鲁棒性强的优点，而且在设计多输入 - 多输出系统的控制律时，可以实现独立的解耦设计。在普通的滑模控制中，通常选择一个线性的滑动平面，使系统到达滑动模态后，跟踪误差渐进收敛到零，其渐进收敛的速度可通过调整滑模面参数来实现，但无论

如何，状态误差都不会在有限时间内收敛到零。在 Terminal 滑模控制策略中，滑模面上非线性函数的引入使柔性机械臂系统误差的收敛时间大大缩短。然而，此时的收敛时间却不是最优的，主要是因为在平衡状态附近非线性滑动模态的收敛速度要比线性滑动模态的慢。本节提出一种使系统的输出状态在最优的有限时间内迅速收敛的全局终端滑模鲁棒控制律，用于柔性臂残余振动的抑制。

首先定义状态向量$\boldsymbol{z}_1 = \boldsymbol{y}$ 和$\boldsymbol{z}_2 = \dot{\boldsymbol{y}}$，对式(5-38) 进行降阶：

$$\begin{cases} \dot{z}_1 = z_2 \\ \dot{z}_2 = L_f^2\boldsymbol{h} + L_g L_f \boldsymbol{h}\boldsymbol{\tau} + \boldsymbol{b}(\boldsymbol{x}) \end{cases} \tag{5-44}$$

式中，在考虑实际的情况下，合理地引入了系统的外部干扰和不确定项 $\boldsymbol{b}(\boldsymbol{x})$，用来补偿模态预测的误差、建模时的模态截断和未建模因素引起的模型误差。可设计全局终端滑模面：

$$\begin{cases} \boldsymbol{s}_0(t) = \boldsymbol{r}_{\mathrm{d}} - z_1 \\ \boldsymbol{s}_1(t) = \dot{\boldsymbol{s}}_0 + \boldsymbol{\lambda}_0 \boldsymbol{s}_0 + \boldsymbol{\lambda}_1 \boldsymbol{s}_0^{\,q_0/p_0} \end{cases} \tag{5-45}$$

式中，$\boldsymbol{r}_{\mathrm{d}} = \boldsymbol{\theta}_{\mathrm{d}} + \boldsymbol{0} \times \boldsymbol{q}$，是期望的运动轨迹；$\boldsymbol{s}_0$ 是跟踪的误差向量；$\boldsymbol{\lambda}_0 = \mathrm{diag}[\lambda_{01} \quad \lambda_{02}]$，$\lambda_1 = \mathrm{diag}[\lambda_{11} \quad \lambda_{12}]$，是设计参数；$q_0$ 和 $p_0$ 均为正定的奇数，且 $p_0 > q_0$。通过设定$\lambda_0$，$\lambda_1$，$q_0$ 和 $p_0$，可使系统在有限时间内到达平衡状态。由式(5-45)，存在

$$\dot{\boldsymbol{s}}_0 = -\lambda_0 \boldsymbol{s}_0 - \lambda_1 \boldsymbol{s}_0^{\,q_0/p_0}$$

当系统误差状态远离零点时，收敛时间主要由快速 Terminal 吸引子即式$\dot{\boldsymbol{s}}_0 = \boldsymbol{\lambda}_1 \boldsymbol{s}_0^{\,q_0/p_0}$来决定；而当系统误差状态接近平衡状态零时，收敛时间主要由式$\dot{\boldsymbol{s}}_0 = -\boldsymbol{\lambda}_0 \boldsymbol{s}_0$ 决定，因此，滑动模态$\boldsymbol{s}_1$ 既引入了 Terminal 吸引子，使系统状态在有限时间收敛，又保留了线性滑动模态在接近平衡状态时的快速性，从而实现了系统状态快速、精确地收敛。该滑模控制策略的优点如下：

(1) 收敛时间有限且可通过调整滑模面参数使时间最优；

(2) 由于滑模面无切换项，控制律可以是连续的，因而消除了抖振；

(3) 对系统不确定性和干扰具有很好的鲁棒性，通过选取足够小的 $q_0/p_0$，可使系统状态到达滑模面足够小的邻域内。

**定理 5.4**　假设 $\|\boldsymbol{b}(\boldsymbol{x})\| \leqslant \Gamma$，对于系统(5-38)，若在滑模面(5-45) 上按照式(5-46) 设计控制律，则能保证状态向量$\boldsymbol{s}_0$ 和$\dot{\boldsymbol{s}}_0$ 沿着$\dot{\boldsymbol{s}}_1 = -\boldsymbol{\phi}\boldsymbol{s}_1 - \boldsymbol{\gamma}'\boldsymbol{s}_1^{\,q/p}$ 在有限的时间$\boldsymbol{t}'_1$内收敛至滑模面$\boldsymbol{s}_1(\boldsymbol{t}) = 0$ 的邻域 $\Delta$ 内。

控制律设计为

$$\boldsymbol{\tau} = L_g L_f \boldsymbol{h}(\boldsymbol{x})^{-1}\left[\ddot{\boldsymbol{r}}_{\mathrm{d}} - L_f^2\boldsymbol{h}(\boldsymbol{x}) + \lambda_0 \dot{\boldsymbol{s}}_0 + \lambda_1 \frac{\mathrm{d}}{\mathrm{d}t}\boldsymbol{s}_0^{\,q_0/p_0} + \boldsymbol{\phi}\boldsymbol{s}_1 + \gamma \boldsymbol{s}_1^{\,q/p}\right] \tag{5-46}$$

式中，$\phi$ 和 $\gamma$ 均为正定的对角阵；$q$ 和 $p$ 都是正定的奇数，且 $p > q$。另外，

$$\boldsymbol{\gamma}' = \boldsymbol{\gamma} - \frac{\boldsymbol{b}(\boldsymbol{x})}{\boldsymbol{s}_1^{\,q/p}}$$

$$\boldsymbol{\gamma} = \frac{\Gamma}{|\boldsymbol{s}_1^{\,q/p}|} + \eta$$

$$\Delta = \left\{ \boldsymbol{x}: \| \boldsymbol{s}_1 \| \leqslant \left( \frac{\Gamma}{\| \boldsymbol{\gamma} \|} \right)^{p/q} \right\}$$

且 $\eta$ 是正定的常数向量。收敛时间为

$$t'_1 \leqslant \frac{p}{\phi(p-q)} \ln \frac{\phi[s_0(0)]^{(p-q)/p} + \eta}{\eta} \tag{5-47}$$

证明:定义 Lyapunov 函数 $\boldsymbol{V}(t) = \frac{1}{2} \boldsymbol{s}_1^{\mathrm{T}}(t) \boldsymbol{s}_1(t)$,计算$\boldsymbol{s}_1(t)$的一阶导数

$$\dot{\boldsymbol{s}}_1(t) = \ddot{\boldsymbol{s}}_0 + \boldsymbol{\lambda}_0 \dot{\boldsymbol{s}}_0 + \lambda_1 \frac{\mathrm{d}}{\mathrm{d}t} \boldsymbol{s}_0^{\ q_0/p_0} = \ddot{\boldsymbol{r}}_{\mathrm{d}} - \ddot{\boldsymbol{y}} + \lambda_0 \dot{\boldsymbol{s}}_0 + \lambda_1 \frac{\mathrm{d}}{\mathrm{d}t} \boldsymbol{s}_0^{\ q_0/p_0} \tag{5-48}$$

将式(5-44) 和式(5-46) 代入上式替换 $\ddot{\boldsymbol{y}}$,得到

$$\begin{aligned} \dot{\boldsymbol{s}}_1(t) &= -\phi \boldsymbol{s}_1 - \gamma \boldsymbol{s}_1^{\ q/p} - b(\boldsymbol{x}) \\ &= -\phi \boldsymbol{s}_1 - \Gamma \mathrm{sgn}(\boldsymbol{s}_1) - \eta \boldsymbol{s}_1^{\ q/p} - b(\boldsymbol{x}) \end{aligned} \tag{5-49}$$

计算 $\boldsymbol{V}(t)$的一阶导数:

$$\begin{aligned} \dot{\boldsymbol{V}}(t) &= \boldsymbol{s}_1^{\mathrm{T}}(\boldsymbol{t}) \dot{\boldsymbol{s}}_1(\boldsymbol{t}) \\ &= -\phi \| s_1 \| - \eta \boldsymbol{s}_1^{\ (p+q)/p} - b(\boldsymbol{x}) \boldsymbol{s}_1 - \Gamma \boldsymbol{s}_1 \mathrm{sgn}(\boldsymbol{s}_1) \\ &\leqslant -\phi \| \boldsymbol{s}_1 \| - \eta \boldsymbol{s}_1^{\ (p+q)/p} \end{aligned} \tag{5-50}$$

由于正定范数 $\| \boldsymbol{s}_1 \|$ 和偶数 $q+p$,满足 $\dot{\boldsymbol{V}}(t) \leqslant \boldsymbol{0}$,系统是 Lyapunov 稳定的。

而$\boldsymbol{s}_0$ 和$\dot{\boldsymbol{s}}_0$ 沿滑模面$\boldsymbol{s}_1(\boldsymbol{t}) = \boldsymbol{0}$ 从任意初始状态收敛至零的时间,可以通过对$\dot{\boldsymbol{s}}_1(\boldsymbol{t}) = -\phi s_1 - \boldsymbol{\gamma}' \boldsymbol{s}_1^{\ q/p}$ 积分求得:

$$t_1 = \frac{p}{\phi(p-q)} \ln \frac{\phi[s_0(0)]^{(p-q)/p} + \gamma'}{\gamma'} \tag{5-51}$$

由于向量 $\gamma'$ 的元素远大于 $\eta$ 的元素,可得到以下不等式:

$$\ln \frac{\phi[\boldsymbol{s}_0(0)]^{(p-q)/p} + \gamma'}{\gamma'} \leqslant \ln \frac{\phi[\boldsymbol{s}_0(0)]^{(p-q)/p} + \eta}{\eta} \tag{5-52}$$

故式(5-47) 可以得到。此外,向量 $\gamma$ 的元素远大于$\frac{\Gamma}{\boldsymbol{s}_1^{\ q/p}}$ 的元素,所以

$$\| \boldsymbol{s}_1 \| > \left( \frac{\Gamma}{\| \boldsymbol{\gamma} \|} \right)^{p/q} \tag{5-53}$$

式中,对于$\boldsymbol{s}_1(t) = 0$ 的邻域 $\Delta$ 是一个严格条件。事实上,只要向量 $\gamma$ 的元素和 $p/q$ 足够大,$\Delta$ 就会无限小。例如,若 $\Gamma = 1, q/p = 1/9, \gamma = [2 \quad 2]$,那么 $\| \Delta \| \leqslant 0.0019$。

综合定理 5.3 和定量 5.4,可以得到下述定理:

**定理 5.5** 对于双连杆柔性臂这一非最小相位系统(3-25),若按式(5-36) 重新定义系统的观测输出量,并合理选择参数向量$\boldsymbol{\alpha}$和$\boldsymbol{\beta}$,使得矩阵$\boldsymbol{A}(\boldsymbol{\alpha},\boldsymbol{\beta})$的特征值均位于复平面的左半区,同时,在滑模面(5-45) 的基础上按式(5-46) 设计控制器,则系统在平衡状态附近是 Lyapunov 意义稳定的,同时能实现振动的快速衰减。

## 5.5　数值仿真与分析

在本小节将设计一类典型实验，使处在任意初始非零状态下的柔性臂，实现对指定位置准确而迅速地定位，既保证关节准确到达指定位置的同时，又使具有大柔度特征的臂杆能快速地抑制自身的振动。若将指定位置视为机械臂的零平衡位置，则柔性臂进行的任意运动都可以看作由非零状态对零平衡状态的逼近。

给定某型双连杆柔性臂的系统参数：

$$\rho_1 = \rho_2 = 2.71 \times 10^3 \text{kg/m}^3, A_1 = 30 \times 8 \times 10^{-6} \text{m}^2,\ L_1 = 1\text{m},\ A_2 = 30 \times 4 \times 10^{-6} \text{m}^2,$$

$$L_2 = 0.7\text{m},\ J_1 = 3.5 \times 10^{-3} \text{kg} \cdot \text{m}^2,$$

$$J_2 = 2.5 \times 10^{-3} \text{kg} \cdot \text{m}^2,\ E = 71 \times 10^9 \text{Pa},\ M_{p1} = 0.63\text{kg},\ M_{p2} = 0.2\text{kg},$$

不确定因素的外部干扰定义为时变项：

$\boldsymbol{b}(\boldsymbol{x}) = [1.5\sin(t) \quad 2.0\cos(t)]$。

系统的初始状态定义为：

$\boldsymbol{x}(t) = [\boldsymbol{\theta}^{\mathrm{T}} \quad \boldsymbol{q}^{\mathrm{T}} \quad \dot{\boldsymbol{\theta}}^{\mathrm{T}} \quad \dot{\boldsymbol{q}}^{\mathrm{T}}]^{\mathrm{T}}$，其中 $\boldsymbol{\theta} = [1 \quad 0.5]$，$\boldsymbol{q} = [0 \quad 0]$，$\dot{\boldsymbol{\theta}} = [0 \quad 0]$，$\dot{\boldsymbol{q}} = [0 \quad 0]$。

根据式(5-43) 和式(5-46)，利用极点配置反解向量 $\boldsymbol{\alpha}$ 和 $\boldsymbol{\beta}$ 后，控制器参数设计为：

$\Gamma = 2.0$，$\boldsymbol{\alpha} = \text{diag}[7.48 \quad 9.16]$，$\boldsymbol{\beta} = \text{diag}[5.13 \quad 7.81]$，$\lambda_0 = \text{diag}[9 \quad 9]$，$\lambda_1 = \text{diag}[5 \quad 5]$，$p_0 = 5$，$q_0 = 3$，$p = 9$，$q = 1$，$\phi = \text{diag}[35 \quad 85]$，$\eta = 1.0$。

两臂不妨均取第一阶模态，观测由式(3-24) 表示的两臂末端点的位移在本章设计的振动控制规律下，能否实现关节迅速到达指定位置的同时，臂杆自身的振动快速被抑制。在 MatLab 的 Sinmulink 环境下建立柔性臂系统的控制结构框图如图 5-2 所示，其仿真结果如图 5-3 和图 5-4 所示。

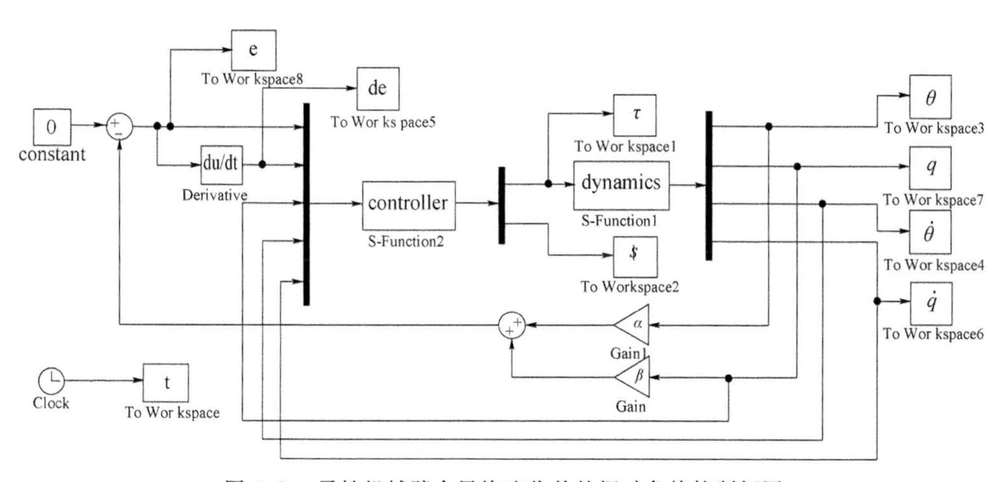


图 5-2　柔性机械臂全局快速收敛的振动鲁棒控制框图

分析各仿真曲线可知，在控制律[式(5-46)] 作用下，柔性臂的两关节不但在 0.5 s 的时

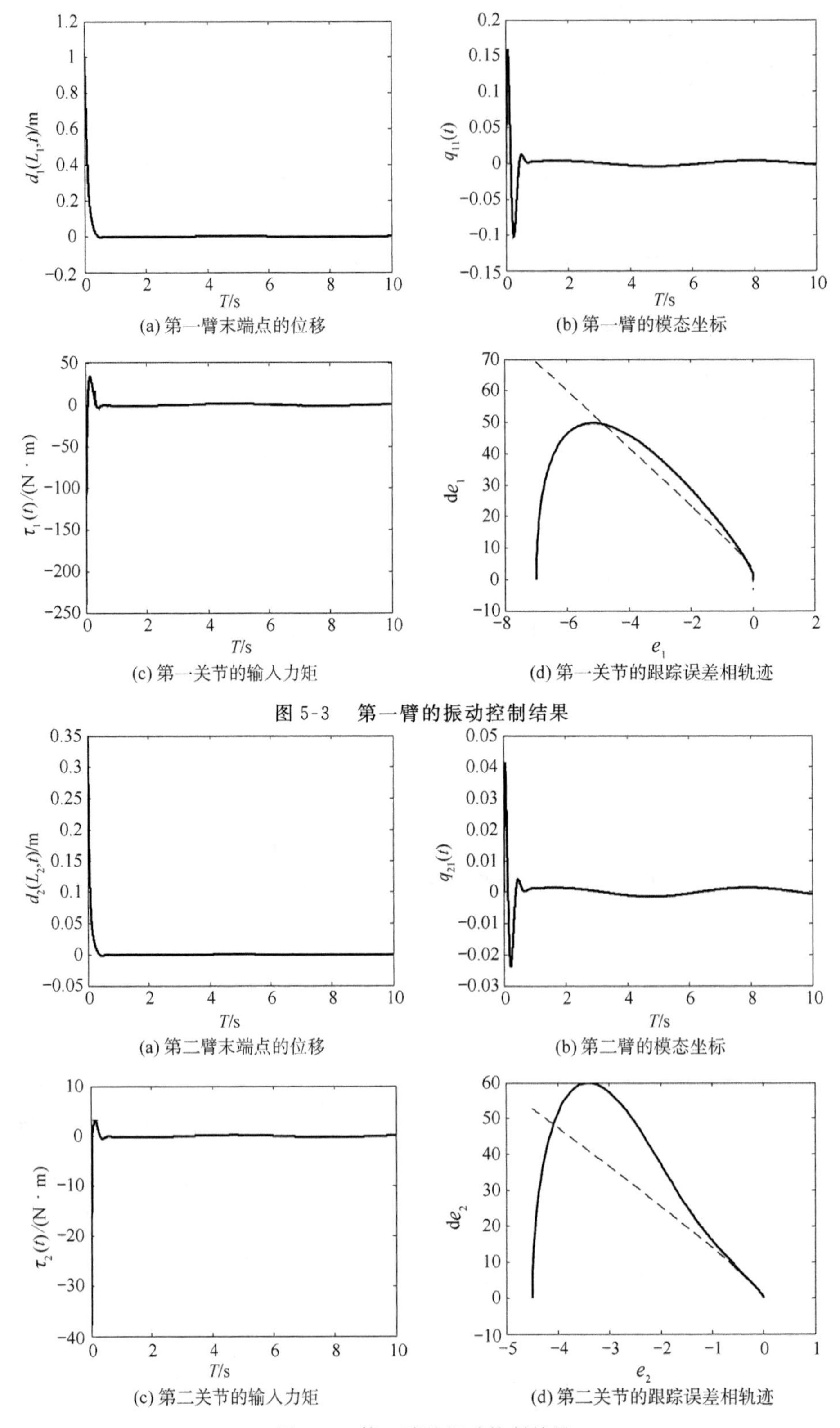


(a) 第一臂末端点的位移　(b) 第一臂的模态坐标

(c) 第一关节的输入力矩　(d) 第一关节的跟踪误差相轨迹

图 5-3　第一臂的振动控制结果

(a) 第二臂末端点的位移　(b) 第二臂的模态坐标

(c) 第二关节的输入力矩　(d) 第二关节的跟踪误差相轨迹

图 5-4　第二臂的振动控制结果

间范围内迅速趋近于零，而且两臂杆自身的振动模态坐标在 1$s$ 的时间范围内被迅速抑制，从而实现了机械臂点到点的精确定位，且对外部干扰项具有很好的鲁棒性，不但克服了控制律不连续、抖动的缺点，而且避免了由于控制输入的抖振可能引起的控制溢出现象，而且将系统定位误差收敛的速度提高了将近 5 倍，实现了误差跟踪时间的优化。

## 5.6　本章小结

基于微分几何的反馈线性化理论，研究了大柔度机械臂这一典型非最小相位系统的输入－输出线性化方法和内动力学稳定性规律，通过分析单连杆柔性臂线性化系统的零动力学稳定性，将所得的结论扩展至双连杆柔性臂系统，进而设计了反馈观测器，使系统的零动力学是稳定的。最后，提出了一种同时进行系统定位和振动抑制的全局快速收敛终端滑模鲁棒控制器，并采用 Lyapunov 稳定性方法进行了稳定性分析。数值仿真表明，提出的控制策略不但能保证机械臂关节的跟踪误差快速收敛，而且能有效地抑制臂杆的弹性振动，同时，对系统的外部干扰具有鲁棒稳定性。在本章提出的控制策略证明，仅依靠机械臂关节处的驱动电动机进行系统的振动抑制是可行的，无须施加外部的作动器。

# 第6章　大负载柔体机器人的动力学模型

## 6.1　引言

本章以大负载单杆柔性臂为研究对象，在考虑中心刚体、柔性臂杆和末端集中质量的情况下利用假设模态法和 Kane 方法，建立考虑实际物理因素的大负载柔性臂动力学模型。

## 6.2　Kane 方法

用传统的力学方法对复杂系统进行动力学分析时，工作量大且所得方程复杂，求解不便甚至无解。美国斯坦福大学的凯恩(Kane) 教授提出了“偏速度”“偏角速度” 概念，并通过恰当选取广义速率发展了一种多刚体系统动力学方程的新方法，即 Kane 方法，为复杂力学系统动力学分析开辟了一条新的途径。

### 6.2.1　广义速率、偏速度和偏角速度

假设有一系统，其自由度数为 $n$，设 $q_1, q_2, \cdots, q_n$ 为广义坐标，则 $\dot{q}_1, \dot{q}_2, \cdots, \dot{q}_n$ 为广义速度。现引入 $n$ 个标量 $u_i$，令

$$u_r = \sum_{j=1}^{n} \boldsymbol{Y}_{rj} \dot{q}_j + \boldsymbol{Z}_r \quad (r = 1, 2, \cdots, n) \tag{6-1}$$

式中，$\boldsymbol{Y}_{rj}$，$\boldsymbol{Z}_r$ 为广义坐标 $q_1, q_2, \cdots, q_n$ 及时间的函数。Kane 认为，由式定义的 $u_r (r = 1, 2, \cdots, n)$ 为广义速率，它的本质是广义速度的线性组合。

在定义了广义速率之后，即可推导出系统中任意一点的绝对速度 $v_v$ 及任意一刚体的绝对角速度 $\omega_i$ 关于广义速率 $u_r (r = 1, 2, \cdots, n)$ 的线性组合的表达式。

设系统中第 $v$ 个质点相对于定参考点 $O$ 的向径为 $\boldsymbol{r}_v$，它可表示为广义坐标和时间的函数，即

$$\boldsymbol{r}_v = r_v (q_1, q_2, \cdots, q_n, t) \tag{6-2}$$

两边对时间求导，可表示为

$$\dot{\boldsymbol{r}}_v = \boldsymbol{v}_v = \sum_{r=1}^{n} \boldsymbol{v}_v^{(r)} u_r + \boldsymbol{v}_v^{(t)} \tag{6-3}$$

式(6-3) 给出了任一质点的绝对速度 $\boldsymbol{v}_v$ 用广义速率 $u_r (r = 1, 2, \cdots, n)$ 的线性组合表示

的表达式。各向量系数$\boldsymbol{v}_v^{(r)}$，$\boldsymbol{v}_v^{(t)}$ 均仅是广义坐标$\boldsymbol{q}_j$ 及 $t$ 的函数而与广义速率 $u_r$ 无关。

将式(6-3) 对任一广义速率 $u_r$ 求偏导数，有

$$\boldsymbol{v}_v^{(r)} = \frac{\partial \boldsymbol{v}_v}{\partial u_r} \tag{6-4}$$

式(6-4) 给定的向量系数$\boldsymbol{v}_v^{(r)}$ 称为第 $v$ 个质点的第 $r$ 个偏速度或称为第 $v$ 个质点对应广义速率 $u_r$ 的偏速度。由式(6-4) 可见，因为 $u_r$ 为广义速率，所以偏速度$\boldsymbol{v}_v^{(r)}$ 不具有速度量纲，可以认为$\boldsymbol{v}_v^{(r)}$ 是将标量形式的广义速率赋予方向性的向量系数。

系统中第 $i$ 个刚体的绝对角速度$\boldsymbol{\omega}_i$ 关于广义速率 $u_r(r = 1,2,\cdots,n)$ 的线性组合表达式为

$$\boldsymbol{\omega}_i = \sum_{r=1}^{n} \boldsymbol{\omega}_i^{(r)} u_r + \boldsymbol{\omega}_i^{(t)} \tag{6-5}$$

类似地，式(6-3) 中各向量系数$\omega_i^{(r)}$、$\omega_i^{(t)}$ 均仅为广义坐标和时间的函数，而与广义速率无关。若将式(6-3) 对任一广义速率 $u_r$ 求偏导数，即有

$$\boldsymbol{\omega}_i^{(r)} = \frac{\partial \boldsymbol{\omega}_i}{\partial u_r}, r = 1,2,\cdots,n \tag{6-6}$$

由式给定的向量系数$\boldsymbol{\omega}_i^{(r)}$ 称为第 $i$ 个刚体的第 $r$ 个偏角速度或称为第 $i$ 个刚体对应广义速率 $u_r$ 的偏角速度。同样，$\boldsymbol{\omega}_i^{(r)}$ 并不具有角速度量纲，可以认为它是将标量形式的广义速率赋予方向性的矢量系数。$\boldsymbol{v}_v^{(r)}$，$\boldsymbol{\omega}_i^{(r)}$ 都不过是基向量或基向量的线性组合。

在 Kane 方法中，对于系统偏速度以及偏角速度的选择是极其重要的，选择方式的优劣会影响到以后计算的繁杂程度。选取广义速率的原则要使用系数$\boldsymbol{Y}_{rj}$ 组成的矩阵为非奇异矩阵(即满足反解条件) 外，还应尽量使对应于所选的广义速率的偏速度和偏角速度的表达式简单，以便于求导运算，易于建立动力学方程和使方程间的耦合程度减弱。设计者们可以将广义速率简化成为广义速度，也可以设计成为相关广义速度的组合由运动学知识写出各点速度或角速度的广义速率表达式，然后由式(6-2) 和式(6-4) 求得偏速度或偏角速度。

### 6.2.2　Kane 方程的建立

具有理想约束的 $n$ 自由度系统的运动应满足动力学普遍方程，即

$$\sum_{v=1}^{n} (\boldsymbol{f}_v + \boldsymbol{f}_v^*) \cdot \delta \boldsymbol{r}_v = 0 \tag{6-7}$$

式中，$\boldsymbol{f}_v$ 为作用于质点 $v$ 上的主动力；$\boldsymbol{f}_v^* = -m_v \ddot{\boldsymbol{q}}_v$ 为质点的惯性力；$\delta \boldsymbol{r}_v$ 为质点的虚位移。

令

$$F_r = \sum_{v=1}^{N} \boldsymbol{f}_v \cdot \boldsymbol{v}_v^{(r)}, F_r^* = \sum_{v=1}^{N} \boldsymbol{f}_v^* \cdot \boldsymbol{v}_v^{(r)} \tag{6-8}$$

式(6-8) 中第一部分为系统广义主动力，第二部分为系统广义惯性力，得

$$F_r + F_r^* = 0 (r = 1,2,\cdots,n) \tag{6-9}$$

## 6.3　大负载单柔杆的弯曲振动模态分析

本小节使用了图 6-1 所示的大负载柔性机械臂作为系统分析的研究对象进行模型的推导。

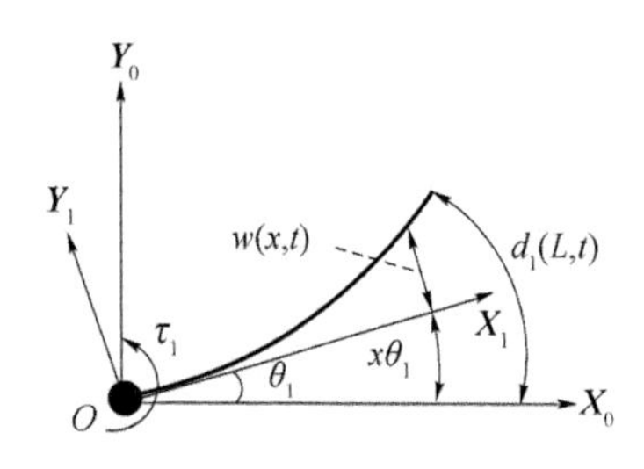


图 6-1　单连杆大负载柔性机械臂的结构简图

在惯性系 $O\boldsymbol{X}_0\boldsymbol{Y}_0$ 下，在伺服控制力矩 $\tau_1$ 的驱动作用下长度为 $L$ 的柔性臂带动末端集中质量沿电动机驱动轴进行旋转运动，设以臂杆连体坐标系 $O\boldsymbol{X}_1\boldsymbol{Y}_1$ 作为牵连运动系时，当臂杆绕 $O$ 点转动时，臂杆接近驱动轴部分会产生刚性转角 $\theta_1$，则此转角为坐标轴 $O\boldsymbol{X}_0$ 和 $O\boldsymbol{X}_1$ 的夹角。柔性臂杆的弯曲振动可用轴线的横向位移 $w(x,t)$ 来描述。此外，臂杆末端的弹性振动量以 $d_1$ 表示。

设大负载柔性机械臂上任意一点为$\boldsymbol{P}_1$，则可将其坐标写成：

$$\begin{aligned}\boldsymbol{P}_1(x,\theta_1,\boldsymbol{q}_1) &= \boldsymbol{P}_{1x}(x,\theta_1,\boldsymbol{q}_1)+\boldsymbol{P}_{1y}(x,\theta_1,\boldsymbol{q}_1)\\ &= (x\cos\theta_1 - w\sin\theta_1)\boldsymbol{X}_0+(x\sin\theta_1+w\cos\theta_1)\boldsymbol{Y}_0\end{aligned} \tag{6-10}$$

式中弹性变形量 $w(x,t)$ 可以表示为

$$w(x,t)=\varphi q_1=\sum_{i=1}^{n}\varphi_i(x)q_{1i}(t) \tag{6-11}$$

式中，$\boldsymbol{\varphi}=[\varphi_i,\cdots,\varphi_n]$为模态振型向量；$\boldsymbol{q}_1=[q_{1i},\cdots,q_{1n}]^{\mathrm{T}}$ 为模态坐标。其中，$\varphi_i$ 为柔性臂杆的模态振型函数；$q_{1i}$ 为与之对应的模态坐标。

在对大负载柔性机械臂进行相关振动分析之前，需要对其作以下几点假设以满足实际应用需求：

(1) 柔性臂杆的截面中心线处在相同的平面内，可以认为柔性臂杆只能在这个平面内发生振动。

(2) 杆的长度与截面尺寸之比很大，因此在分析时可以忽略转动惯量和剪切变形的影响，即作为 Euler-Bernoulli 梁模型；

(3) 大负载柔性机械臂的振动幅度较小，属于低频振动。

建立微分方程：

设臂杆单位长度的质量为 $\rho S$，截面抗弯刚度为 $EI$。从柔性臂杆任意截面 $x$ 处，截取一微段 $\mathrm{d}x$，则，其质量为 $\rho S\mathrm{d}x$，设微段上作用有剪力 $F_{\mathrm{Q}}(x,t)$，弯矩 $M(x,t)$ 和分布外力 $f_1(x,t)\mathrm{d}x$。根据牛顿第二定律，在 $w$ 方向的运动方程为

$$\rho S\mathrm{d}x\frac{\partial^2 w}{\partial t^2}=-\left(F_{\mathrm{Q}}+\frac{\partial F_{\mathrm{Q}}}{\partial x}\mathrm{d}x\right)+F_{\mathrm{Q}}+f_1(x,t)\mathrm{d}x \tag{6-12}$$

即

$$\rho S\frac{\partial^2 w}{\partial t^2}+\frac{\partial F_{\mathrm{Q}}}{\partial x}=f_1 \tag{6-13}$$

按照动量矩定理，对单元右端取矩可得微段的转动方程为

$$\left(M+\frac{\partial M}{\partial x}\mathrm{d}x\right)-(M+F_{\mathrm{Q}}\mathrm{d}x)-f_1\mathrm{d}x\frac{\mathrm{d}x}{2}=0 \tag{6-14}$$

略去二阶微量可得：

$$\frac{\partial M}{\partial x}=F_{\mathrm{Q}} \tag{6-15}$$

将其代入式(6-12) 可得

$$\rho S \frac{\partial^2 w}{\partial t^2} + \frac{\partial^2 M}{\partial x^2} = f_1(x,t) \tag{6-16}$$

根据材料力学中弯矩与挠度的关系可得：

$$M = EI \frac{\partial^2 w}{\partial x^2} \tag{6-17}$$

则式(6-16) 可变化为

$$\rho S \frac{\partial^2 w}{\partial t^2} + \frac{\partial^2}{\partial x^2}\left(EI \frac{\partial^2 w}{\partial x^2}\right) = f_1(x,t) \tag{6-18}$$

根据假设，得出柔性臂杆(均质等截面梁) 的自由振动微分方程为

$$EI \frac{\partial^4 w}{\partial x^4} + \rho S \frac{\partial^2 w}{\partial t^2} = 0 \tag{6-19}$$

令 $a^2 = \dfrac{EI}{\rho S}$，则式(6-19) 变为：

$$\frac{\partial^4 w}{\partial x^4} + \frac{1}{a^2} \frac{\partial^2 w}{\partial t^2} = 0 \tag{6-20}$$

式中，$E$ 为柔性臂模型弹性模量；$I$ 为大负载柔性臂杆截面惯性矩；$\rho$ 为大负载柔性机械臂臂杆密度；$A$ 为臂杆截面面积。式(6-20) 为四阶偏微分方程，求得此方程的解即可得出大负载柔性机械臂柔性臂杆的固有频率与主振型，而通常解偏微分方程的方法主要采用了变量分离的方法。

设横向振动变量表示为 $w(x,t) = \varphi(x) \cdot q(t)$，$\varphi(x)$ 为振型函数，$q(t)$ 为模态变量函数，代入微分方程可得：

$$a^2 \frac{1}{\varphi} \frac{\mathrm{d}^4 \varphi}{\mathrm{d}x^4} = -\frac{1}{q} \frac{\mathrm{d}^2 q}{\mathrm{d}t^2} \tag{6-21}$$

令式(6-21) 等于常数 $p^2$，可得：

$$\frac{\mathrm{d}^2 q}{\mathrm{d}t^2} + p^2 q = 0 \tag{6-22}$$

$$\frac{\mathrm{d}^4 \varphi}{\mathrm{d}x^4} - \frac{p^2}{a^2} \varphi = 0 \tag{6-23}$$

式中，$\mu^4 = \dfrac{p^2}{c^2} = \dfrac{p^2 \rho S}{EI}$。

式(6-22) 为系统的振动微分方程，其通解可以表示为

$$q(t) = \beta \sin(pt + \alpha) \tag{6-24}$$

式中，$\beta$ 和 $\alpha$ 为待定系数。

四阶常微分方程的解可假设为

$$\varphi(x) = \exp(sx) \tag{6-25}$$

将方程的解代入式(6-23)，可得其特征方程为

$$s^4 - \mu^4 = 0 \tag{6-26}$$

假设 $\mu \neq 0$，则上述方程的四个根为

$$s_1 = \mu \quad s_2 = -\mu \quad s_3 = \mathrm{j}\mu \quad s_4 = -\mathrm{j}\mu \tag{6-27}$$

则可推出方程(6-23) 的通解为

$$\varphi(x) = z_1 \exp(\mu x) + z_2 \exp(-\mu x) + z_3 \exp(\mathrm{j}\mu x) + z_4 \exp(-\mathrm{j}\mu x) \tag{6-28}$$

式中，$z_i(i=1,2,3,4)$ 为常数；$z_3$，$z_4$ 为共轭复数即可保证 $\varphi(x)$ 为实函数。

其中双曲函数为

$$\begin{cases}\sin\mathrm{h}\mu x=\dfrac{\exp(\mu x)-\exp(-\mu x)}{2}\\[2ex]\cos\mathrm{h}\,\mu x=\dfrac{\exp(\mu x)+\exp(-\mu x)}{2}\end{cases}\tag{6-29}$$

因此，$\exp(\pm\mu x)=\cos\mathrm{h}\,\mu x\pm\sin\mathrm{h}\mu x$，$\exp(\pm\mathrm{j}\mu x)=\cos\mu x\pm\mathrm{j}\sin\mu x$。

则式(6-28)可以整理为

$$\varphi(x)=A\sin(\mu x)+B\cos(\mu x)+C\sin\mathrm{h}(\mu x)+D\cos\mathrm{h}(\mu x)\tag{6-30}$$

$A$、$B$、$C$、$D$ 以及 $p$ 和 $\alpha$ 由 4 个边界条件和 2 个初始条件决定。

边界条件大致可以分为两类：一类为几何边界条件（挠度和转角的限制）；另一类为力边界条件（弯矩和剪力的限制条件）。

由材料力学的知识可知：

挠度：$w(x,t)=\varphi(x)\cdot\sin(pt+\alpha)$

转角：$\theta(x,t)=\dfrac{\partial w}{\partial x}=\varphi'(x)\cdot\sin(pt+\alpha)$

弯矩：右端为 $M_R(x,t)=EI\dfrac{\partial^2 w}{\partial x^2}=EI\varphi''(x)\sin(pt+\alpha)$

左端为 $M_L(x,t)=-EI\dfrac{\partial^2 w}{\partial x^2}=-EI\varphi''(x)\sin(pt+\alpha)$

剪力：右端为 $F_{QR}(x,t)=EI\dfrac{\partial^3 w}{\partial x^3}=EI\varphi'''(x)\sin(pt+\alpha)$

左端为 $F_{QL}(x,t)=-EI\dfrac{\partial^3 w}{\partial x^3}=-EI\varphi'''(x)\sin(pt+\alpha)$

将柔性臂杆等效成末端附有集中质量的悬臂梁，则其边界条件为：

① 柔性臂根部连接处位移与转角为零；

② 末端弯矩为零，剪力为质量块的惯性力，设质量块的质量为 $m_E$。

为了计算需求，在求柔性臂模型固有频率以及其振型函数之前，需要将模型边界条件在后续计算中所需要的 $\varphi(x)$ 的各阶导数求出：

$$\frac{\mathrm{d}\varphi}{\mathrm{d}x}=\mu A\cos(\mu x)-\mu B\sin(\mu x)+\mu C\cosh(\mu x)+\mu D\sinh(\mu x)\tag{6-31}$$

$$\frac{\mathrm{d}^2\varphi}{\mathrm{d}x^2}=-\mu^2 A\sin(\mu x)-\mu^2 B\cos(\mu x)+\mu^2 C\sinh(\mu x)+\mu^2 D\cosh(\mu x)\tag{6-32}$$

$$\frac{\mathrm{d}^3\varphi}{\mathrm{d}x^3}=-\mu^3 A\cos(\mu x)+\mu^3 B\sin(\mu x)+\mu^3 C\cosh(\mu x)+\mu^3 D\sinh(\mu x)\tag{6-33}$$

$$\frac{\mathrm{d}^4\varphi}{\mathrm{d}x^4}=\mu^4 A\sin(\mu x)+\mu^4 B\cos(\mu x)+\mu^4 C\sinh(\mu x)+\mu^4 D\cosh(\mu x)=\mu^4\varphi\tag{6-34}$$

其数学表达式为：

$$u(0,t)=0;\quad \frac{\partial w}{\partial x_2}(0,t)=0;\quad EI\frac{\partial^2 w}{\partial x^2}(L,t)=0;\quad EI\frac{\partial^3 w}{\partial x^3}(L,t)=-m_E\frac{\partial^2 w}{\partial t^2}(L,t);\tag{6-35}$$

初始条件设为：$\alpha=0$；

由边界条件可得如下方程组：

$$
\begin{cases}
u(0,t) = \varphi(0)\cdot q = q\cdot(B+D) = 0; & \text{(a)}\\
\dfrac{\partial w}{\partial x}(0,t) = \dfrac{\mathrm{d}\varphi}{\mathrm{d}x}\cdot q = \mu q\cdot(A+C) = 0; & \text{(b)}\\
EI\dfrac{\partial^2 w}{\partial x^2}(L,t) = EI\dfrac{\mathrm{d}^2\varphi}{\mathrm{d}x^2}\cdot q = \mu^2 q\cdot EI[-A\sin(\mu L) - B\cos(\mu L) + C\sin h(\mu L) & \\
\quad + D\cos h(\mu L)] = 0; & \text{(c)}\\
EI\dfrac{\partial^3 w}{\partial x^3}(L,t) = EI\dfrac{\mathrm{d}^3\varphi}{\mathrm{d}x^3}\cdot q = \mu^3 q\cdot EI[-A\cos(\mu L) + B\sin(\mu L) + C\cos\mathrm{h}(\mu L) & \\
\quad + D\sin\mathrm{h}(\mu L)] = -m_E\dfrac{\partial^2 w}{\partial t^2}(L,t) = -m_E\varphi(x)\cdot\dfrac{\mathrm{d}^2 q}{\mathrm{d}t^2} = -m_E\omega^2 q\cdot[A\sin(\mu L) & \\
\quad + B\cos(\mu L) + C\sin\mathrm{h}(\mu L) + D\cos\mathrm{h}(\mu L)]; & \text{(d)}
\end{cases}
$$

将式(a) 和式(b) 代入式(c) 和(d) 得：

$$
\begin{cases}
[\sin\mathrm{h}(\mu L) + \sin(\mu L)]C + [\cos\mathrm{h}(\mu L) + \cos(\mu L)]D = 0\\
[-\cos\mathrm{h}(\mu L) - \cos(\mu L) + \zeta\sin(\mu L) - \zeta\sin\mathrm{h}(\mu L)]C + [\sin(\mu L) - \sin\mathrm{h}(\mu L)\\
\quad + \zeta\cos(\mu L) - \zeta\cos\mathrm{h}(\mu L)]D = 0
\end{cases}
$$

此方程组有非零解的条件为

$$
\begin{vmatrix}
\sin\mathrm{h}(\mu L) + \sin(\mu L) & \cos\mathrm{h}(\mu L) + \cos(\mu L)\\
-\cos\mathrm{h}(\mu L) - \cos(\mu L) + \zeta\sin(\mu L) - \zeta\sin\mathrm{h}(\mu L) & \sin(\mu L) - \sin\mathrm{h}(\mu L) + \zeta\cos(\mu L) - \zeta\cos\mathrm{h}(\mu L)
\end{vmatrix} = 0
$$

其中，$\zeta = \dfrac{\mu m_E a^2}{EI} = \dfrac{\mu m_E}{\rho A}$ 为常数。

此即为系统的频率方程，展开得：

$$1 + \cos\mathrm{h}(\mu L)\cos(\mu L) - \zeta[\cos\mathrm{h}(\mu L)\sin(\mu L) - \sin\mathrm{h}(\mu L)\cos(\mu L)] = 0 \quad (6\text{-}36)$$

在空载情况下，即取 $m_E = 0.0$ kg，得到频率方程

$$1 + \cos\mathrm{h}(\mu L)\cos(\mu L) = 0 \quad (6\text{-}37)$$

解此超越方程可得前五个特征根：

$$\mu L = 1.875\,1, 4.694\,09, 7.854\,76, 10.995\,5, 14.137\,2 \quad (6\text{-}38)$$

由于实验所用柔性臂参数 $\rho = 2.71\times 10^3$ kg/m$^3$，$S = 30\times 4\times 10^{-6}$ m$^2$，$L = 0.7$ m，$EI = 11.36$ N·m$^2$，则前五个特征根对应的 $\mu_i$ 如表 6-1 所示。

**表 6-1　特征根对应的 $\mu_i$**

| $\mu_1$ | $\mu_2$ | $\mu_3$ | $\mu_4$ | $\mu_5$ |
|---|---|---|---|---|
| 2.678 72 | 6.705 84 | 11.221 1 | 15.707 9 | 20.196 |

根据 $p_i = k_i^2 a$ 得前五阶固有角频率如表 6-2 所示。

**表 6-2　固有角频率**

| $p_1$ | $p_2$ | $p_3$ | $p_4$ | $p_5$ |
|---|---|---|---|---|
| 42.41 | 265.779 | 744.189 | 1458.31 | 2410.7 |

相应的 $f_i$(赫兹) 如表 6-3 所示。

**表 6-3　$f_i$**

| $f_1$ | $f_2$ | $f_3$ | $f_4$ | $f_5$ |
|---|---|---|---|---|
| 6.749 77 | 42.300 1 | 118.441 | 232.098 | 383.674 |

若末端携带质量,则会导致梁的频率下降,假设若 $m_{块}/m_{梁}=1$ 时的频率特征根为 1.247 92,4.031 14,7.134 13,10.256 6,13.387 8。

$$\text{因有}\begin{cases} A=-C; \\ B=-D; \\ D=-C\dfrac{\sin(\mu L)+\sin h(\mu L)}{\cos(\mu L)+\cos h(\mu L)} \end{cases} \tag{6-39}$$

进而求得振型函数:

$$\varphi(x)=C\cdot\left\{\sin h(\mu x)-\sin(\mu x)-\frac{\sin(\mu L)+\sin h(\mu L)}{\cos(\mu L)+\cos h(\mu L)}[\cos h(\mu x)-\cos(\mu x)]\right\} \tag{6-40}$$

于是,可以得到柔性杆件第 $i$ 阶振动模态下的横向变形量 $u_i(x,t)$ 的数学表达式为

$$\begin{aligned} w_i(x,t) &= \varphi_i(x)\cdot q_i(t) \\ &= C_i\cdot\left\{\sin h(\mu_i x)-\sin(\mu_i x)-\frac{\sin(\mu_i L)+\sin h(\mu_i L)}{\cos(\mu_i L)+\cos h(\mu_i L)}\right. \\ &\quad \left.[\cos h(\mu_i x)-\cos(\mu_i x)]\right\}\cdot\sin(p_i t) \end{aligned} \tag{6-41}$$

式中,$\varphi_i(x)$ 表示第 $i$ 阶振型函数;$p_i$ 为柔性臂杆的约束第 $i$ 阶模态固有角频率;$C_i$ 为常数,表示第 $i$ 阶振型函数的系数。

注意:振型函数的正交性与大负载柔性机械臂具体边界条件有关。

当柔性臂边界条件为自由端时(即末端没有负载),振型函数正交性为

$$\begin{cases} \rho A\displaystyle\int_0^L \varphi_i(x)\cdot\varphi_j(x)\mathrm{d}x=0 \\ EI\displaystyle\int_0^L \varphi_i''(x)\cdot\varphi_j''(x)\mathrm{d}x=0 \end{cases}\quad(i\neq j) \tag{6-42}$$

$$\begin{cases} \rho A\displaystyle\int_0^L \varphi_i(x)\cdot\varphi_i(x)\mathrm{d}x=1 \\ EI\displaystyle\int_0^L \varphi_i''(x)\cdot\varphi_i''(x)\mathrm{d}x=p_i^2 \end{cases}\quad(i=j) \tag{6-43}$$

末端附有集中质量时的正交性条件为

$$\begin{cases} \text{对于质量}:\rho A\displaystyle\int_0^L \varphi_i(x)\cdot\varphi_j(x)\mathrm{d}x+m_E\varphi_i(L)\cdot\varphi_j(L)=M_i \\ \text{对于刚度}:EI\displaystyle\int_0^L \varphi_i''(x)\cdot\varphi_j''(x)\mathrm{d}x=K_i \end{cases} \tag{6-44}$$

式中,$M_i$ 称为大负载柔性臂模型第 $i$ 阶振型的广义质量;$K_i$ 称为大负载柔性臂模型第 $i$ 阶振型的广义刚度。$M_i$ 与 $K_i$ 的取值由柔性机械臂系统的振型函数决定,它们之间的关系为 $\dfrac{K_i}{M_i}=p_i^2$。即等于大负载柔性机械臂系统与之对应的角频率的平方。

如振型函数满足 $M_i = 1$，则称其为正则振型函数。在一般情况下，为了计算需求，常将模型主振型正则化，取 $M_i = 1$ 解得的 $\varphi_i(x)$ 即为正则振型函数，此时 $K_i = p_i^2$。

根据上述推导可以得出，悬臂梁在不同边界条件下的振型函数如图 6-2 ～ 图 6-5 所示，边界条件分别为自由端以及末端负载质量分别为臂杆质量的 1 倍、10 倍、100 倍。

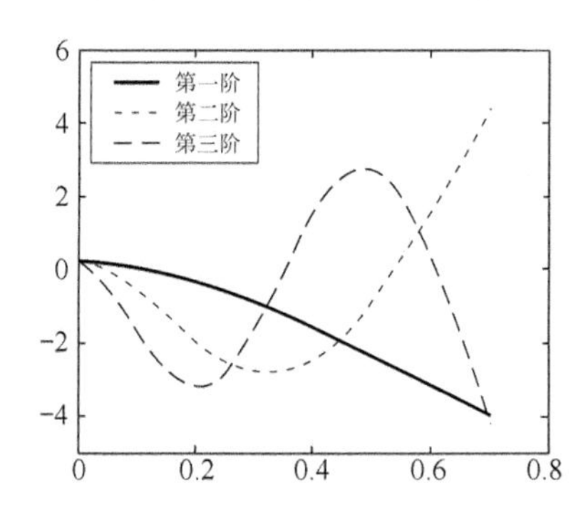


图 6-2　自由端悬臂梁振型函数

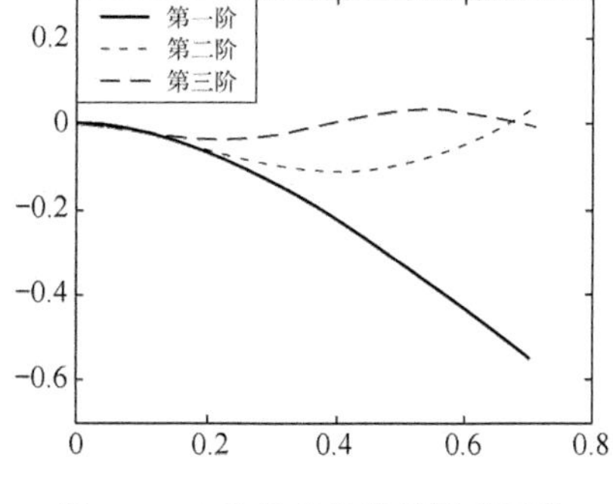


图 6-3　1 倍负载悬臂梁振型函数

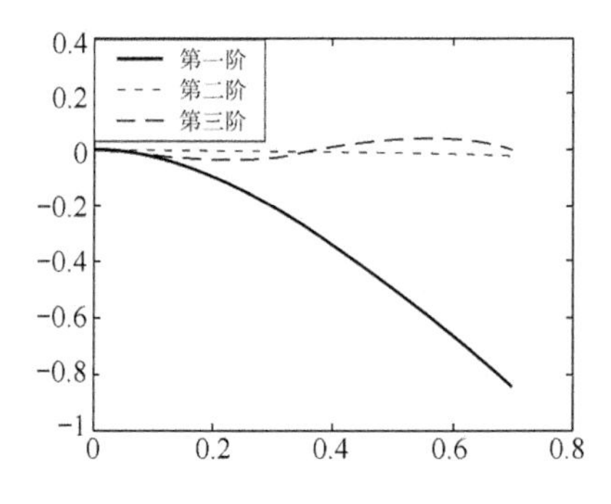


图 6-4　10 倍负载悬臂梁振型函数

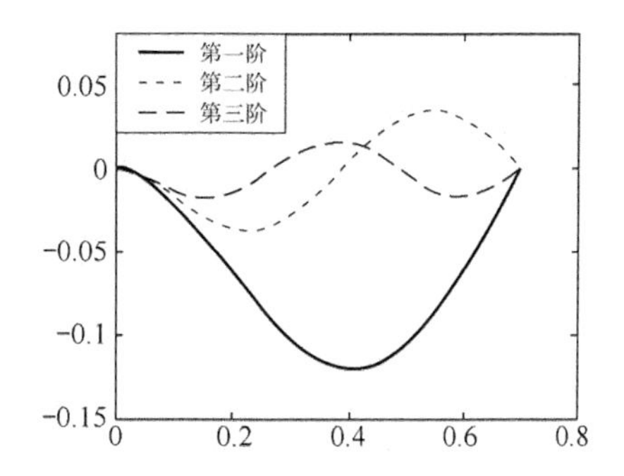


图 6-5　100 倍负载悬臂梁振型函数

此时引入正则坐标 $q_i(t)$，整个臂杆的柔性变形就可以表示为前 $n$ 阶正则主振型的线性叠加：

$$w(x,t) = \sum_{i=1}^{n} w_i(x,t) = \sum_{i=1}^{n} \varphi_i(x) \cdot q_i(t) \tag{6-45}$$

## 6.4　大负载单柔杆的运动学分析

在图 6-6 中，$Z$ 为柔性机械臂上任意一点，其相对变形用 $w(x,t)$ 表示，令 $w(x,t) = \sum_{i=1}^{S} \varphi_i(x) q_i(t)$。式中，$q_i(t)$ 为模态坐标；$\varphi_i(x)(i = 1,2,\cdots,S)$ 为 $S$ 个线性无关的基函数。由于所设计的模型为柔性机械臂，所以，可以将系统基函数定义为大负载柔性机械臂的振型函数。$Z$ 点的坐标在惯性参考系中可表示为

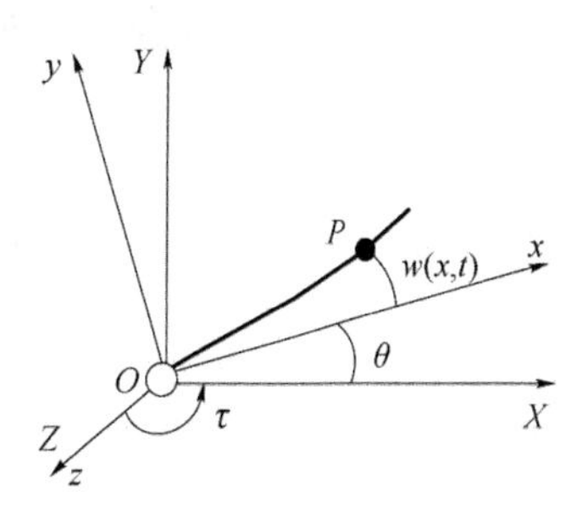


图 6-6　单自由度柔性机械臂

$$\begin{cases} X = x\cos\theta - w(x,t)\sin\theta \\ Y = x\sin\theta + w(x,t)\cos\theta \end{cases} \tag{6-46}$$

将 $Z$ 点坐标转化到 $Oxyz$ 坐标，并用 $\boldsymbol{i}'$、$\boldsymbol{j}'$、$\boldsymbol{k}'$ 表示为

$$S_{\mathrm{P}} = x\boldsymbol{i}' + w(x,t)\boldsymbol{j}' \tag{6-47}$$

将位移表达式(6-47) 对时间 $t$ 求导便可得到所需点的速度为

$$v_{\mathrm{P}} = x\dot{\boldsymbol{i}}' + \dot{w}(x,t)\boldsymbol{j}' + w(x,t)\dot{\boldsymbol{j}}' \tag{6-48}$$

式中，

$$\begin{aligned} \dot{\boldsymbol{i}}' &= \frac{\mathrm{d}\boldsymbol{i}'}{\mathrm{d}t} = \omega_{\mathrm{o}} \times \boldsymbol{i}' = \dot{\theta}\boldsymbol{j}' \\ \dot{\boldsymbol{j}}' &= \frac{\mathrm{d}\boldsymbol{j}'}{\mathrm{d}t} = \omega_{\mathrm{o}} \times \boldsymbol{j}' = -\dot{\theta}\boldsymbol{i}' \end{aligned} \tag{6-49}$$

$v_{\mathrm{P}}$ 可简化为

$$v_{\mathrm{P}} = -\dot{\theta}w(x,t)\boldsymbol{i}' + [x\dot{\theta} + \dot{w}(x,t)]\boldsymbol{j}' \tag{6-50}$$

若要求末端质量块的速度，则将 $x = L$ 代入式(6-50)：

$$v_{\mathrm{PM}} = -\dot{\theta}w(L,t)\boldsymbol{i}' + [L\dot{\theta} + \dot{w}(L,t)]\boldsymbol{j}' \tag{6-51}$$

从而，$P$ 点的加速度为

$$a_{\mathrm{P}} = \frac{\mathrm{d}v_{\mathrm{P}}}{\mathrm{d}t} = -[x\dot{\theta}^2 + \ddot{\theta}w(x,t) + 2\dot{\theta}\dot{w}(x,t)]\boldsymbol{i}' + [x\ddot{\theta} + \ddot{w}(x,t) - \dot{\theta}^2 w(x,t)]\boldsymbol{j}' \tag{6-52}$$

将 $w(x,t) = \sum_{i=1}^{S}\varphi_i(x)q_i(t)$ 代入可得

$$\begin{aligned} a_{\mathrm{P}} = &-[x\dot{\theta}^2 + \ddot{\theta}\sum_{i=1}^{S}\varphi_i(x)q_i(t) + 2\dot{\theta}\sum_{i=1}^{S}\varphi_i(x)\dot{q}_i(t)]\boldsymbol{i}' \\ &+ [x\ddot{\theta} + \sum_{i=1}^{S}\varphi_i(x)\ddot{q}_i(t) - \dot{\theta}^2\sum_{i=1}^{S}\varphi_i(x)q_i(t)]\boldsymbol{j}' \end{aligned} \tag{6-53}$$

将 $x = L$ 代入式(6-63) 可得末端集中质量块的加速度为

$$\begin{aligned} a_{\mathrm{PM}} = &-\left[L\dot{\theta}^2 + \ddot{\theta}\sum_{i=1}^{S}\varphi_i(L)q_i(t) + 2\dot{\theta}\sum_{i=1}^{S}\varphi_i(L)\dot{q}_i(t)\right]\boldsymbol{i}' \\ &+ \left[L\ddot{\theta} + \sum_{i=1}^{S}\varphi_i(L)\ddot{q}_i(t) - \dot{\theta}^2\sum_{i=1}^{S}\varphi_i(L)q_i(t)\right]\boldsymbol{j}' \end{aligned} \tag{6-54}$$

## 6.5 大负载单柔杆的动力学建模

### 6.5.1 广义速率、偏速度和偏角速度

利用 Kane 方法对系统的模型进行描述时，需要进行相关坐标的选择，假若每天系统的坐标都有一个与之对应的自由度，则可以将相关坐标称为系统的广义坐标。本节现设 $q_1,\cdots,q_N$ 为大幅在柔性机械臂系统的广义坐标，$\dot{q}_1,\cdots,\dot{q}_N$ 为系统的广义速度。

如果在系统中，点的速度和体的角速度可表示为广义速率的线性函数组合，则广义速率的系数称为“偏速度”和“偏角速度”。偏速度和偏角速度在 Kane 方法中有着重要的作用。同一系统广义速率可以有不同的选取方案，系统中的同一质量和同一物体也将有不同的偏速度和偏角速度。选取广义速率的原则不但是能够反解出广义速度，还应尽量使偏速度和偏角速度的表达式简单，从而使所建立的动力学方程耦合程度减弱，便于求解。

在实际运用中，设计者们可以将广义速率简化成为广义速度，也可以设计成为相关广义速度的组合。根据运动学知识写出柔性机械臂各个点的速度和机械臂转角速度的广义速率表达式，从而得出大负载柔性机械臂系统模型中的偏速度，以及柔性机械臂系统的偏角速度。

柔性机械臂的运动为随动参考系的牵连运动（即大范围的刚体运动），和相对于动参考系的相对运动（即弹性变形）两部分运动的叠加。则系统的广义坐标取为$[\theta,q_1,\cdots,q_N]$。

所以，在此令广义速率为

$$Y=[\dot{\theta},\dot{q}_1,\dot{q}_2,\cdots,\dot{q}_N] \tag{6-55}$$

则对应 $\dot{\theta}$ 的偏角速度可表示为

$$\frac{\partial\omega}{\partial\dot{\theta}}=\boldsymbol{k}' \tag{6-56}$$

对应 $\dot{q}_i$ 的偏速度可表示为

$$\frac{\partial\omega}{\partial\dot{q}_i}=0 \tag{6-57}$$

大负载柔性机械臂上任意一点 $P^*$ 对应 $\dot{\theta}$ 的偏速度可表示为

$$\frac{\partial v_{P^*}}{\partial\dot{\theta}}=-w(x,t)\boldsymbol{i}'+x\boldsymbol{j}' \tag{6-58}$$

对应 $\dot{q}_i$ 的偏速度可表示为

$$\frac{\partial v_{P^*}}{\partial\dot{q}_i}=\varphi_i\boldsymbol{j}' \tag{6-59}$$

大负载柔性机械臂末端集中质量块对应 $\dot{\theta}$ 的偏速度可表示为

$$\frac{\partial v_{\mathrm{PM}}}{\partial\dot{\theta}}=-w(L,t)\boldsymbol{i}'+L\boldsymbol{j}' \tag{6-60}$$

大负载柔性机械臂末端集中质量块对应 $\dot{q}_i$ 的偏速度可表示为

$$\frac{\partial v_{\mathrm{PM}}}{\partial\dot{q}_i}=\varphi_i(L)\boldsymbol{j}' \tag{6-61}$$

### 6.5.2　动力学方程

根据 Kane 方程，施加于柔性机械臂上的广义主动力和广义惯性力之和应等于零，则有

$$F_l+F_l^*=0\quad(l=1,2,\cdots,N) \tag{6-62}$$

式中，$F_l$ 和 $F_l^*$ 分别表示广义主动力和广义惯性力。$l$ 代表由 Kane 方程定义的广义速率的每个分量。

根据上述原理可以得出，偏速度实际上是某些特定基向量或它们的线性组合。因此，广

义主动力或广义惯性力就是系统内全部主动力或惯性力沿这些特定基向量方向的投影，且由于理想约束力与被称之为偏速度或偏角速度的特殊基向量正交，方程中就不会出现理想约束力。

大负载柔性机械臂系统的本质可以认为是由有限个微元段结合而成，根据 Kane 方法，可以写出方程为

$$\begin{cases} F_{\dot{\theta}} + \int_E F^*_{E\dot{\theta}} + F^*_{M\dot{\theta}} + F^*_{H\dot{\theta}} = 0 \\ F_{\dot{q}_i} + \int_E F_{E\dot{q}_i} + F^*_{M\dot{q}_i} + F^*_{H\dot{q}_i} = 0 \end{cases} \tag{6-63}$$

**1. 广义惯性力**

可以得出大负载柔性臂杆微元的广义惯性力为

$$F^*_{E\dot{\theta}} = -m^E a_{P^*} \cdot \frac{\partial v_{P^*}}{\partial \dot{\theta}} \tag{6-64}$$

$$F^*_{E\dot{q}_i} = -m^E a_{P^*} \cdot \frac{\partial v_{P^*}}{\partial \dot{q}_i} \tag{6-65}$$

其中 $m^E$ 是大负载柔性机械臂上微元段 $E$ 的质量，且 $m^E = \rho A \mathrm{d}x$。

末端集中质量块产生的广义惯性力为

$$F^*_{M\dot{\theta}} = -m_E a_{PM} \cdot \frac{\partial v_{PM}}{\partial \dot{\theta}} \tag{6-66}$$

$$F^*_{M\dot{q}_i} = -m_E a_{PM} \cdot \frac{\partial v_{PM}}{\partial \dot{q}_i} \tag{6-67}$$

转轴的广义惯性力为

$$F^*_{H\dot{\theta}} = -J_h a \cdot \frac{\partial \omega}{\partial \dot{\theta}} \tag{6-68}$$

$$F^*_{H\dot{q}_i} = -J_h a \cdot \frac{\partial \omega}{\partial \dot{q}_i} \tag{6-69}$$

整理并忽略耦合项以及广义坐标的二阶以及二阶以上项得

$$\int_E F^*_{E\dot{\theta}} = -\frac{1}{3}\rho A L^3 - \int_0^L \rho A x \varphi_i \mathrm{d}x \ddot{q}_i \tag{6-70}$$

$$\int_E F^*_{E\dot{q}_i} = -\int_0^L \rho A \mathrm{d}x (x\varphi_i \ddot{\theta} + \varphi_i^2 \ddot{q}_i) \tag{6-71}$$

$$\int_E F^*_{E\dot{q}_i} = -\left(\int_0^L \rho A x \varphi_i \mathrm{d}x \ddot{\theta} + \ddot{q}_i\right) \tag{6-72}$$

$$F^*_{M\dot{\theta}} = -m_E L^2 \ddot{\theta} - m_E L \varphi_i(L) \ddot{q}_i \tag{6-73}$$

$$F^*_{M\dot{q}_i} = -m_E [L\varphi_i(L)\ddot{\theta} + \varphi_i^2(L)\ddot{q}_i - \varphi_i^2(L) q_i \dot{\theta}^2] \tag{6-74}$$

$$F_{H\dot{\theta}} = -J_h \ddot{\theta} \tag{6-75}$$

$$F^*_{H\dot{q}_i} = 0 \tag{6-76}$$

**2. 广义主动力**

大负载柔性机械臂上起到主要作用的广义主动力包括重力、弹性回复力和外加驱动力。其中，根据实际实验、工程条件，机械臂的重力的影响可以忽略不计，则广义主动力可以表

示为

$$F_{\dot{\theta}} = \tau(t) \tag{6-77}$$

$$F_{\dot{q}_i} = -\boldsymbol{K}_{ij} q_i \tag{6-78}$$

式中，$F_{\dot{\theta}}$ 是柔性臂系统外加驱动力；$F_{\dot{q}_i}$ 是系统弹性回复力；$\boldsymbol{K}_{ij}$ 是柔性臂系统的模态刚度矩阵。此时 $\boldsymbol{K}_i = p_i^2$。

根据Kane方程相关原理，以及上文中推导出的广义主动力与广义惯性力的关系可以得出大负载柔性机械臂的动力学方程。

对于广义速率 $\dot{\theta}$，得

$$\tau - \frac{1}{3}\rho A L^3 \ddot{\theta} - \int_0^L \rho A x \varphi_i \mathrm{d}x \ddot{q}_i - m_E L^2 \ddot{\theta} - m_E L \varphi_i(L) \ddot{q}_i - J_h \ddot{\theta} = 0 \tag{6-79}$$

对于广义速率 $\dot{q}_i$，得

$$\left[\rho A \int_0^L x\varphi_i \mathrm{d}x \ddot{\theta} + m_E L \varphi_i(L)\right] + \left[1 + m_E \varphi_i^2(L)\right]\ddot{q} + \left[\omega_i^2 - \dot{\theta}^2 - m_E \varphi_i^2(L) q_i \dot{\theta}\right] q_i = 0 \tag{6-80}$$

则可得大负载柔性机械臂的动力学方程为

$$\begin{cases} \left(J_h + \dfrac{1}{3}\rho A L^3 + m_E L^2\right)\ddot{\theta} + \displaystyle\sum_{i=1}^{N}\left[\rho A \int_0^L x\varphi_i \mathrm{d}x + m_E \varphi_i(L)\right]\ddot{q}_i = \tau \\ \left[\rho A \displaystyle\int_0^L x\varphi_{\mathrm{p}} \mathrm{d}x + m_E L \phi_P(L)\right]\ddot{\theta} + (1 + m_E \varphi_P^2(L)[\ddot{q}_P + \omega_P^2 - \dot{\theta}^2 - m_E \varphi_P^2(L)\dot{\theta}^2] q_P = 0 \end{cases} \tag{6-81}$$

对于大负载柔性机械臂系统来说，在对其进行动力学仿真时，以及接下来进行控制器设计的工作时，由于模态坐标的阶数是无穷的，所以设计者在需要满足最后结果的精度的条件下，对系统的模态坐标阶数进行截取。根据相关研究表明，弹性模态 $q_1$、$\dot{q}_1$ 对输出的贡献比高阶模态贡献大得多，因此，在推导柔性臂动力学模型的时候可以仅保留一阶模态。

令 $a = J_{\mathrm{h}} + \frac{1}{3}\rho A L^3, b_i = \rho A \int_0^L x\varphi_i(x)\mathrm{d}x, c = m_E \varphi_1^2(L)$。

选取状态变量 $\{x_1, x_2, x_3, x_4\}^{\mathrm{T}} = \{\theta, \dot{\theta}, q_1, \dot{q}_1\}^{\mathrm{T}}$

将大负载柔性机械臂动力学方程写成 $\dot{\boldsymbol{X}} = \boldsymbol{AX} + \boldsymbol{B\tau}$ 的形式可得到：

$$\begin{bmatrix} \dot{x}_1 \\ \dot{x}_2 \\ \dot{x}_3 \\ \dot{x}_4 \end{bmatrix} = \begin{bmatrix} 0 & 1 & 0 & 0 \\ 0 & 0 & \dfrac{b_1\omega_1^2}{a(1+c) - b_1^2} & 0 \\ 0 & 0 & 0 & 1 \\ 0 & 0 & -\dfrac{a\omega_1^2}{a(1+c) - b_1^2} & 0 \end{bmatrix} \cdot \begin{bmatrix} x_1 \\ x_2 \\ x_3 \\ x_4 \end{bmatrix} + \begin{bmatrix} 0 \\ \dfrac{1}{a(1+c) - b_1^2} \\ 0 \\ -\dfrac{b_1}{a(1+c) - b_1^2} \end{bmatrix} \tau \tag{6-82}$$

研究机械臂末端位置，则输出方程为

$$y = CX = \begin{bmatrix} L & 0 & \varphi_1(L) & 0 \end{bmatrix} \begin{bmatrix} x_1 \\ x_2 \\ x_3 \\ x_4 \end{bmatrix} \tag{6-83}$$

**3. 大负载单连杆柔性臂模型的数值仿真试验**

柔性臂参数为 $\rho = 2.71 \times 10^3\ \mathrm{kg/m^3}$，$A = 30 \times 4 \times 10^{-6}\ \mathrm{m^2}$，$L = 0.7\ \mathrm{m}$，$EI = 11.36\ \mathrm{N \cdot m^2}$。当末端为自由端时(即 $m_{块} = 0$)，

则求得矩阵 $\boldsymbol{A}$ 为 $\begin{bmatrix} 0 & 1 & 0 & 0 \\ 0 & 0 & 2.146\,0 \times 10^4 & 0 \\ 0 & 0 & 0 & 1 \\ 0 & 0 & -5.850\,7 \times 10^3 & 0 \end{bmatrix}$，矩阵 $\boldsymbol{B}$ 为 $\begin{bmatrix} 0 \\ 63.694\,3 \\ 0 \\ -12.101\,9 \end{bmatrix}$，矩阵 $\boldsymbol{C}$ 为 $[0.7 \quad 0 \quad -2.724\,4 \quad 0]$。

当末端集中质量为 $m_{块} = m_{杆}$ 时，

则求得矩阵 $\boldsymbol{A}$ 为 $\begin{bmatrix} 0 & 1 & 0 & 0 \\ 0 & 0 & 239.175\,0 & 0 \\ 0 & 0 & 0 & 1 \\ 0 & 0 & -350.603\,9 & 0 \end{bmatrix}$，矩阵 $\boldsymbol{B}$ 为 $\begin{bmatrix} 0 \\ 6.592\,7 \\ 0 \\ -0.687\,5 \end{bmatrix}$，矩阵 $\boldsymbol{C}$ 为 $[0.7 \quad 0 \quad -0.547\,3 \quad 0]$。

当末端集中质量为 $m_{块} = 10m_{杆}$ 时，

则求得矩阵 $\boldsymbol{A}$ 为 $\begin{bmatrix} 0 & 1 & 0 & 0 \\ 0 & 0 & 50.598\,8 & 0 \\ 0 & 0 & 0 & 1 \\ 0 & 0 & -42.660\,3 & 0 \end{bmatrix}$，矩阵 $\boldsymbol{B}$ 为 $\begin{bmatrix} 0 \\ 2.284\,3 \\ 0 \\ -1.203\,6 \end{bmatrix}$，矩阵 $\boldsymbol{C}$ 为 $[0.7 \quad 0 \quad -0.845\,5 \quad 0]$。

在 MatLab 环境中采用 RK 法(其指令为 ode45，普通 4－5 阶 Runge－Kutta 法求解常微分方程)对柔性机械臂进行动力学数值求解，步长取 0.001 s，输入信号为单位阶跃信号，数值结果如图 6-6 ～ 图 6-8 所示。

从图中可以看出，对于不考虑自身阻尼的柔性机械臂模型，模态坐标在一经激发后就不停地振动下去，不停抖动，无法停止，并且，由于末端负载的改变，使柔性机械臂自身频率发生变化。从图中可以看出，末端负载的质量不同，在一经激发之后，模态坐标的抖动频率也有很大差别，从而证明了模型的准确性、有效性。因此，需要在大负载柔性机械臂的动力学模型的基础上，进行振动控制器的设计，使得末端振动幅值降低以及收敛速度变快。

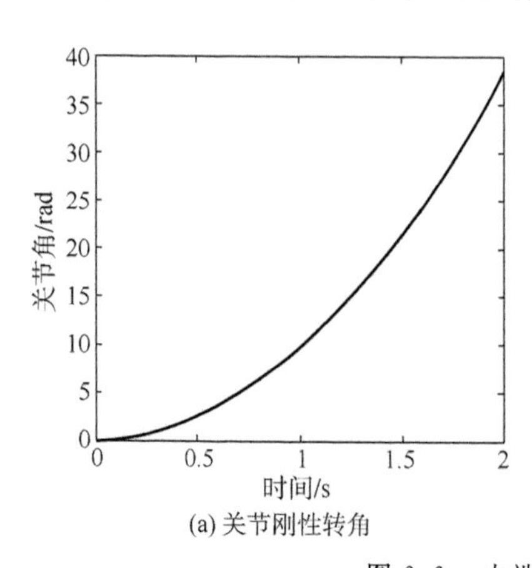

(a) 关节刚性转角

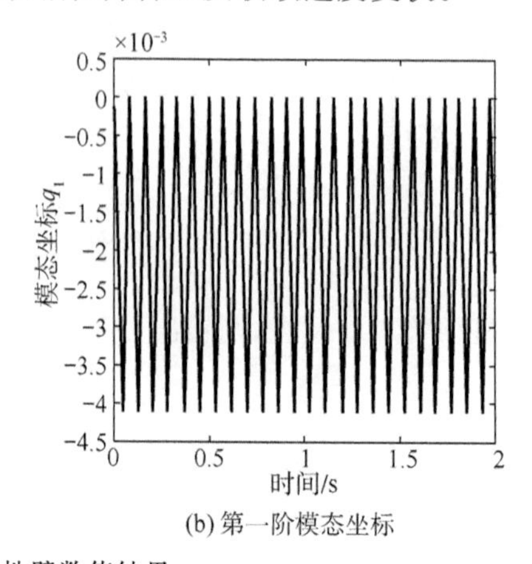

(b) 第一阶模态坐标

图 6-6 由端柔性臂数值结果

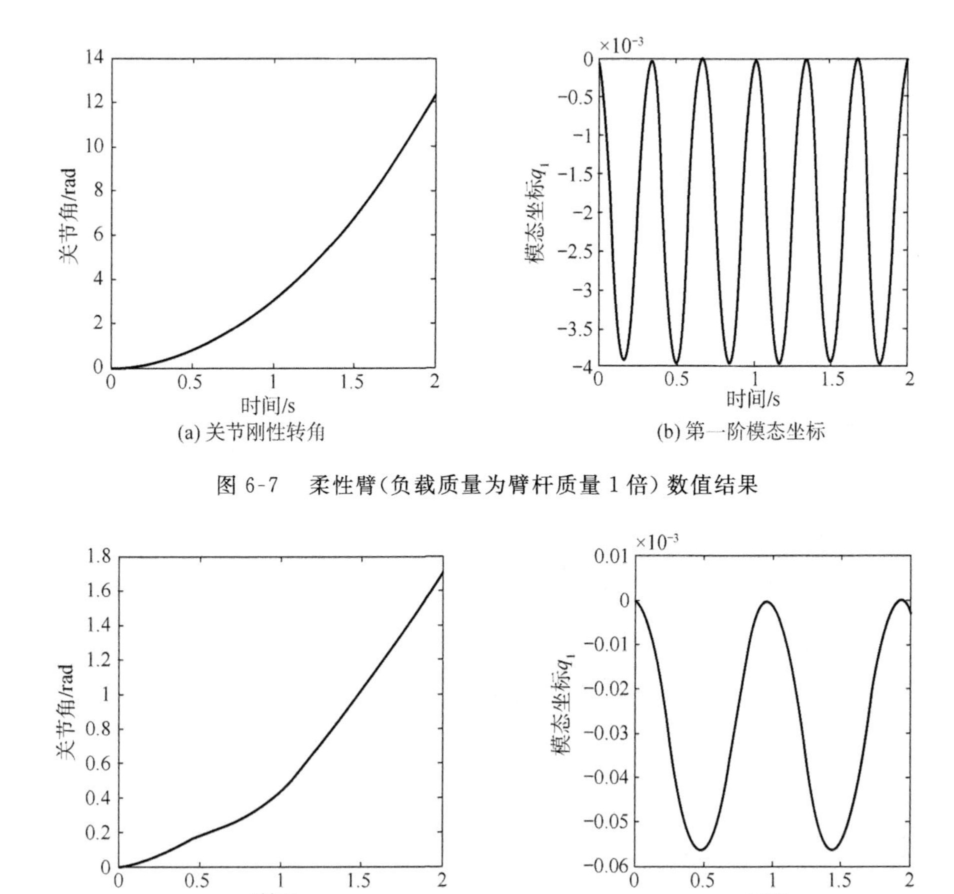


图 6-7 柔性臂(负载质量为臂杆质量 1 倍) 数值结果

图 6-8 柔性臂(负载质量为臂杆质量 10 倍) 数值结果

## 6.6 本章小结

根据大负载柔性机械臂的特点,对其进行了弯曲振动模态分析,推导出了大负载柔性机械臂的频率方程以及其振型函数的表达式,分析了大负载条件下振型的正交性条件,建立了大负载柔性机械臂振动微分方程,并根据Kane方法,对大负载柔性臂进行了动力学建模,得出了大负载柔性机械臂的一致线性化动力学方程。最后选取了广义模态坐标向量作为系统状态向量,将动力学方程转变成为了状态空间表达式,并对柔性机械臂进行了数值分析。

# 第7章　大负载柔体机器人的振动控制

## 7.1　引言

本章首先运用奇异摄动法对大负载柔体机器人系统进行分解，并设计动态滑模控制器以及最优控制器；然后在建立大负载柔性臂动力学模型的基础上，运用奇异摄动理论将大负载柔性臂系统分解为慢变和快变两个系统：慢变系统反应了柔性臂运动的主要规律，它代表了其刚性运动变化规律；而快变系统代表了柔性臂振动规律，它是系统的小范围运动的总结。并且分别针对两个系统设计了动态滑模控制方案与最优控制方案。最后利用状态反馈控制设计方法对系统进行了振动抑制。

## 7.2　基于奇异摄动的系统分解

在过去的几十年中，奇异摄动方法在控制工程应用研究是一个非常活跃的研究领域，控制工程师通常根据实际情况中需要处理的问题适当简化系统的模型。通过利用系统状态变量时间尺度上的差异，奇异摄动方法在解决高阶系统控制器设计时可以将其分解为两个(或更多)低阶系统。

首先通过忽略控制系统的快速变化现象，利用奇异摄动法可以得到系统简化解。系统的稳态解代表了其缓慢变化的现象，在系统中起着重要的作用。其次是使用“拉伸”的时间刻度校正系统的边界层修正项，这是一个简化解(忽略快变化的现象)和完整解的一次近似值。将简化解加上校正项便可以提高系统近似精度。这样做不仅可以减少需要进行控制的系统的几次，并且由于控制系统与快/慢变量分离，消除其“刚性”的问题，因此，所需的计算量显著下降。奇异摄动法的另外一个优点在于它的基础并不是系统的线性特性，而是系统的时间尺度特性。

奇异摄动法解的本质是利用系统的双重时间尺度得到的一种近似解，所以，奇异摄动法的核心为：在不相同的时间尺度上对系统进行求解，这样就可以避免由于奇异摄动而引起的不连续性。

设奇异摄动线性时不变系统为

$$\begin{cases}\dot{x}_1(t)=A_{11}x_1(t)+A_{12}x_2(t)+B_1u(t)\\ \mu\dot{x}_2(t)=A_{21}x_1(t)+\boldsymbol{A}_{22}x_2(t)+B_2u(t)\\ y(t)=C_1x_1(t)+C_2x_x(t)\end{cases}\tag{7-1}$$

式中，$x_1$ 为 $n_1$ 维慢变系统状态变量；$x_2$ 为 $n_2$ 维快变系统状态变量(其中 $n_1+n_2=n$)，$n$ 为原系统的阶次；$u(t)$ 为系统的输入向量；$y(t)$ 为输出向量；$\mu$ 为小参量。

在奇异摄动法中有基本的假设：在快变化量保持其暂态的过程中，慢变化量会一直保持其常值状态，但当可以明显看出慢变化量的变化时，快变化量的暂态过程已经完成，并且达到其稳态值。设式(7-1)中的 $\boldsymbol{A}_{22}$ 为非奇异矩阵，即矩阵的逆存在，并且系统变量 $x_2$ 为渐近稳定的，则当 $\mu\rightarrow 0$ 时，系统可以简化为

$$\begin{cases}\dot{x}_{1s}=A_{11}x_{1s}+A_{12}x_{2s}+B_1u_s\\ 0=A_{21}x_{1s}+\boldsymbol{A}_{22}x_{2s}+B_2u_s\\ y_s=C_1x_{1s}+C_2x_{2s}\end{cases}\tag{7-2}$$

式(7-2)中，下标 $s$ 表示系统的慢变分量。从式中可以得出

$$x_{2s}=-\boldsymbol{A}_{22}^{-1}(A_{21}x_{1s}+B_2u_s)\tag{7-3}$$

式中，$x_{2s}$ 是快变化量 $x_2$ 的准稳态值，将式(7-3)代入式(7-2)可得

$$\begin{cases}\dot{x}_{1s}=A_sx_{1s}+B_su_s\\ y_s=C_sx_{1s}+D_su_s\end{cases}\tag{7-4}$$

其中：

$$\begin{aligned}A_s&=A_{11}-A_{12}\boldsymbol{A}_{22}^{-1}A_{21}\\ B_s&=B_1-A_{12}\boldsymbol{A}_{22}^{-1}B_2\\ C_s&=C_1-C_2\boldsymbol{A}_{22}^{-1}A_{21}\\ D_s&=-C_2\boldsymbol{A}_{22}^{-1}B_2\end{aligned}\tag{7-5}$$

则，由式(7-2)和式(7-4)可以推出：

$$\mu(\dot{x}_2-\dot{x}_{2s})=\boldsymbol{A}_{22}(x_2-x_{2s})+B_2(u-u_s)\tag{7-6}$$

而对于快变系统，可令 $\dot{x}_f=\dot{x}_2-\dot{x}_{2s}$，$u_f=u-u_s$，$y_f=y-y_s$，则可以推出快变系统的状态方程为

$$\begin{cases}\mu\dot{x}_f=A_{22}x_f+B_2u_f\\ y_f=C_2x_f\end{cases}\tag{7-7}$$

到此就将原系统分解成了两个低阶系统，为以后的工作奠定了基础。将系统模型进行简化之后，便可以分别对快、慢两个子系统设计控制律，而其中的控制律为慢变控制律与快变控制律之和，即 $u=u_s+u_f$。

## 7.3　滑模变结构控制器设计

### 7.3.1　滑模变结构控制

由于滑动模态是可以进行设计的，而且滑动模态与目标对象参数以及外界扰动均没有

关系，所以滑模变结构控制具有的特点：对系统参数变化以及外界扰动的不灵敏性；具有快速的响应；不需要进行系统在线辨识，便容易实现。而该方法的缺点主要是由于当状态变量的轨迹到达事先设计好的滑模面时，向平衡点移动时很难光滑地进行，在实际情况中，状态轨迹会沿着滑模面的两边进行穿越，这就会使系统产生抖振，这也是在进行滑模变结构控制策略设计时会遇到的一大问题。

变结构控制成为了自控系统的一种经常使用的设计方法，此方法适用于线性与非线性系统、连续与离散系统以及确定性与不确定性系统等，并且也已在工程中得到了推广。

## 7.3.2 滑模变结构控制器设计

滑模变结构控制与其他常规控制策略的主要区别在于控制系统不是连续的，它是一种开关特性，会使得控制系统的结构随着时间的变化而变化。由于滑模变结构控制的这种特点的存在，所以使得控制系统会在一定的条件下沿着实现制定好的状态轨迹作小幅、高频的运动，即所谓的滑模运动。由于这种模态可以被设计，并且与控制系统基本参数还有外界的扰动等一些参数无关，所以，运用滑模控制的系统就会具有很好的鲁棒性。

**1. 滑动模态的定义以及其数学描述**

一般情况下，设系统为

$$\dot{x} = f(x) \quad x \in \mathbf{R}^n \tag{7-8}$$

在系统的状态空间中，存在一个切换面：$t(x) = t(x_1, x_2, \cdots, x_n) = 0$，则这个切换面会将系统的状态空间分成两部分 $t > 0$ 以及 $t < 0$。显然，系统的状态变量在切换面上的运动情况有以下三种。

(1) 一般点：状态变量运动到切换面 $t = 0$ 附近时，穿越此点而过；

(2) 开始点：状态变量运动到切换面 $t = 0$ 附近时，从切换面的两边离开该点；

(3) 截止点：状态变量运动到切换面 $t = 0$ 附近时，从切换面的两侧趋近于该点。

当讨论滑模控制时，上述前两种情况并无太多的意义，而一般关注的焦点都集中在截止点上，因为它具有特殊的含义。因为，当系统的状态变量运动到切换面的某个区域时，运动点均为截止点，则状态变量趋近于该区域时，会被吸引至该区域内做运动。这些运动点都是截止点的区域，称为滑模区。所以，系统在滑模区域内的运动均称为滑模运动。

当运动点到达了切换面 $t(x) = 0$ 附近时，必定会存在：

$$\lim_{s \to 0^+} \dot{t} \leqslant 0 \text{ 以及} \lim_{s \to 0^-} \dot{t} \geqslant 0 \text{ 或者} \lim_{s \to 0^+} \dot{t} \leqslant 0 \leqslant \lim_{s \to 0^-} \dot{t}$$

上式可以改写成为

$$\lim_{s \to 0} t\dot{t} \leqslant 0 \tag{7-9}$$

这个不等式就会对系统提出一个与 Lyapunov 函数必要条件类似的条件：$(v(x_1, x_2, \cdots, x_n) = [t(x_1, x_2, \cdots, x_n)]^2)$。

由于在切换面相邻区域内的函数式为正定，按照式(7-9)，$t^2$ 的导数是负半定的，因此，如果满足式(7-9)，则式 $v(x_1, x_2, \cdots, x_n) = [t(x_1, x_2, \cdots, x_n)]^2$ 是系统的一个条件。则系统也就稳定于条件 $t = 0$。

**2. 滑模变结构控制的定义**

在讨论滑模变结构控制时有如下几个基本问题：

假设有控制系统

$$\dot{x} = f(x,u,p) \quad x \in \mathbf{R}^n, u \in \mathbf{R}^n, p \in \mathbf{R} \tag{7-10}$$

则需要确定切换函数：

$$t(x), t \in \mathbf{R}^m \tag{7-11}$$

求解控制函数：

$$u = \begin{cases} u^+(x) & t(x) > 0 \\ u^-(x) & t(x) < 0 \end{cases} \tag{7-12}$$

其中，$u^+(x) \neq u^-(x)$，使得

(1) 滑动模态存在，即式(7-12) 成立。

(2) 满足到达条件，在切换面 $t(x) = 0$ 以外的其他点都会在一定的时间内达到切换面。

(3) 要保证系统沿切换面进行的低幅高速滑模运动时的稳定性。

(4) 需要满足控制系统相关运动所需要的品质要求。

上述四个问题中，前三个是滑模变结构控制的基本问题，在满足前三个问题的情况下才可称之为滑模变结构控制。

### 7.3.3 抖振问题

在实际系统中，非理想的开关特性、系统惯性的影响以及控制量是有限的，且运用计算机进行采样可能遇到不同步现象，这些现象都会被叠加在一个平滑的、弯弯曲曲的滑动模式上。在实际应用中的变结构控制中的抖振现象也成为其运用的主要障碍。为了解决抖振，国内外的许多学者也进行了相关的研究，并且也取得了许多成果。

**1. 趋近律方法**

我国著名控制专家高为炳利用关于趋近律的概念，提出了可以削弱抖振的控制方法，通过调整趋近律相关参数后的控制系统具有良好的控制品质，它可以保证系统滑动模态的运行稳定状态，提高系统品质，又大大地削弱了滑模系统本身所固有的抖振现象，拥有极佳的实际工程运用意义。

**2. 滤波器方法**

这种方法采用不同作用的滤波器，对系统最终控制信号或者其他条件进行滤波，可以有效消除抖振。W. C. Su 设计了一种利用前、后两种不同的用来消除控制系统抖振滤波器：前滤波器的作用是将系统最终控制信号进行平滑性处理并且能同时降低系统的饱和函数边界层的厚度；而后滤波器的设置主要是为了消除系统输出时会遇到的各种噪声干扰。

**3. 模糊方法**

在控制理论的实际应用中，可以根据实际经验来设定相关的模糊规则，从而降低系统高频抖振。模糊方法平滑了控制输出信号，这就使滑模控制中的不连续信号变成了连续信号，这种方法可以减轻一般滑模控制的高频抖振现象。

## 7.4 最优控制器设计

最优控制是为了研究相关确定性系统的最优化的问题，需要明确一组控制变量从而使目标函数取到极值。如果目标函数所依赖的控制变量不随时间变化或者在一段时间内没有变化，这种最优控制问题称为静态最优控制，也称作参数的最优化。如果目标函数所依赖的控制变量是一个跟时间 $t$ 相关的函数，则称之为动态最优控制。因此，动态最优控制是将时间因数考虑进去的最优控制，动态最后控制的方法有变分法、极小(大)值原理和动态规划等方法。

### 7.4.1 最优控制的数学描述

最优控制理论的方法有两种：一是极值原理，二是动态规划方法。最优控制问题是从实际中总结出来的，而其数学描述本质是将最优控制问题用数学语言来进行表达。

**1. 受控系统数学模型**

对于一个受控系统来说，其表示方法可以用一阶常微分方程来描述，可以表示为

$$\dot{x}(t) = f[x(t), u(t), t]$$

式中，$x^{\mathrm{T}} = (x_1 \quad x_2 \quad \cdots \quad x_n)$ 是 $n$ 维状态向量；$u^{\mathrm{T}} = (u_1 \quad u_2 \quad \cdots \quad u_r)$ 是 $r$ 维控制向量；$t$ 是实数自变量；$f^{\mathrm{T}} = (f_1 \quad f_2 \quad \cdots \quad f_n)$ 是 $x$、$u$、$t$ 的 $n$ 维函数值向量。各类系统的状态方程可以按如下方法表示：

$x(t) = f[x(t), u(t)]$—— 定常非线性系统；

$x(t) = A(t)x(t) + B(t)u(t)$—— 线性时变系统；

$x(t) = Ax(t) + Bu(t)$—— 定常系统。

上述都是系统状态的特殊情况。

**2. 目标集**

如果将状态 $x(t)$ 视为 $n$ 维欧式空间的一个点，那么系统的状态转移就可以认为是 $n$ 维空间内与之对应的关键点的运动。定义 $x(t_0) = x_0$ 为起始状态，而 $x(t_f)$ 为末态。最优控制问题中起始状态通常为已知，而最终的状态是在控制过程中所要达到的目标，它可以是状态空间中一个被定义的点。

对末端状态的要求可以用如下的末端状态约束条件表示：

$$\begin{aligned} g[x(t_f), t_f] &= 0 \\ h[x(t_f), t_f] &\leqslant 0 \end{aligned} \tag{7-13}$$

终端约束定义了状态空间中一个时变或者非时变的集合，因此，目标集的意义便可以概括为满足系统末端约束的状态集合，记为 $\boldsymbol{M}$，可以表示为

$$\boldsymbol{M} = \{x(t_f) : x(t_f) \in \mathbf{R}^n\}, g[x(t_f), t_f] = 0, h[x(t_f), (t_f) \leqslant 0] \tag{7-14}$$

系统的末端状态的约束条件式(7-13)一般被称为系统目标集。

**3. 容许控制**

最优控制系统中控制向量 $\boldsymbol{u}$ 的分量 $u_i$ 可以为不同意义的控制分量。在现实中，由于控制分量受到了各种条件的限制，所以，控制量只能在一定的范围内取值。一般情况下可以将实际中的这种条件约束表达为

$$0 \leqslant u(t) \leqslant u_{\max} \tag{7-15}$$

由式(7-15)表达的是实际控制量与现实条件限制而得出的点集，称之为控制域。而容许控制的本质则是定义一个函数 $u(t)$，此函数在闭区间$[t_0, t_f]$内有定义，且函数在控制域内取值。一般情况下容许控制被假设成为一个有界连续函数，或者为分段连续函数。

**4. 性能指标**

在最优控制中，从初态到目标集的转移是通过控制律实现的。在设计时，需要寻求性能指标函数，这个性能指标函数是用于对控制效果进行评价，从而在可选择的控制律中找到效果较好的一种。

一般情况下，在选择性能指标时，需要依据对象的主要问题所在，并且也需要对控制品质进行实际估计。所以，设计控制律所依据的侧重点不同，对同一问题的性能指标也会不尽相同。

一般情况下的性能指标可以概括为

$$J = \Phi[x(t_f), t_f] + \int_{t_0}^{t_f} F[x(t), u(t), t]\mathrm{d}t \tag{7-16}$$

式中，$F$ 是动态性能指标，它是一个标量函数，是向量 $x(t)$，$u(t)$ 的函数，$\Phi$ 为标量函数，它与末端状态以及末端时间有关，$\Phi[x(t_f), t_f]$ 是末端性能指标，$J$ 为标量，对于每一个控制函数都有一个与之对应的值，$u$ 为控制函数，$u(t)$ 表示的是在 $t$ 时刻时的控制量。这种性能指标通常用于描述在有末端条件限制的最小积分控制，或者是为积分约束下的末端时间最小控制。而同时包含末端约束以及积分约束两部分的称为复合型性能指标，可以写为

$$J = C_1(t_0 - t_f) + \int_{t_0}^{t_f} f(t)\mathrm{d}t \tag{7-17}$$

式中，$t_0$ 为已知。性能指标又称为目标函数、代价函数、评价函数，性能指标函数本质上是泛函，所以，又被称之为性能指标泛函。

将最优控制问题描述为

设受控系统的状态空间表达式以及设定系统初始状态为

$$\dot{x}(t) = f[x(t), u(t), t] \tag{7-18}$$

$$x(t_0) = x_0 \tag{7-19}$$

设计的目标集为

$$\boldsymbol{M} = \{x(t_f): x(t_f) \in \mathbf{R}^n\}, g[x(t_f), t_f] = 0, h[x(t_f), (t_f) \leqslant 0] \tag{7-20}$$

需要寻找一个容许控制 $u(t)$，其中的 $t \in [t_0, t_f]$，从而使控制对象中的受控系统从初始点开始出发，在末端时刻到达目标集，这样可以使性能指标：

$$J = \Phi[x(t_f), t_f] + \int_{t_0}^{t_f} F[x(t), u(t), t]\mathrm{d}t \tag{7-21}$$

达到最小值。

## 7.5 大负载柔体机器人控制算法

### 7.5.1 混合控制方法

系统的动力学模型：

$$\begin{pmatrix} \boldsymbol{M}_{11} & \boldsymbol{M}_{12} \\ \boldsymbol{M}_{21} & \boldsymbol{M}_{22} \end{pmatrix}\begin{pmatrix} \ddot{\theta} \\ \ddot{\boldsymbol{q}} \end{pmatrix}+\begin{pmatrix} \boldsymbol{F}_1(\theta,\dot{\theta},\boldsymbol{q},\dot{\boldsymbol{q}}) \\ \boldsymbol{F}_2(\theta,\dot{\theta},\boldsymbol{q},\dot{\boldsymbol{q}})+\boldsymbol{Kq} \end{pmatrix}=\begin{pmatrix} 1 \\ 0 \end{pmatrix}\tau_m \tag{7-22}$$

式中，$\boldsymbol{M}_{ij}$ 为正定对称的广义惯性阵，$i,j=1,2$；$F=(F_1,F_2)^T$，为包含阻尼力、哥氏力和离心力的矢量；$\boldsymbol{K}=\mathrm{diag}(k_{11},k_{22})$，为正定刚度矩阵；$\theta$ 为假设的连杆刚性转角；$\boldsymbol{q}$ 为广义模态坐标矢量；$\tau_m$ 为关节的控制输入。记

$$\boldsymbol{H}=\begin{pmatrix} \boldsymbol{H}_{11} & \boldsymbol{H}_{12} \\ \boldsymbol{H}_{21} & \boldsymbol{H}_{22} \end{pmatrix}=\begin{pmatrix} \boldsymbol{M}_{11} & \boldsymbol{M}_{12} \\ \boldsymbol{M}_{21} & \boldsymbol{M}_{22} \end{pmatrix}^{-1} \tag{7-23}$$

则可将式(7-22) 化为

$$\ddot{\theta}=-\boldsymbol{H}_{11}(\boldsymbol{q})\boldsymbol{F}_1(\theta,\dot{\theta},\boldsymbol{q},\dot{\boldsymbol{q}})-\boldsymbol{H}_{12}(\boldsymbol{q})\boldsymbol{F}_2(\theta,\dot{\theta},\boldsymbol{q},\dot{\boldsymbol{q}})-\boldsymbol{H}_{12}(q)\boldsymbol{Kq}+\boldsymbol{H}_{11}(\boldsymbol{q})\tau_m \tag{7-24}$$

$$\ddot{q}=-\boldsymbol{H}_{21}(\boldsymbol{q})\boldsymbol{F}_1(\theta,\dot{\theta},\boldsymbol{q},\dot{\boldsymbol{q}})-\boldsymbol{H}_{22}(\boldsymbol{q})\boldsymbol{F}_2(\theta,\dot{\theta},\boldsymbol{q},\dot{\boldsymbol{q}})-\boldsymbol{H}_{22}(q)\boldsymbol{Kq}+\boldsymbol{H}_{21}(\boldsymbol{q})\tau_m \tag{7-25}$$

令奇异摄动比例因子 $\mu=1/\min(k_{11},k_{22})$，并引入新的状态变量 $\sigma=q/\mu$ 和 $\boldsymbol{K}_s=\mu\boldsymbol{K}$，则可将式(7-24) 和式(7-25) 转化为

$$\ddot{\theta}=-\boldsymbol{H}_{11}(\mu\sigma)\boldsymbol{F}_1(\theta,\dot{\theta},\mu\sigma,\mu\dot{\sigma})-\boldsymbol{H}_{12}(\mu\sigma)\boldsymbol{F}_2(\theta,\dot{\theta},\mu\sigma,\mu\dot{\sigma})-\boldsymbol{H}_{12}(\mu\sigma)\boldsymbol{K}_s\sigma+\boldsymbol{H}_{11}(\mu\sigma)\tau_m \tag{7-26}$$

$$\mu\ddot{\sigma}=-\boldsymbol{H}_{21}(\mu\sigma)\boldsymbol{F}_1(\theta,\dot{\theta},\mu\sigma,\mu\dot{\sigma})-\boldsymbol{H}_{22}(\mu\sigma)\boldsymbol{F}_2(\theta,\dot{\theta},\mu\sigma,\mu\dot{\sigma})-\boldsymbol{H}_{22}(\mu\sigma)\boldsymbol{K}_s\sigma+\boldsymbol{H}_{21}(\mu\sigma)\tau_m \tag{7-27}$$

现令 $\mu=0$ 并将其代入式(7-26) 和式(7-27)，可以获得慢变子系统的动力学方程，则有

$$\ddot{\theta}_s=(\boldsymbol{H}_{11s}-\boldsymbol{H}_{12s}\boldsymbol{H}_{22s}^{-1}\boldsymbol{H}_{21})(-\boldsymbol{F}_{1s}+\tau_s) \tag{7-28}$$

$$\ddot{\sigma}_s=-\boldsymbol{k}_s^{-1}\boldsymbol{H}_{22s}^{-1}(\boldsymbol{H}_{21s}\boldsymbol{F}_{1s}+\boldsymbol{H}_{22s}\boldsymbol{F}_{2s}-\boldsymbol{H}_{21}\tau_s) \tag{7-29}$$

式中，下标 $s$ 的变量代表了系统的慢变化相关参数；$\tau_s$ 为慢变子系统的最终控制输入。

结合式(7-22) 中 $\boldsymbol{M}_{11}$ 的表达式及式(7-28) 和式(7-29)，可得到大负载柔性机械臂的慢变子系统为

$$\ddot{\theta}_s=\boldsymbol{M}_{11s}^{-1}(-\boldsymbol{F}_{1s}+\tau_s) \tag{7-30}$$

引入快变时标 $\xi=t/\sqrt{\mu}$ 从而导出与之对应的快变子系统，对于快变子系统，设计新的状态 $z_1=\sigma-\sigma_s$ 和 $z_2=\sqrt{\mu}\,\dot{\sigma}$，则式(7-27) 为

$$\frac{\mathrm{d}z_2}{\mathrm{d}\xi}=-\boldsymbol{H}_{21}\boldsymbol{F}_1-\boldsymbol{H}_{22}(\boldsymbol{F}_2+\boldsymbol{k}_s\sigma)+\boldsymbol{H}_{21}\tau \tag{7-31}$$

由于系统慢变化参数与快变化相关参数为独立的，且系统在边界层的区域 $\mu$ 趋近于 0，所以慢变化相关参数一般情况可以认为是常数(即 $\mathrm{d}\sigma_s/\mathrm{d}\xi=\sqrt{\mu}\sigma_s=0$)。如果令 $\mu=0$，并将式(7-29) 代入式(7-31)，可得：

$$\frac{\mathrm{d}z_2}{\mathrm{d}\xi}=-\boldsymbol{H}_{22s}\boldsymbol{k}_s z_1+\boldsymbol{H}_{21s}\tau_f \tag{7-32}$$

将状态变量 $z_1$ 代入式(7-32)，可得到快变子系统的状态方程为

$$\dot{z}=\boldsymbol{A}_f\boldsymbol{z}+\boldsymbol{B}_f\tau_f \tag{7-33}$$

式中，$\boldsymbol{A}_f=\begin{pmatrix} 0 & I \\ -\boldsymbol{H}_{22s}\boldsymbol{k}_s & 0 \end{pmatrix}$；$\boldsymbol{z}=(z_1\quad z_2)^{\mathrm{T}}$；$\boldsymbol{B}_f=\begin{pmatrix} 0 \\ H_{21s} \end{pmatrix}$；$\tau_f$ 为快变子系统的控制输入。

对于大负载柔性机械臂系统而言，其最终控制输入为 $\tau=\tau_s+\tau_f$。由式(7-30)得出的慢变子系统具有与纯刚性机械臂系统比较类似的动力学方程，式(7-33)得出的动力学方程与控制系统中的柔性环节有关，代表了大负载柔性机械臂系统的低频振动。

对大负载柔性机械臂动态滑模系统进行设计时，以下的两个本质问题为系统动态滑模控制器设计时所必须优先考虑的：

(1) 为系统取适当的切换面，使系统在做滑模运动时，可以沿着设计者们所设计并希望其拥有的变化特性来进行，使得系统所产生的动态滑模运动具有期望的动态特性；

(2) 设计出动态滑模控制规律，并且使得所设计的滑模运动能在短时间内迅速完成，使系统快速反应。

根据反馈线性化的思想，针对慢变子系统可设计慢控制律：

$$\tau_s=\boldsymbol{F}_{1s}+\boldsymbol{M}_{11s}u \tag{7-34}$$

式中，$u$ 为待设计的替代控制量。则式(7-30)可以线性化为

$$\ddot{\theta}_s=u \tag{7-35}$$

现考虑如下单入单出 $n$ 阶非线性系统：

$$\begin{cases}\dot{x}_i=x_{i+1}, \quad (i=1,2,\cdots,n-1)\\ \dot{x}_n=f(x)+g(x)u+\eta\\ y=x_1\end{cases} \tag{7-36}$$

式中，$x\in\mathbf{R}$ 为可测状态变量；$u\in\mathbf{R}$ 为控制系统的输入；$y\in\mathbf{R}$ 为控制系统的最终输出；$f(x)$ 和 $g(x)$ 为系统的平滑函数；$\eta$ 为由于系统控制模型的不确定性以及系统外部干扰所带来的系统中的不确定项。

定义误差及切换函数为

$$\begin{cases}e=y-y_d\\ s=a_1e_1+a_2e_2+\cdots+a_{n-1}e_{n-1}+e_n=\sum\limits_{i=1}^{n-1}a_ie_i+e_n\end{cases} \tag{7-37}$$

式中，$e_i=e^{(i-1)}(i=1,2,\cdots,n)$ 为跟踪误差及其各阶导数；选取常数 $a_1,a_2,\cdots,a_n$，使得多项式 $p^{n-1}+a_{n-1}p^{n-2}+\cdots+a_2p+a_1$ 为 Hurwitz 稳定，$p$ 为 Laplace 算子；则

$$\dot{s}=f(x)+g(x)u+\eta-y_d^{(n)}+\sum_{i=1}^{n-1}a_ie_{i+1} \tag{7-38}$$

构造新的动态切换函数

$$\sigma=\dot{s}+\lambda s \tag{7-39}$$

式中，$\lambda$ 为严格的正常数。

当 $\sigma=0$ 时，$\dot{s}+\lambda s=0$ 是一个逐渐趋于稳定的动态 1 阶系统，$s$ 趋近于零。

**假设 1**：系统不确定性项为有界的，设存在有界函数 $A_n(x)$，使得 $|\eta|\leqslant A_n(x)(\forall x\in\mathbf{R}^n)$ 且 $g(x)$ 符号恒定。

**假设 2**：控制系统的不确定性项导数有界：

$$|\dot{\eta}|\leqslant\bar{A}_n(x)\quad(\forall x\in\mathbf{R})^n \tag{7-40}$$

**假设 3**：存在有一个正实数 $\varepsilon$，并且其满足以下条件：

$$\varepsilon>(a_{n-1}+\lambda)A_n+\bar{A}_n \tag{7-41}$$

可得出基于动态切换函数的动态滑模控制律的变化率取为

$$\dot{u}=\frac{1}{g}\Big[-\Big((a_{n-1}+\lambda)g+\frac{\mathrm{d}g}{\mathrm{d}x}\dot{x}\Big)u-(a_{n-1}+\lambda)f-\frac{\mathrm{d}f}{\mathrm{d}x}\dot{x}+(a_{n-1}+\lambda)y_d^{(n)}+y_d^{n+1}-\sum_{i=1}^{n-2}a_ie_{i+2}-\sum_{i=1}^{n-1}\lambda a_ie_{i+1}-\varepsilon\mathrm{sgn}(\sigma)\Big] \tag{7-42}$$

将式(7-37)代入式(7-39)得

$$\sigma=\sum_{i=1}^{n-1}a_ie_{i+1}+\dot{e}_n+\lambda(\sum_{i=1}^{n-1}a_ie_i+e_n) \tag{7-43}$$

则

$$\dot{\sigma}=\sum_{i=1}^{n-2}a_ie_{i+2}+a_{n-1}\dot{e}_n+\ddot{e}_n+\lambda\Big(\sum_{i=1}^{n-1}a_ie_{i+1}+\dot{e}_n\Big) \tag{7-44}$$

将式(7-36)和式(7-37)代入(7-44)整理得：

$$\dot{\sigma}=\sum_{i=1}^{n-2}a_ie_{i+2}+\sum_{i=1}^{n-1}\lambda a_ie_{i+1}+(a_{n-1}+\lambda)f+\frac{\mathrm{d}f}{\mathrm{d}x}\dot{x}-(a_{n-1}+\lambda)y_d^{(n)}-y_d^{(n+1)}+\Big[(a_{n-1}+\lambda)g+\frac{\mathrm{d}g}{\mathrm{d}x}\dot{x}\Big]u+g\dot{u}+(a_{n-1}+\lambda)\eta+\dot{\eta} \tag{7-45}$$

将式(7-42)代入式(7-45)中，得：

$$\dot{\sigma}=(a_{n-1}+\lambda)\eta+\dot{\eta}-\varepsilon\mathrm{sgn}(\sigma) \tag{7-46}$$

则根据假设1～假设3得

$$\begin{aligned}\sigma\dot{\sigma}&=\sigma(a_{n-1}+\lambda)\eta+\sigma\dot{\eta}-\varepsilon|\sigma|=\sigma[(a_{n-1}+\lambda)\eta+\dot{\eta}]-\varepsilon|\sigma|\\&<\sigma[(a_{n-1}+\lambda)\eta+\dot{\eta}]-[(a_{n-1}+\lambda)A_n+\bar{A}_n]|\sigma|\leqslant 0\end{aligned} \tag{7-47}$$

因此，该滑模面具有稳定性。

针对快变子系统，由于$(\boldsymbol{A}_f,\boldsymbol{B}_f)$完全可控，因此可采用最优控制理论。

若设计者们所需要研究的系统为线性系统，并且其性能指标是关系系统状态变量与控制量的二次型函数，则可将其称之为线性二次型问题。由于线性二次型最优解的问题具有统一的解析表达式，是一个简单的线性状态反馈控制律，并且比较容易构成一个闭环的最优反馈控制，因此，最优控制在设计工程已经得到了广泛的应用。

快变子系统的状态方程为

$$\dot{z}=\boldsymbol{A}_fz+\boldsymbol{B}_f\tau_f \tag{7-48}$$

需要寻求控制量$\tau_f$使如下二次型目标函数为最小，即

$$J=\frac{1}{2}\int_0^{\infty}(z^T\boldsymbol{Q}z+\tau_f^T\boldsymbol{R}\tau_f)\mathrm{d}t \tag{7-49}$$

式中，$\boldsymbol{Q}$为半正定加权对称矩阵；$\boldsymbol{R}$为正定加权对称矩阵；$\boldsymbol{Q}$和$\boldsymbol{R}$分别为$z$和$\tau_f$的加权矩阵。于是根据最优控制理论的极值原理，快变子系统的控制率可设计为

$$\tau_f=-\boldsymbol{K}_zz=-\boldsymbol{R}^{-1}\boldsymbol{B}_f^T\boldsymbol{P}z \tag{7-50}$$

式中，$\boldsymbol{K}_z$为最优反馈增益矩阵；$\boldsymbol{P}$为常值正定矩阵，且必须满足Ricatti代数方程，即

$$\boldsymbol{PA}_f+\boldsymbol{A}_f^T\boldsymbol{P}-\boldsymbol{PB}_f\boldsymbol{R}^{-1}\boldsymbol{B}_f^T\boldsymbol{P}+\boldsymbol{Q}=0 \tag{7-51}$$

因此，快变子系统的设计归结于求黎卡提方程的问题，并求出反馈增益矩阵。

柔性臂参数为：$\rho=2.71\times10^3\ \mathrm{kg/m^3}$，$A=30\times4\times10^{-6}\ \mathrm{m^2}$，$L=0.7\ \mathrm{m}$，$EI=11.36\ \mathrm{N\cdot m^2}$，末端集中质量块根据条件选择了无负载、$m_{块}=m_{杆}$和$m_{块}=10m_{杆}$三种条件。柔性机械臂刚性运动规律的期望输入信号为$r=\theta_d$，即给出一个期望位置，使柔性机械臂进行点对点定

位，其中积分步长取 0.001 s。在初始运动时刻，哥氏力与向心力的突变会激发机械臂的弹性振动。指标函数中的加权矩阵取值根据三种不同的模型进行相应的选取。动态滑模控制律中，$n=2$ 时，定义 $s=150e+\dot{e}$，即 $a_1=150$，取 $\lambda=100$，初始条件为 $x(0)=[0\quad 0]$。动态滑模控制率为

$$\dot{u}=\frac{1}{g}[-(a_1+\lambda)gu-(a_1+\lambda)f-\dot{f}+(a_1+\lambda)\ddot{r}+\dddot{r}-\lambda a_1\dot{e}-\varepsilon\mathrm{sgn}(\sigma)]$$

$\varepsilon$ 按照式(7-41) 取值：

$$\varepsilon=(a_1+\lambda)A_n+\bar{A}_n+2,A_n=1.5,\bar{A}_n=1.5$$

根据设计的控制策略可得到如图 7-1 所示的控制系统结构框图。仿真结果如图 7-2 至图 7-4 所示。图 7-2(a)、7-3(a)、7-4(a) 所示为柔性机械臂关节角位置跟踪图；图 7-2(b)、7-3(b)、7-4(b) 所示为柔性机械臂末端振动量；图 7-2(c)、7-3(c)、7-4(c) 所示为慢变子系统的实际控制输入信号 $u$；图 7-2(d)、7-3(d)、7-4(d) 为慢变子系统动态控制输入信号 $\dot{u}$；图 7-2(e)、7-3(e)、7-4(e) 为柔性机械臂系统混合控制力矩。

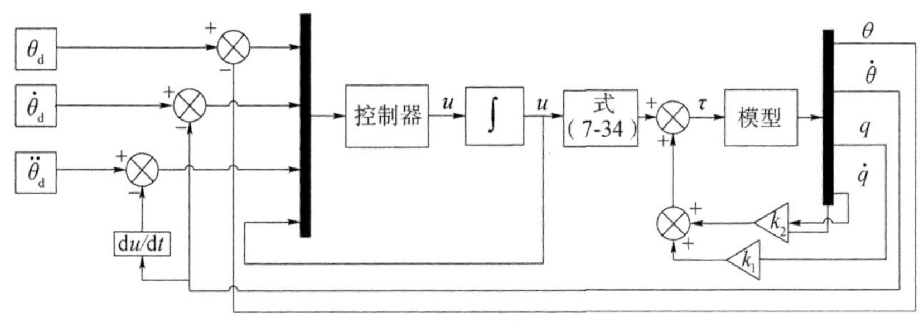


图 7-1　控制系统结构图

从仿真结果可以看出，虽然模型不同，只要对控制参数进行相应的调整，柔性机械臂的末端位移都能在短时间内快速收敛到 0，实线了柔性臂的精确定位与残余振动的快速抑制。因此，可以得出动态滑模控制方法能使系统快速、准确定位，超调小，并使柔性臂末端振动能在短时间内迅速收敛，使系统拥有良好的控制性能。提出的动态滑模 — 最优混合控制方法有着明显的优点：它既保证了系统大范围刚性运动的精度，也将系统小范围弹性振动在短时间内迅速收敛为 0，很好地抑制了大负载柔性臂的弹性振动。

(1) 末端为自由状态时仿真结果如图 7-2 所示。

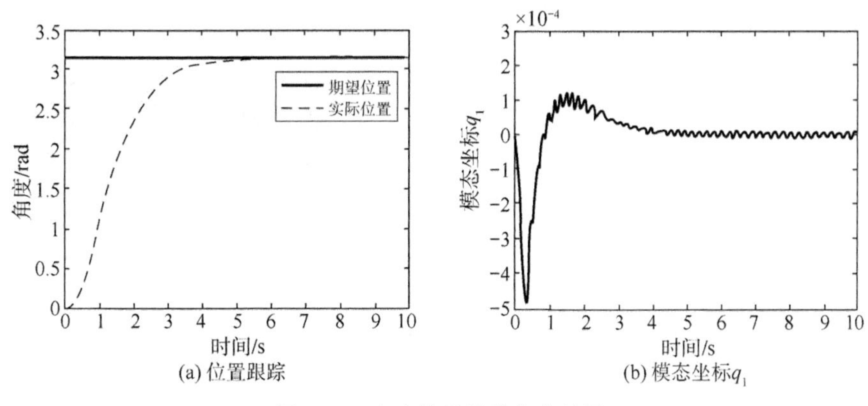


图 7-2　自由端柔性臂仿真结果

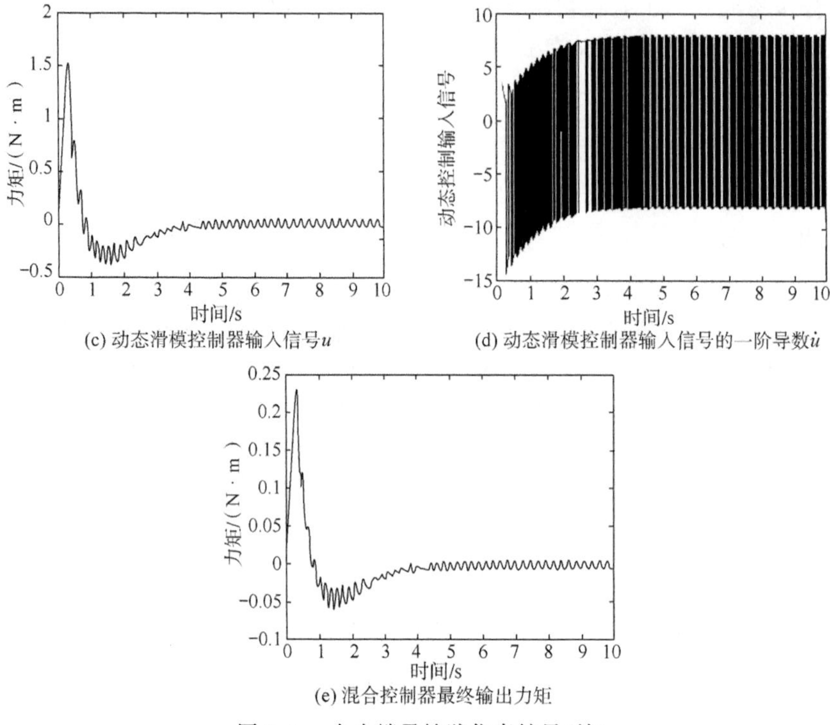

(c) 动态滑模控制器输入信号$u$　(d) 动态滑模控制器输入信号的一阶导数$\dot{u}$

(e) 混合控制器最终输出力矩

图 7-2　自由端柔性臂仿真结果(续)

(2) 末端为 1 倍臂杆质量时的仿真结果如图 7-3 所示。

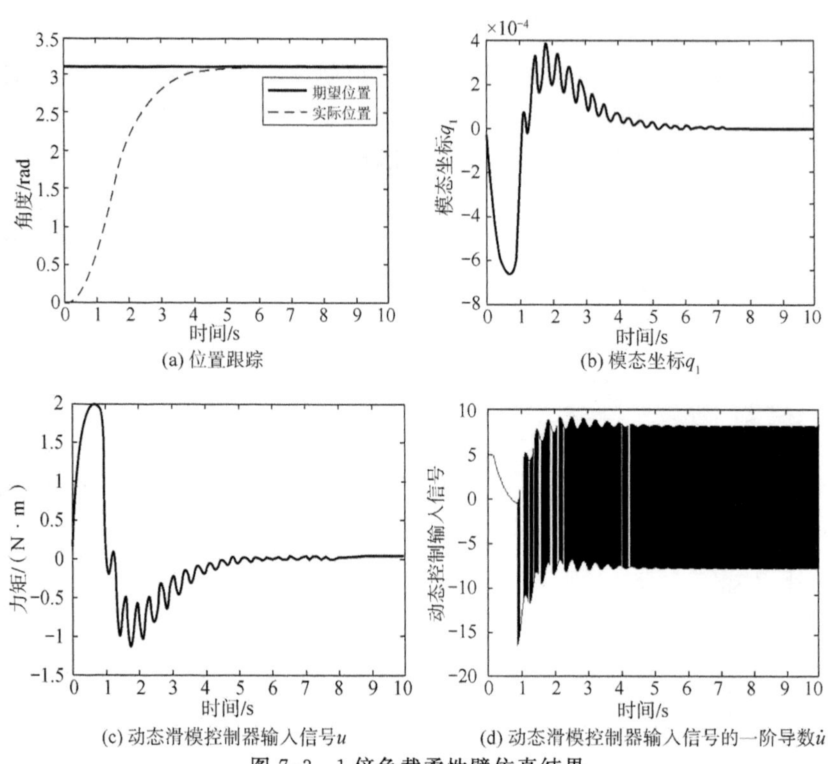

(a) 位置跟踪　(b) 模态坐标$q_1$

(c) 动态滑模控制器输入信号$u$　(d) 动态滑模控制器输入信号的一阶导数$\dot{u}$

图 7-3　1 倍负载柔性臂仿真结果

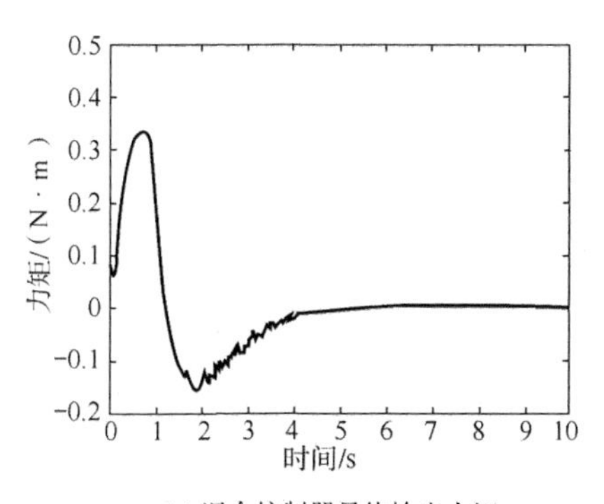


(e) 混合控制器最终输出力矩

图 7-3　1 倍负载柔性臂仿真结果(续)

(3) 末端为 10 倍臂杆质量时的仿真结果如图 7-4 所示。

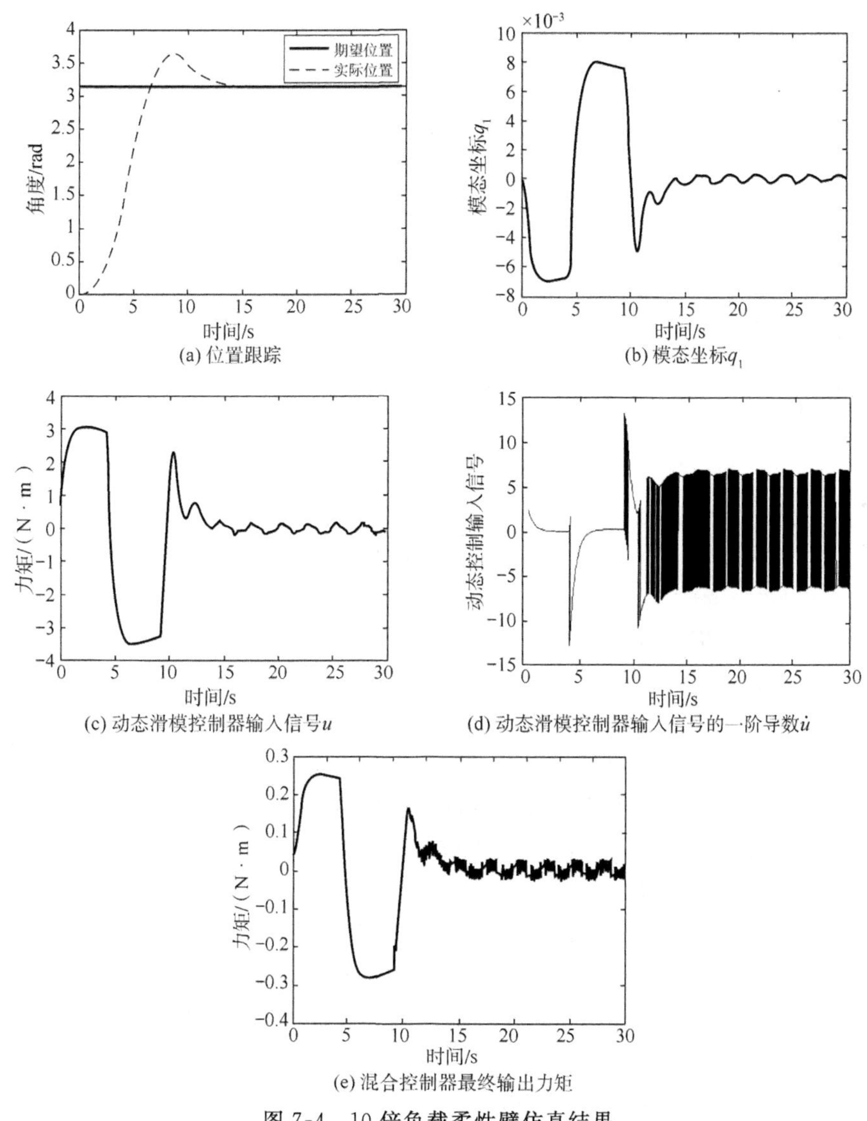


(a) 位置跟踪　(b) 模态坐标$q_1$

(c) 动态滑模控制器输入信号$u$　(d) 动态滑模控制器输入信号的一阶导数$\dot{u}$

(e) 混合控制器最终输出力矩

图 7-4　10 倍负载柔性臂仿真结果

## 7.5.2 状态反馈控制设计

**1. 状态反馈**

控制系统的基本结构是由受控对象和反馈控制器两部分构成的闭环系统。在经典理论中习惯于采用输出反馈，而在现代控制理论中则更多地采用状态反馈。由于状态反馈能提供更丰富的状态信息和可供选择的自由度，因而使系统容易获得更为优异的性能。

状态反馈是将系统的每一个状态变量乘以相应的反馈系数，然后反馈到输入端并与参考输入相加形成控制律，作为受控系统的控制输入。受控系统 $\Sigma(\boldsymbol{A},\boldsymbol{B},\boldsymbol{C},\boldsymbol{D})$ 的状态空间表达式为

$$\begin{cases}\dot{\boldsymbol{x}} = \boldsymbol{A}\boldsymbol{x} + \boldsymbol{B}\boldsymbol{u} \\ \boldsymbol{y} = \boldsymbol{C}\boldsymbol{x} + \boldsymbol{D}\boldsymbol{u}\end{cases} \tag{7-52}$$

式中，$\boldsymbol{x} \in \boldsymbol{R}^n$，$\boldsymbol{u} \in \boldsymbol{R}^r$，$\boldsymbol{y} \in \boldsymbol{R}^m$，$\boldsymbol{A}_{n\times n}$，$\boldsymbol{B}_{n\times r}$，$\boldsymbol{C}_{m\times r}$，$\boldsymbol{D}_{m\times r}$。

若 $\boldsymbol{D} = \boldsymbol{0}$，则受控系统

$$\begin{cases}\dot{\boldsymbol{x}} = \boldsymbol{A}\boldsymbol{x} + \boldsymbol{B}\boldsymbol{u} \\ \boldsymbol{y} = \boldsymbol{C}\boldsymbol{x}\end{cases} \tag{7-53}$$

简记为 $\Sigma(\boldsymbol{A},\boldsymbol{B},\boldsymbol{C})$

状态线性反馈控制律为

$$\boldsymbol{u} = \boldsymbol{K}\boldsymbol{x} + \boldsymbol{v} \tag{7-54}$$

式中，$\boldsymbol{v}$ 为 $r\times 1$ 维参考输入；$\boldsymbol{K}$ 为 $r\times n$ 维状态反馈系数矩阵，状态反馈增益矩阵。对单输入系统，$\boldsymbol{K}$ 为 $1\times n$ 维行向量。

状态反馈闭环系统的状态空间表达式为

$$\begin{cases}\dot{\boldsymbol{x}} = (\boldsymbol{A} + \boldsymbol{B}\boldsymbol{K})\boldsymbol{x} + \boldsymbol{B}\boldsymbol{v} \\ \boldsymbol{y} = (\boldsymbol{C} + \boldsymbol{D}\boldsymbol{K})\boldsymbol{x} + \boldsymbol{D}\boldsymbol{v}\end{cases} \tag{7-55}$$

若 $\boldsymbol{D} = \boldsymbol{0}$，则

$$\begin{cases}\dot{\boldsymbol{x}} = (\boldsymbol{A} + \boldsymbol{B}\boldsymbol{K})\boldsymbol{x} + \boldsymbol{B}\boldsymbol{v} \\ \boldsymbol{y} = \boldsymbol{C}\boldsymbol{x}\end{cases} \tag{7-56}$$

简记为 $\Sigma_K[(\boldsymbol{A} + \boldsymbol{B}\boldsymbol{K}),\boldsymbol{B},\boldsymbol{C}]$。

闭环系统的传递函数矩阵为

$$\boldsymbol{G}_K(s) = \boldsymbol{C}[s\boldsymbol{I} - (\boldsymbol{A} + \boldsymbol{B}\boldsymbol{K})]^{-1}\boldsymbol{B} \tag{7-57}$$

通过对开环系统 $\Sigma(\boldsymbol{A},\boldsymbol{B},\boldsymbol{C})$ 与闭环系统 $\Sigma_K[(\boldsymbol{A} + \boldsymbol{B}\boldsymbol{K}),\boldsymbol{B},\boldsymbol{C}]$ 的比较，可以发现状态反馈矩阵 $\boldsymbol{K}$ 的引入，不会使系统的维数变高，但能通过 $\boldsymbol{K}$ 矩阵的选择使控制系统的特征值发生改变，从而使控制系统获得设计者所要求的相关性能。

**2. 闭环系统的极点配置**

控制系统的极点在根平面的分布情况是影响控制系统性能的主要因素。在经典控制理论中，根轨迹法是一种很成熟的设计方法，它的本质就是极点配置。可以认为，任何控制系统的设计，都可以归结为对于控制系统的极点和零点的重新设计，通过设计零、极点，使系统拥有需要的控制特性。

设当系统不存在控制力(既 $u = 0$) 时的状态方程

$$\dot{\boldsymbol{x}} = \boldsymbol{A}\boldsymbol{x}$$

$t = 0$ 时，$\boldsymbol{x} = x_0$

该式表示在不施加控制力时系统状态的时间历程。系统矩阵 $\boldsymbol{A}$ 的特征值决定了系统状态变量 $\boldsymbol{x}$ 的特性。若设$(n \times n)$ 系统矩阵 $\boldsymbol{A}$ 的特征值为$\lambda_1, \lambda_2, \cdots, \lambda_n$，则状态变量 $\boldsymbol{x}_i (i = 1, 2, \cdots, n)$ 为下列解的形式：

$$\boldsymbol{x}_i(t) = c_{i1} e^{\lambda_1 t} + c_{i2} e^{\lambda_2 t} + \cdots + c_{in} e^{\lambda_n t} \tag{7-58}$$

式中，$c_{i1}$、$c_{i2}$ 等是由初始值 $x_0$ 决定的系数。因此，若矩阵 $\boldsymbol{A}$ 的特征值的实部全为负数，所有的状态变量将随时间收敛为 0。这样，由已知的矩阵 $\boldsymbol{A}$ 的特征值可得到确定系统时间响应的特征根。

存在控制力 $\boldsymbol{u}$ 时的状态反馈控制系统：

$$\dot{\boldsymbol{x}} = (\boldsymbol{A} + \boldsymbol{BK})\boldsymbol{x} \tag{7-59}$$

对于状态反馈中的相同状态变量的时间响应应具有相同的特性，即若矩阵$(\boldsymbol{A} + \boldsymbol{BK})$ 的特征值实部全为负值，则该控制是稳定的。所有的状态变量在任何初始值条件下，随时间的推移都收敛为 0。把矩阵$(\boldsymbol{A} + \boldsymbol{BK})$ 的特征值称为状态反馈系统的特征值。利用上述定理求状态反馈系统的反馈矩阵 $\boldsymbol{K}$ 的设计方法，被称为极点配置法。

计算控制力为零时的自由特征值，并将此特征值在复平面上表现出来，这就使系统达到了绝对稳定的状态。将复平面上自由系统的特征值往左稍稍移动一些，作为指定的控制系统极点。往左移动极点基本不改变自由振动系统的固有频率，在达到控制目的前提下，尽可能地使系统振动快速收敛为 0。

根据设计的控制策略可得到如图 7-5 所示的控制系统结构框图。

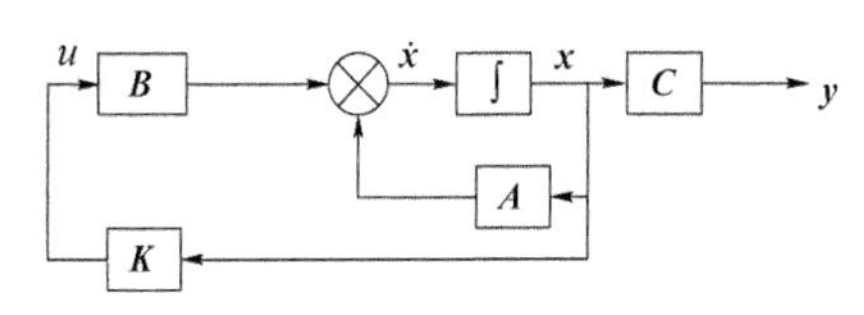


图 7-5　反馈控制系统框图

由于 $\mathrm{rank}([\boldsymbol{B}\ \boldsymbol{BA}\ \boldsymbol{B}^2\boldsymbol{A}\boldsymbol{B}^3\boldsymbol{A}]) = 4$，$\mathrm{rank}([\boldsymbol{C}\ \boldsymbol{CA}\ \boldsymbol{C}^2\boldsymbol{A}\ \boldsymbol{C}^3\boldsymbol{A}]) = 4$，所以系统 $\Sigma_o(\boldsymbol{A}, \boldsymbol{B}, \boldsymbol{C})$ 是能控能观的。在 MatLab 软件中，求状态反馈矩阵 $\boldsymbol{K}$ 的函数命令为 acker()；该命令的调用格式为：$\boldsymbol{K} = \mathrm{acker}(\boldsymbol{A}, \boldsymbol{B}, \boldsymbol{P})$。其中，$\boldsymbol{P}$ 为一个行向量，其各分量为所希望配置的各极点，即由该命令计算出状态反馈矩阵 $\boldsymbol{K}$，使得$(\boldsymbol{A} + \boldsymbol{BK})$ 的特征值为向量 $\boldsymbol{P}$ 的各个分量。

(1) 对于末端为自由端的柔性机械臂，根据上述理论配置的极点位置为

$$\boldsymbol{P}_{K1} = [-4 + 28i \quad -4 - 28i \quad -2 \quad -2.5]$$

则求得的反馈矩阵 $\boldsymbol{K}$ 为

$$\boldsymbol{K}_1 = [0.035\,4 \quad 0.032\,2 \quad 414.144\,6 \quad -0.863\,3]$$

(2) 对于末端负载质量为臂杆质量 1 倍的柔性机械臂，根据上述理论配置的极点位置为

$$\boldsymbol{P}_{K2} = [-2 + 25i \quad -2 - 25i \quad -4 \quad -5]$$

则分别求得的反馈矩阵 $\boldsymbol{K}$ 为

$$\boldsymbol{K}_2 = [5.859\,4 \quad 2.674\,0 \quad -430.181\,9 \quad 6.732\,4]$$

（3）对于末端负载质量为臂杆质量 10 倍的柔性机械臂，根据上述理论配置的极点为

$$\boldsymbol{P}_{K3}=[-1+25i \quad -1-25i \quad -2 \quad -2.5]$$

则分别求得的反馈矩阵 $\boldsymbol{K}$ 为

$$\boldsymbol{K}_3=[85.6378 \quad 77.3477 \quad -333.7759 \quad 141.4001]$$

**3. 振动抑制算法的数字仿真**

应用所设计的状态反馈控制器，得到系统的状态变量初始时末端有 0.1m 的位移时的输出变化曲线分别如图 7-6 ～ 图 7-8 所示。

（1）末端为自由状态时：

$$\boldsymbol{P}_{K1}=[-4+28i \quad -4-28i \quad -2 \quad -2.5]$$

$$\boldsymbol{K}_1=[0.0354 \quad 0.0322 \quad 414.1446 \quad -0.8633]$$

其仿真结果如图 7-6 所示。

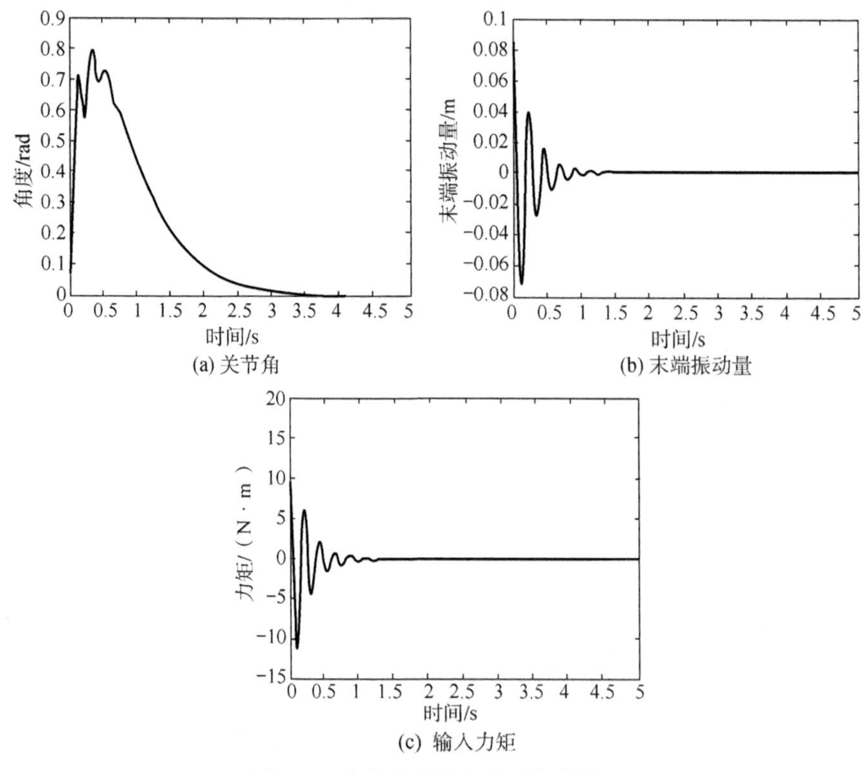


图 7-6 自由端柔性机械臂仿真结果

（2）末端负载为臂杆质量 1 倍时：

$$\boldsymbol{P}_{K2}=[-2+25i \quad -2-25i \quad -4 \quad -5]$$

$$\boldsymbol{K}_2=[5.8594 \quad 2.6740 \quad -430.1819 \quad 6.7324]$$

其仿真结果如图 7-7 所示。

（3）末端负载为臂杆质量 10 倍时：

$$\boldsymbol{P}_{K3}=[-1+25i \quad -1-25i \quad -2 \quad -2.5]$$

$$\boldsymbol{K}_3=[85.6378 \quad 77.3477 \quad -333.7759 \quad 141.4001]$$

其仿真结果如图 7-8 所示。

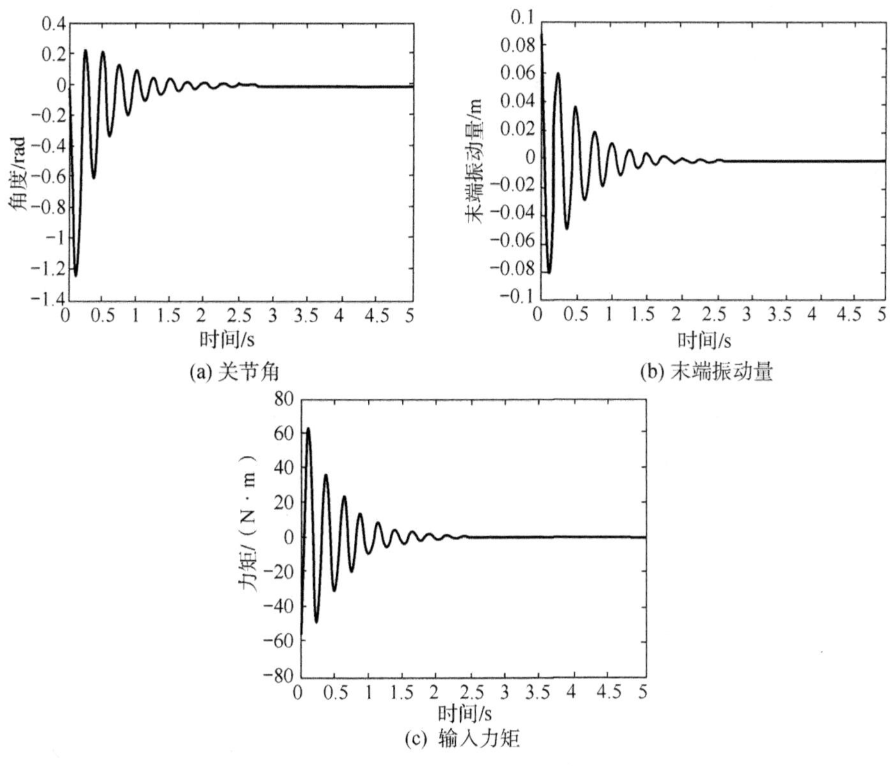


图 7-7　1 倍负载柔性机械臂仿真结果

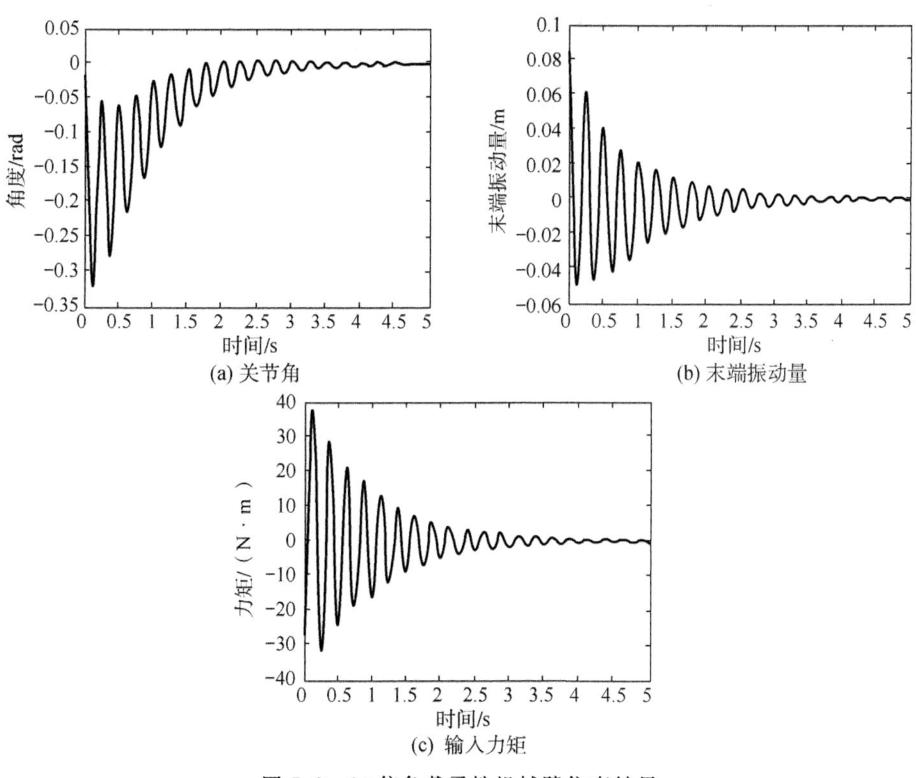


图 7-8　10 倍负载柔性机械臂仿真结果

从以上仿真结果可以看出，在控制律的作用下，对于末端为自由状态的柔性机械臂，当设置控制系统的极点设为

$$\boldsymbol{P}_{K1}=[-4+28i\quad -4-28i\quad -2\quad -2.5]$$

柔性臂末端振动在 1 s 内收敛。

对于末端质量为臂杆质量 1 倍的柔性机械臂，当设置控制系统的极点为

$$\boldsymbol{P}_{K2}=[-2+25i\quad -2-25i\quad -4\quad -5]$$

柔性臂末端振动在 2.5 s 内收敛。

对于末端质量为臂杆质量 10 倍的柔性机械臂，当设置控制系统的极点为

$$\boldsymbol{P}_{K3}=[-1+25i\quad -1-25i\quad -2\quad -2.5]$$

柔性臂末端振动在 4 s 内收敛。

从仿真结果可以看出，利用状态反馈控制方法可以对柔性机械臂进行振动控制，依据模型的差异，对极点进行合适的选择就可以实现比较理想的控制效果；在进行仿真参数设计时，当极点的位置在复平面越偏左，则控制系统效果越好，但也会使控制力矩增加，所以需要选择满足系统效果的极点位置来进行控制律的设定。

## 7.6 本章小结

根据奇异摄动理论，将系统分成两部分，第一部分为慢变系统，它代表了柔性臂运动的主要规律；另一部分为快变系统，它代表了柔性臂运动的振动规律。分别根据这两个系统设计控制器：对于慢变子系统设计基于动态切换函数的滑模控制方法；对于快变子系统则设计最优控制器。动态滑模控制保证了系统的稳定性，最优控制抑制了系统的振动。最后，设计了状态反馈控制器，对系统进行了振动抑制。

# 第 8 章　柔体机器人接触操作的阻抗控制

## 8.1　引言

柔体机器人在执行作业任务过程中，与外界环境物体产生不可避免的接触，接触过程中受到外界环境的约束，不仅要进行精确的位置控制，还要恰当地控制其接触力来克服环境的约束，避免过大的接触力损害机械臂和外界物体或过小的接触力造成操作不平稳。

根据末端接触力在机器人控制中的参与方式，在实际研究中分析较多的是阻抗控制和混合力/位控制。其中，力位控制主要以切换控制为独立的形式控制力和位置。阻抗控制主要通过在统一控制框架中动态调节位置偏差和力的关系来实现柔顺控制的目的。

本章首先基于动力学模型设计柔体机器人的阻抗控制算法，分析控制过程中目标阻抗控制参数对控制性能的影响；其次，以 S-Function 函数为主体在 Simulink 平台上进行算法仿真，对变形条件下柔体机器人的轨迹跟踪进行分析，同时研究操作空间下的接触力控制响应，证明考虑柔性关节/柔性臂杆机器人阻抗控制算法的正确性与有效性。

## 8.2　阻抗控制算法原理

柔体机器人在大范围的运动过程中，由于本体结构的特性不可忽略在运动过程中的关节变形量与臂杆变形量的影响，这使得柔体机器人运动时既要能够主动适应外部环境变化，又能够在接触时提供一定大小的控制力。

### 8.2.1　阻抗控制模型

柔体机器人末端与外界环境的接触一般看作为弹簧—阻尼系统，如图 8-1 所示。

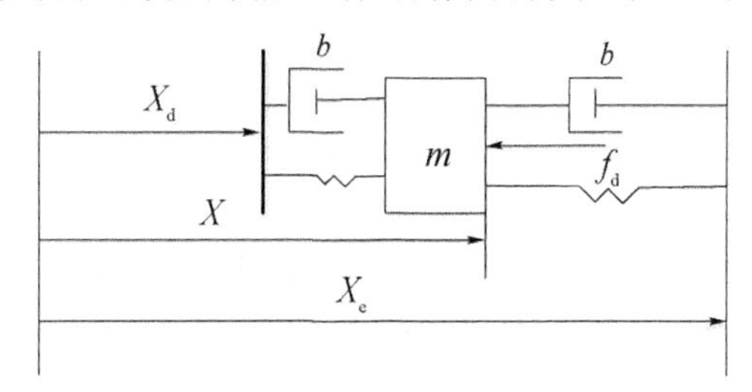


图 8-1　机器人与环境简化模型

采用二阶惯量 — 弹簧 — 阻尼来表示，其数学模型可写为

$$\boldsymbol{M}_{\mathrm{d}}\ddot{E}+\boldsymbol{B}_{\mathrm{d}}\dot{E}+\boldsymbol{K}_{\mathrm{d}}E=\boldsymbol{F}_{\mathrm{e}} \tag{8-1}$$

式中，$\boldsymbol{M}_{\mathrm{d}}$、$\boldsymbol{B}_{\mathrm{d}}$、$\boldsymbol{K}_{\mathrm{d}}$ 分别为目标惯性矩阵、目标阻尼矩阵、目标刚度矩阵；$E=X_{\mathrm{d}}-X$，其中，$X_{\mathrm{d}}$ 为期望运动轨迹，$X$ 为实际运动轨迹。

在运动过程中，柔体机器人与外部物体接触时会引起物体表面微小变形而形成接触力。工程实际中一般采用六维力传感器来测量并反馈到控制环作为控制输入量。柔体机器人与环境直接的接触力可视为由环境变形引起的接触力和阻尼力：

$$\boldsymbol{F}_{\mathrm{e}}=\begin{cases}\boldsymbol{K}_{\mathrm{e}}\Delta X_{\mathrm{e}}+\boldsymbol{C}_{\mathrm{e}}\Delta X_{\mathrm{e}} & (X\geqslant X_{\mathrm{e}})\\ 0 & (X<X_{\mathrm{e}})\end{cases} \tag{8-2}$$

式中，$C_{\mathrm{e}}$、$\boldsymbol{K}_{\mathrm{e}}$、$X_{\mathrm{e}}$ 和 $X$ 分别为环境阻尼系数、环境刚度系数、环境参考位置和环境实际位置。

## 8.2.2 目标控制参数性能分析

阻抗控制模型是一个二阶弹簧 — 阻尼系统，式(8-1) 目标阻抗函数在频域内可表示为

$$\Delta X=\frac{\boldsymbol{F}}{\boldsymbol{M}_{\mathrm{d}}s^{2}+\boldsymbol{B}_{\mathrm{d}}s+\boldsymbol{K}_{\mathrm{d}}} \tag{8-3}$$

采用阻抗控制的目的就是通过选用合适的目标控制参数来实现末端接触力的稳定性。接触力在 Simulink 仿真中采用式(8-2) 计算，通过阻抗控制器产生变量 $E$，进而通过位置内环实现接触力的控制，通过调节目标惯性参数、目标阻尼参数、目标刚度参数来实现控制过程的稳定。

**1. 目标惯性性能分析**

固定目标阻尼参数 $\boldsymbol{B}_{\mathrm{d}}$ 和目标刚度参数 $\boldsymbol{K}_{\mathrm{d}}$，分别选择四组不同的目标惯性参数分析控制响应过程。选取期望接触力为 5 N，目标阻尼参数为 35，目标刚度参数为 650，仿真结果如图 8-2 所示。

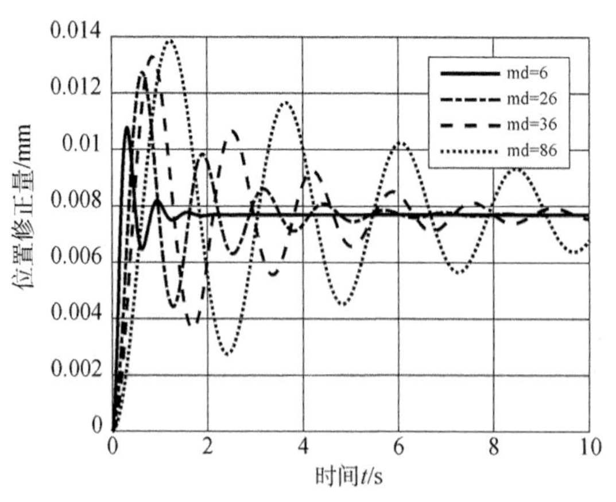


图 8-2　目标惯性性能分析

可见，当目标惯性参数为 6 时超调量为 0.011，稳定时间为 1 s；当目标惯性参数为 26 时，超调量为 0.125，稳定时间为 6 s；当目标惯性参数为 86 时，超调量为 0.014，稳定时间大于 10 s。当目标惯性改变时，位置修正量的幅值变化不大，不产生主导作用，但随着目标惯性数值的增大，

位置修正量逐渐出现超调，并且达到稳定的时间越来越长，但其上升速度却减小。故在柔体机器人末端与环境接触时，为了保证力控的稳定性，应该尽量选取较小的目标惯性值。

**2. 目标阻尼性能分析**

目标阻尼矩阵对中速运动的冲击影响较大。固定目标惯性 $M_d$ 和目标刚度 $K_d$ 参数，分别选择四组不同的目标阻尼参数分析响应过程。选取期望接触力为 5 N，目标惯性参数为 1，目标刚度参数为 650，仿真结果如图 8-3 所示。

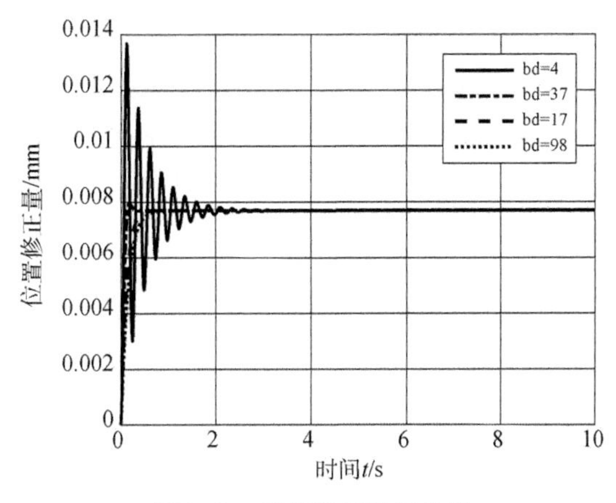


图 8-3　目标阻尼性能分析

可见，当目标阻尼为 4 时，位置修正量波动振荡较大，位置修正量可达到 0.014 m，稳定时间为 2 s；当目标阻尼参数为 37 时，曲线振荡减小且趋于平滑，位置修正量为 0.008 m，稳定时间为 1 s；当目标阻尼参数为 98 时，基本没有出现超调，直接到达稳定。目标阻尼对位置修正量影响较小，其主要影响系统的响应过程。由于目标阻尼参数变大，系统振荡减小，故在控制过程中根据系统的具体响应，选择相对大的目标阻尼值。

**3. 目标刚度性能分析**

目标刚度参数对平衡状态的低速运动有较大的影响。固定目标惯性 $M_d$ 和目标刚度 $K_d$ 参数，分别选择四组不同的目标刚度参数来分析控制响应过程。选取期望接触力为 5 N，目标惯性参数为 1，目标阻尼参数为 35，仿真结果如图 8-4 所示。

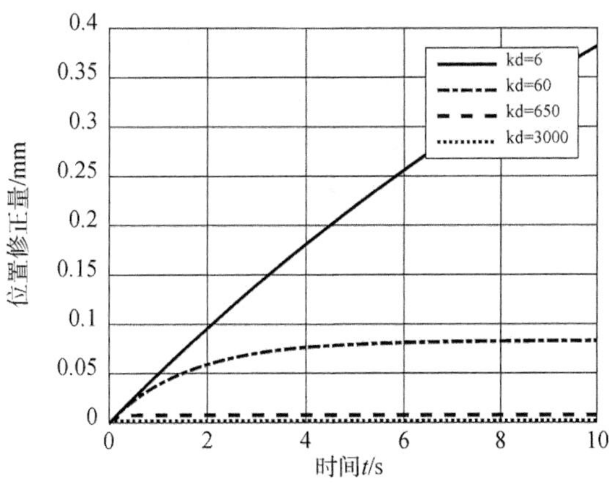


图 8-4　目标刚度性能分析

可见，当目标刚度参数为 6 时，位置修正量达到 0.4，稳定时间大于 10 s；当目标刚度参数为 60 时，位置修正量为 0.06，稳定时间为 4 s。可见，目标刚度参数对位置修正量影响较大，随着目标刚度参数的增加，位置修正量越来越小，相当于柔体机器人末端和环境的接触越来越硬，达到期望力所需要输出的误差值较小。

目标惯性 $\boldsymbol{M}_{\mathrm{d}}$ 对于稳定时间有较大影响，较大的目标惯量对环境冲击严重，轨迹误差增大响应慢，在控制过程中一般应根据机械臂本体惯量矩阵尽量选取小值目标惯量；而目标阻尼 $\boldsymbol{B}_{\mathrm{d}}$ 对于接触过程中振荡有较大的影响，目标阻尼的值越大响应越慢，能量消耗大，超调量变大，对中速运动或存在较强干扰时影响较大；目标刚度 $\boldsymbol{K}_{\mathrm{d}}$ 则对接触过程中的修正量有较大影响，目标刚度越小，力的稳态误差越小，在期望接触力附近的响应越慢，目标刚度的值越大，轨迹跟踪越精确，它可以直接反映出接触时是呈现刚性还是柔性特征。

## 8.3 柔体机器人阻抗控制算法

关节和臂杆的变形造成的末端偏差在控制过程中不容忽视，与刚性机器人阻抗控制算法相比，本章在变形条件下采用位置内环的阻抗控制方法。位置内环阻抗控制算法是根据柔体机器人与外界环境通过阻抗控制外环产生位置修正量，然后将修正量输入到位置内环进行调节，最后通过动力学模块进行反馈调节。

在柔性关节的数学简化模型的基础上，计入模态坐标表示臂杆柔性，表示变形条件下的动力学方程：

$$\begin{cases}\boldsymbol{M}(\theta,q)(\ddot{\theta},\ddot{q})+\boldsymbol{C}(\theta,q,\dot{\theta},\dot{q})+\boldsymbol{H}(\theta,q)=\tau+\tau_{\mathrm{ext}}\\ J_{\mathrm{m}}\ddot{\alpha}+\tau=\tau_{\mathrm{m}}\\ \tau=\boldsymbol{K}(\alpha-\theta)\end{cases}\tag{8-4}$$

由式(8-4) 可以看出，与刚性机器人相比，其加入了模态坐标，体现了柔性臂杆的存在；同时其还加入了关节变形量，体现了关节柔性的存在。

针对式(8-4) 动力学方程可以简写为

$$\boldsymbol{M}\ddot{p}+\boldsymbol{C}\dot{p}+\boldsymbol{K}p=\boldsymbol{Q}\tag{8-5}$$

式(8-4) 和式(8-5) 中，$p=p(\theta,q)$，$J_{\mathrm{m}}$ 为电动机转动惯量；$\tau_{\mathrm{m}}$ 为电动机输出力矩；$\boldsymbol{M},\boldsymbol{C},\boldsymbol{K}$ 分别为广义质量矩阵、广义阻尼矩阵、广义刚度矩阵；$\boldsymbol{Q}$ 为广义列矩阵。

推导控制律时，首先应将动力学方程表示为关节转角和模态坐标的函数，从而根据雅可比方程进行操作空间和关节空间的转化，则由式(8-4) 可得电动机转角的表达式为

$$\alpha=\boldsymbol{K}^{-1}\boldsymbol{M}\ddot{p}+\boldsymbol{K}^{-1}(\boldsymbol{C}(p,\dot{p})+\boldsymbol{H}(p))-\boldsymbol{K}^{-1}\boldsymbol{J}^{\mathrm{T}}\boldsymbol{F}_{\mathrm{ext}}+\theta\tag{8-6}$$

由式(8-4) 和(8-5) 可以得到关于关节转角和模态坐标的动力学方程：

$$J_{\mathrm{m}}\Delta(p)-\boldsymbol{K}^{-1}\boldsymbol{J}^{\mathrm{T}}(\ddot{p})\boldsymbol{F}_{\mathrm{ext}}-\Delta\boldsymbol{F}_{\mathrm{ext}}+\ddot{\theta}+\delta(p)-\boldsymbol{J}^{\mathrm{T}}(p)\boldsymbol{F}_{\mathrm{ext}}=\tau_{m}\tag{8-7}$$

式中，$\Delta(p)=\boldsymbol{K}^{-1}\ddot{\boldsymbol{M}}\ddot{p}+2\boldsymbol{K}^{-1}\dot{\boldsymbol{M}}\dddot{p}+\boldsymbol{K}^{-1}\dot{\boldsymbol{M}}\dddot{p}+\boldsymbol{K}^{-1}[\boldsymbol{C}(\dddot{p},\dddot{p})+\boldsymbol{H}(\dddot{p})]$；$\Delta\boldsymbol{F}_{\mathrm{ext}}=2\boldsymbol{K}^{-1}\boldsymbol{J}^{\mathrm{T}}(\dot{p})\dot{\boldsymbol{F}}_{\mathrm{ext}}+\boldsymbol{K}^{-1}\boldsymbol{J}^{\mathrm{T}}(p)\ddot{F}_{\mathrm{ext}}$；$\delta(p)=\boldsymbol{M}\ddot{\boldsymbol{p}}+\boldsymbol{C}(p,\dot{p})+\boldsymbol{K}(p)$。

笛卡儿空间中机械臂末端的位置可表示为 $x = f(p)$，由雅可比矩阵的定义可得 $\boldsymbol{J}(p) = \partial f(p)/\partial(p)$，则关节空间与操作空间的转换关系为

$$\dot{x} = \boldsymbol{J}(p)\dot{p} \tag{8-8}$$

$$\ddot{x} = \boldsymbol{J}(p)\ddot{p} + \boldsymbol{J}(\dot{p})\dot{p} \tag{8-9}$$

根据式(8-6)以及二阶目标阻抗函数，最终可设计位置内环的阻抗控制算法为

$$\tau = J_{\mathrm{m}}\boldsymbol{K}^{-1}\boldsymbol{M}(p)\boldsymbol{J}^{-1}(p)u - \beta_1 F_{\mathrm{ext}} - \beta_2 \dot{\boldsymbol{F}}_{\mathrm{ext}} - \beta_3 \ddot{\boldsymbol{F}}_{\mathrm{ext}} + G(p) \tag{8-10}$$

式中，$u = k_{\mathrm{p}}(x_{\mathrm{f}} - x) + k_{\mathrm{d}}(\dot{x}_{\mathrm{f}} - \dot{x})$，$x_{\mathrm{f}} = x_{\mathrm{d}} - E$；$\beta_1 = \boldsymbol{J}^{\mathrm{T}}(p) + J_{\mathrm{m}}\boldsymbol{K}^{-1}\boldsymbol{J}^{\mathrm{T}}(\ddot{p})$；$\beta_2 = 2J_{\mathrm{m}}\boldsymbol{K}^{-1}\boldsymbol{J}^{\mathrm{T}}(\dot{p})$；$\beta_3 = J_{\mathrm{m}}\boldsymbol{K}^{-1}\boldsymbol{J}^{\mathrm{T}}(p)$；$G(p) = C(p,\dot{p}) + \boldsymbol{H}(p) + J_{\mathrm{m}}\boldsymbol{K}^{-1}(\boldsymbol{C}(\ddot{p},\dddot{p}) + \boldsymbol{H}(\ddot{p})) + J_{\mathrm{m}}\boldsymbol{K}^{-1}\ddot{\boldsymbol{M}}\ddot{p} + \boldsymbol{M}\ddot{p} + \boldsymbol{H}(\ddot{p}) + 2J_{\mathrm{m}}\boldsymbol{K}^{-1}\dot{\boldsymbol{M}}\dddot{p}$

根据式(8-10)设计阻抗控制器的结构框图如图 8-5 所示。

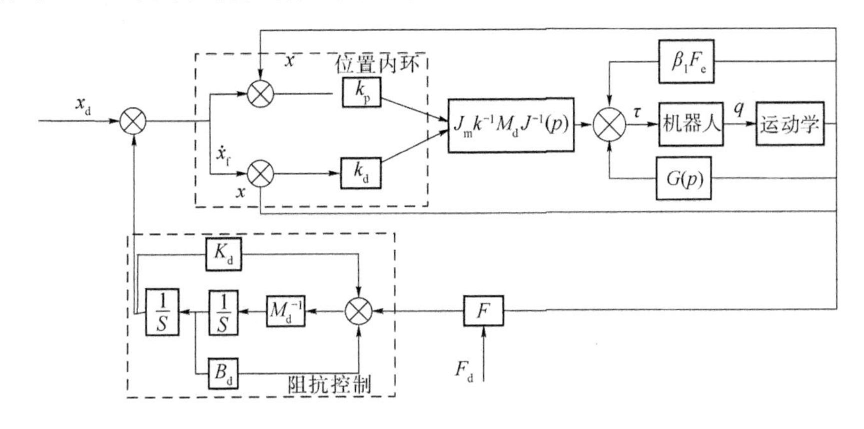


图 8-5　阻抗控制器的结构框图

其中，$x_{\mathrm{d}}$ 为期望的运动轨迹；$x$ 为通过运动学求解模块求得的实际轨迹。末端期望接触力输入为 $\boldsymbol{F}_{\mathrm{d}}$，实际接触力为 $\boldsymbol{F}_{\mathrm{e}}$，叠加后经过阻抗控制环产生 $E$，即位置修正量，位置修正量与期望的位置叠加得到相对于广义坐标系的 $x_{\mathrm{f}}$，即参考轨迹，经过位置内环调节，进而通过系统模型进行动力学求解，以达到控制柔体机器人运动的目的。

## 8.4　数值仿真

柔体机器人在空间执行操作运动时，初始遵循一定的轨迹运动到接触位置，即从自由空间的位置控制到接触空间下的力位控制。本节以两连杆柔体机器人为对象，考虑运动过程中的关节变形和臂杆变形，对上节所述的阻抗控制算法进行仿真研究，分析其自由空间中的轨迹跟踪以及存在接触力时的控制响应，并检验算法的正确性和可靠性。

### 8.4.1　运动空间下的轨迹跟踪

柔体机器人在空间的运动包括一定路径下的轨迹跟踪，即在没有接触到外界物体时的自由空间运动。在自由空间中，末端的控制仅是位置控制，是独立被控对象。

在轨迹跟踪时，理想的情况下末端不存在接触力，即二阶目标阻抗函数的实际轨迹与期望轨迹相等，即 $x = x_d$，根据图 8-5 所示的阻抗控制器的结构框图进行轨迹跟踪仿真。

**表 8-1　柔体机器人系统参数**

| 参数 | 指标 | 参数 | 指标 |
|---|---|---|---|
| 密度 $\rho$ | $2.7\times10^3$ kg/m³ | 关节转动惯量 | $0.75\times10^{-4}$ kg·m² |
| 模态刚度 EI | 11.36 N·m² | 关节电机转动惯量 | $1.06\times10^{-5}$ kg·m² |
| 臂杆长度 $l$ | 1 m | 关节刚度 | 7 500 N·m/rad |
| 臂杆横截面面积 | $1.2\times10^{-4}$ m² | | |

图 8-6 所示为 Simulink 仿真结构框图。其中，$x_d$ 模块表示期望轨迹的输入；Subsystem1 模块代表位置控制内环；Subsystem2 代表动力学模块；图 8-7 所示为阻抗控制算法模块；图 8-8 所示为动力学求解模块。Subsystem3 模块代表运动学求解模块，可以将动力学模块输出的关节转角转化为轨迹输出。

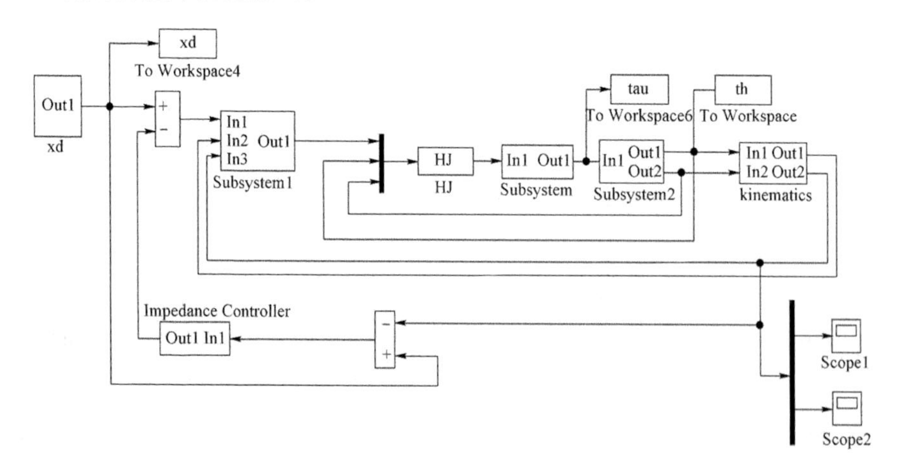


图 8-6　Simulink 仿真结构框图

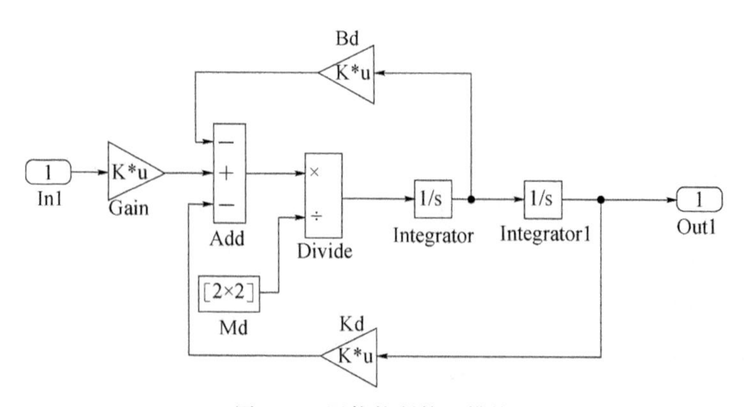


图 8-7　阻抗控制算法模块

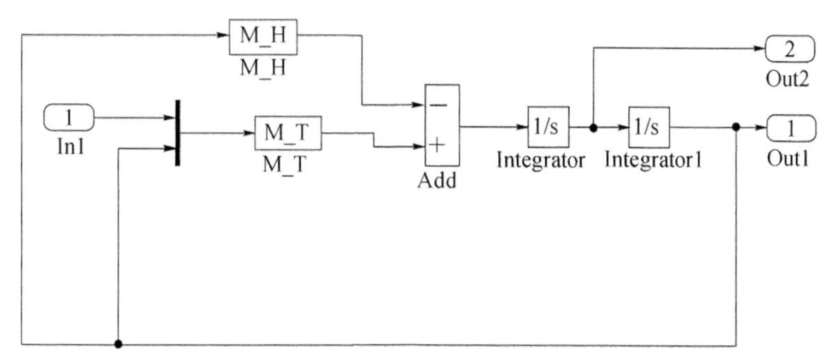


图 8-8　动力学求解模块

仿真计算中采用四阶龙格－库塔定步长法进行求解并设定仿真步长为 0.01，关节 1 的初始角度为 $\theta_1=\pi/3$，关节 2 的初始角度为 $\theta_1=-\pi/3$，关节初始角加速度为零。$x_d$ 输入分别为正弦曲线和余弦曲线，即表示 $x$ 方向和 $y$ 方向的输入。

图 8-9 和图 8-10 所示表示末端的运动轨迹，在开始时刻 $x$ 方向和 $y$ 方向轨迹存在偏差，但随着时间的误差逐渐减小，最终实际轨迹跟踪期望轨迹，达到了轨迹跟踪的目的。图 8-11 和图 8-12 所示表示运动过程中连杆 1 和连杆 2 的变形量；图 8-13 和图 8-14 所示分别表示末端跟踪过程中关节输出的控制力矩，随着跟踪过程中柔体机器人的变形量，需要不断调整输出力矩，以维持轨迹跟踪。

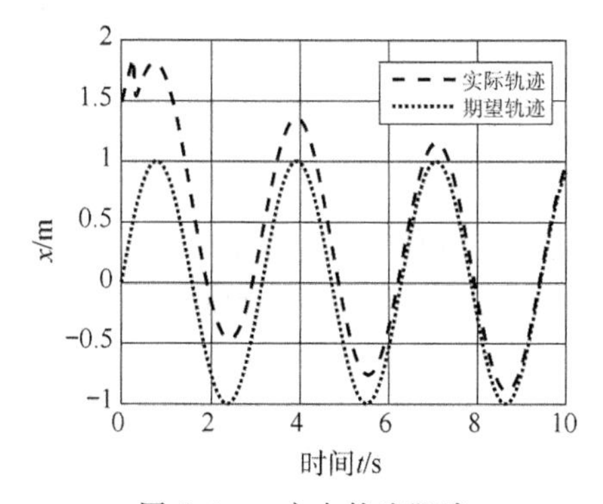


图 8-9　$x$ 方向轨迹跟踪

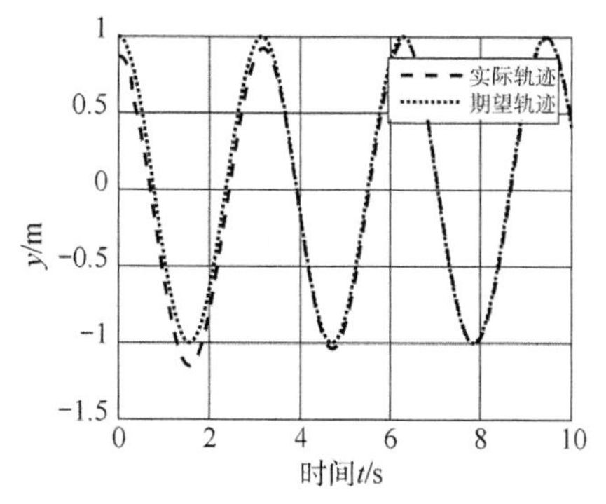


图 8-10　$y$ 方向轨迹跟踪

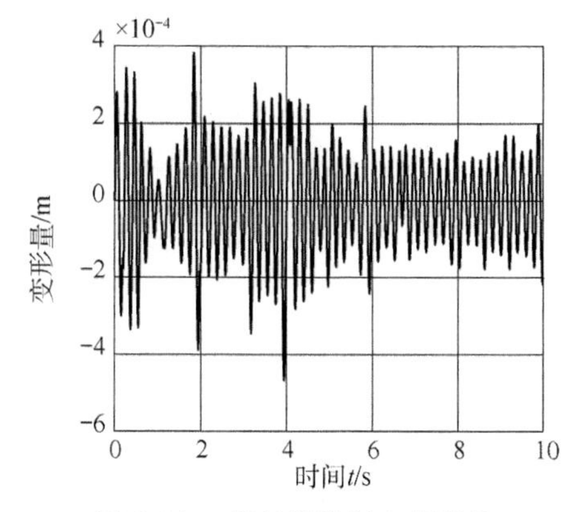


图 8-11　机械臂连杆 1 变形量

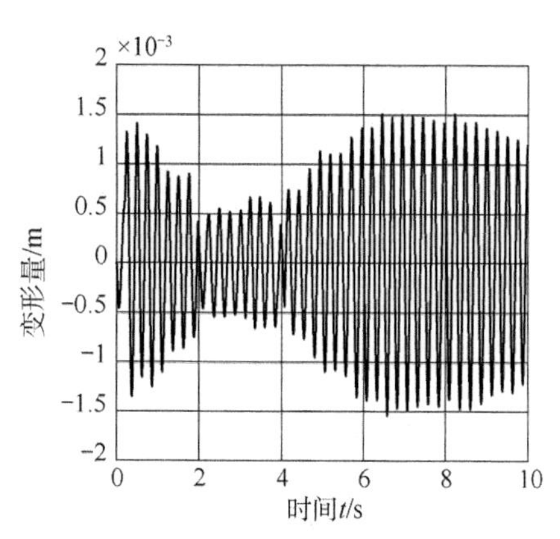


图 8-12　机械臂连杆 2 变形量

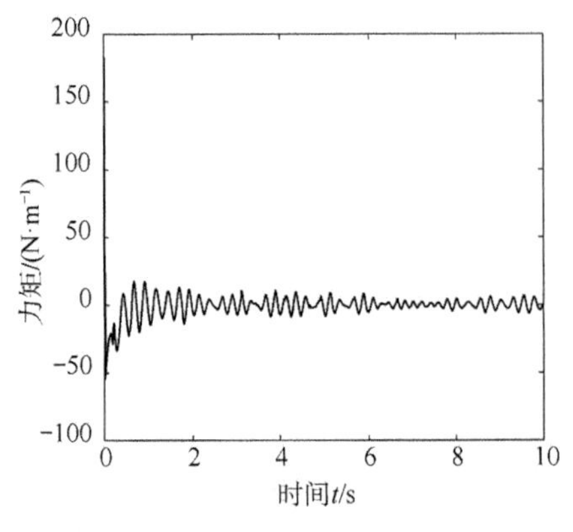


图 8-13　关节 1 电动机驱动力矩

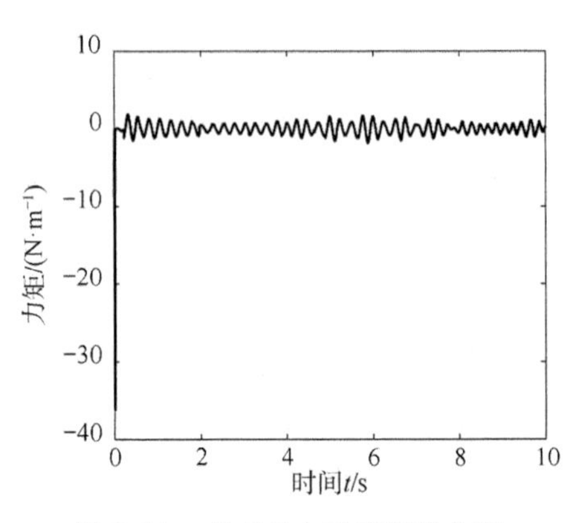


图 8-14　关节 2 电动机驱动力矩

## 8.4.2　接触操作时固定点的力控制

当柔体机器人在运动空间与目标接触时，为了避免过大的扰动碰撞，需要进行固定点的力控制，使接触力及时稳定在可控范围内。基于 MatLab 仿真时，结构参数如表 8-1 所示，设末端点的位置 $\boldsymbol{x}_{\mathrm{d}}=[0.866\quad 1.5]^{\mathrm{T}}$，分别表示 $x$ 方向和 $y$ 方向，期望的接触力 $x$ 方向为 5 N，此时关节角 1 为 $\theta_1=\pi/3$，关节角 2 为 $\theta_2=-\pi/3$。

阻抗控制参数为：$\boldsymbol{M}_{\mathrm{d}}=\begin{bmatrix}1 & 0\\0 & 1\end{bmatrix}$，$\boldsymbol{B}_{\mathrm{d}}=\begin{bmatrix}4 & 0\\0 & 4\end{bmatrix}$，$\boldsymbol{K}_{\mathrm{d}}=\begin{bmatrix}235 & 0\\0 & 235\end{bmatrix}$。

由图 8-15 所示可以看出，初始时刻接触力存在偏差，出现波动，但在 1s 左右接触力逐渐稳定在 5 N 附近，可以看出控制算法能够实现柔体机器人在固定点的力控制。

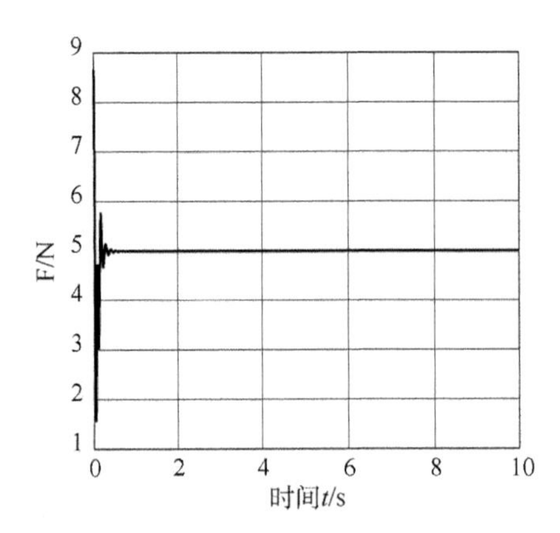


图 8-15　固定点接触时的力控制

## 8.4.3　接触操作时的接触力控制

柔体机器人在操作空间运动时不仅要进行位置控制，还要恰当地控制接触力来克服环境约束或依从环境。与外界物体接触时，理想情况下期望的末端接触力与实际接触力相等，即 $\boldsymbol{F}_{\text{ext}}=\boldsymbol{F}_{\text{d}}$。初始关节位置为 $\theta_1=\pi/2,\theta_2=-\pi/2$，关节初始角速度为 0。在仿真过程中期望的运动轨迹为式(8-11)，期望的接触力为 5 N。取 $k_{\text{p}}$ 为 5，$k_{\text{d}}$ 为 12，控制参数为：

$$\boldsymbol{M}_{\text{d}}=\begin{bmatrix}1&0\\0&1\end{bmatrix},\boldsymbol{B}_{\text{d}}=\begin{bmatrix}14&0\\0&14\end{bmatrix},\boldsymbol{K}_{\text{d}}=\begin{bmatrix}123&0\\0&123\end{bmatrix}$$

$$\begin{cases}x_{\text{dx}}=\dfrac{\sqrt{2}}{10}t+\dfrac{\sqrt{2}}{2}\\[2ex]x_{\text{dy}}=\dfrac{\sqrt{2}}{10}t+\dfrac{\sqrt{2}}{2}\end{cases}\tag{8-11}$$

图 8-16 所示为末端实际运动轨迹，可以看出位置内环阻抗控制器基本可以实现轨迹跟踪；图 8-17 所示表示运动过程中末端的变形量，可以看出阻抗控制器末端变形量较大；图 8-18 和图 8-19 所示分别表示运动过程中期望轨迹与实际运动轨迹的误差，阻抗控制器最大误差 $x$ 方向达到 0.007 5，$y$ 方向达到 0.024，位置内环阻抗控制器最大误差在 0.001 5 左右，而后误差逐渐趋于稳定。图 8-20 和图 8-21 所示分别表示运动过程中 $x$ 方向和 $y$ 方向的力控制效果，位置内环阻抗控制器基本稳定在期望接触力附近。

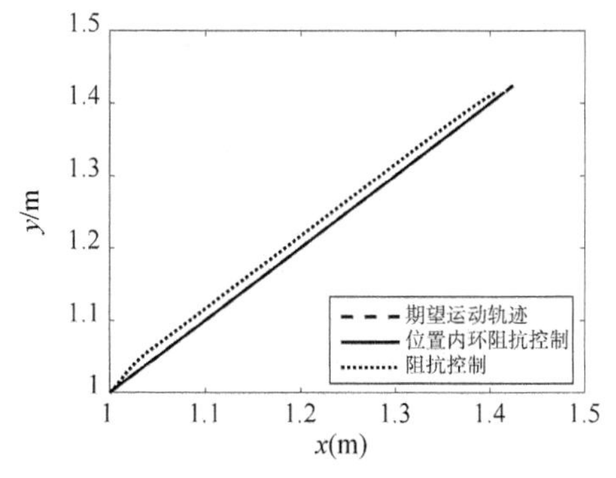


图 8-16　机械臂末端位置

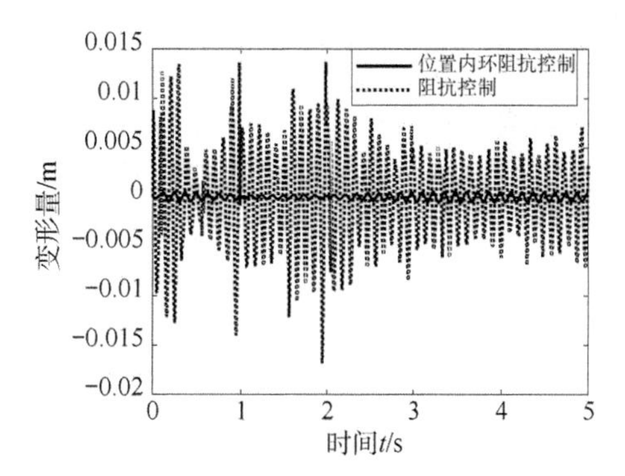


图 8-17　机械臂末端变形

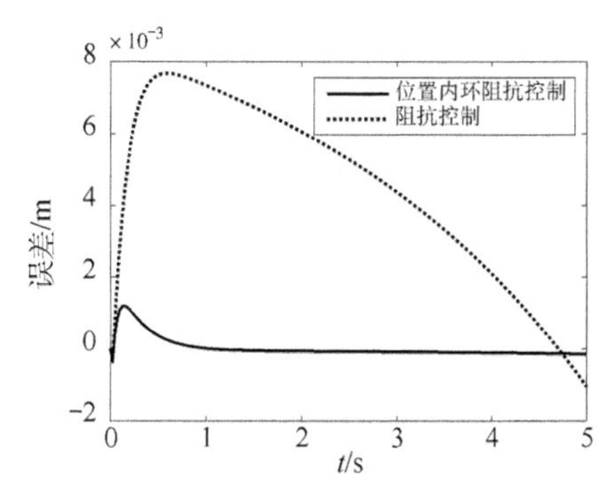


图 8-18　机械臂 $x$ 方向误差

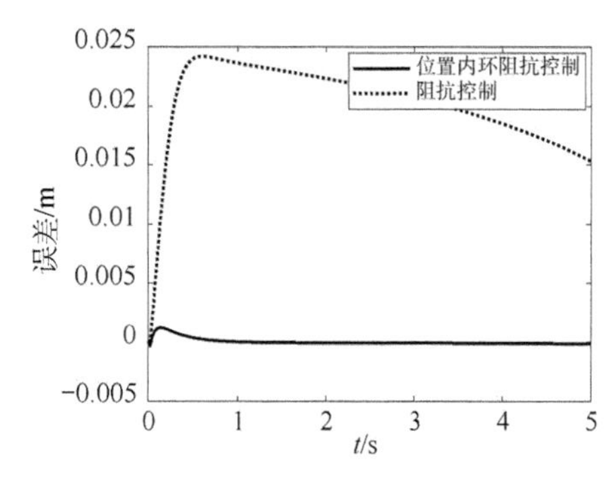


图 8-19　机械臂 $y$ 方向误差

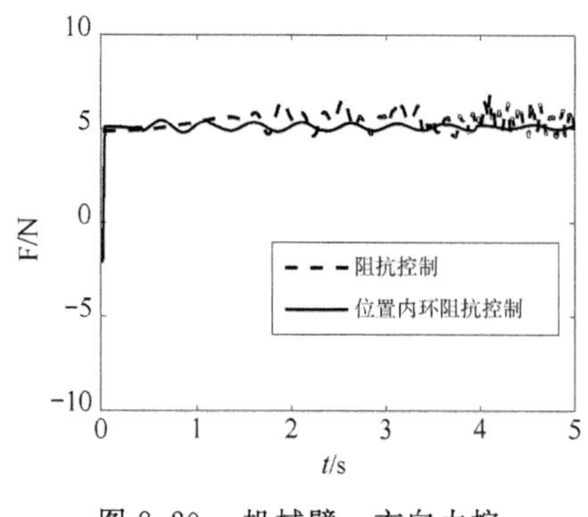


图 8-20　机械臂 $x$ 方向力控

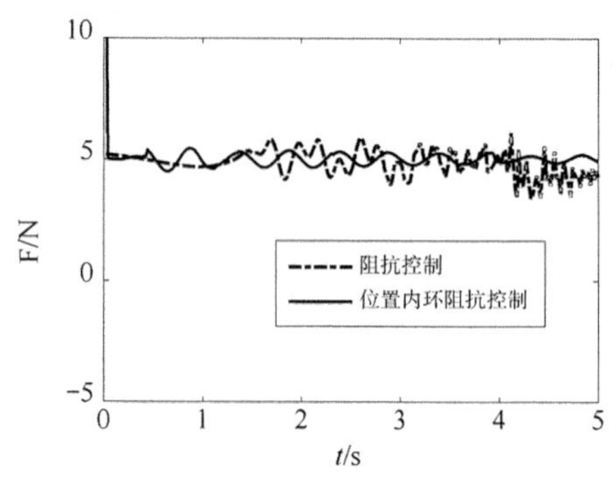


图 8-21　机械臂 $y$ 方向力控

## 8.5　本章小结

考虑柔体机器人同时存在柔性关节及柔性臂杆，运动过程产生的耦合和变形导致控制难度增大，为了实现操作运动过程中的位置控制和力控制，首先研究阻抗控制算法，设计了考虑关节柔性／臂杆柔性的位置内环阻抗控制器；其次，分析目标阻抗参数性能在控制过程中的影响；最后，以两连杆柔体机器人为研究对象，在运动空间和操作空间进行仿真，验证了所提阻抗控制算法的正确性与有效性。

# 第 9 章　软接触柔体机器人的关节结构设计

## 9.1 引言

传统的软接触操作对接机构的研究主要集中于末端执行装置的研制，以及接触模式和接触策略的分析和研究。另外，传统的末端执行装置主要以柔性绳索作为执行元件或通过在末端执行装置设计相关柔性机构子系统，约束条件上要求两航天器之间相对位姿测量、跟踪、保持等方面满足高精度要求，对接触的瞬间位姿扰动要求也极高。本章提出一种适合于空间对接软接触操作的柔体机器人关节结构设计方案，拟实现约束范围小、抵抗扰动性能好的空间对接操作任务。

## 9.2 关节功能需求分析

现阶段针对空间对接操作的机器人主要是通过路径规划，将末端执行装置定位到预期末端执行装置接触所要求的位姿时，各关节制动锁死，机器人与基座为刚性连接，此时再通过有关接触、捕获装置对目标进行相应操作。硬接触过程中，由于机器人和基座之间刚性连接，接触产生的冲击会对基座的姿态控制产生很大影响。

考虑在关节中加入可控的柔性单元，组成多关节多自由度机械臂机构，机构与追踪航天器基座相连。其系统结构概念示意图如图 9-1 所示。

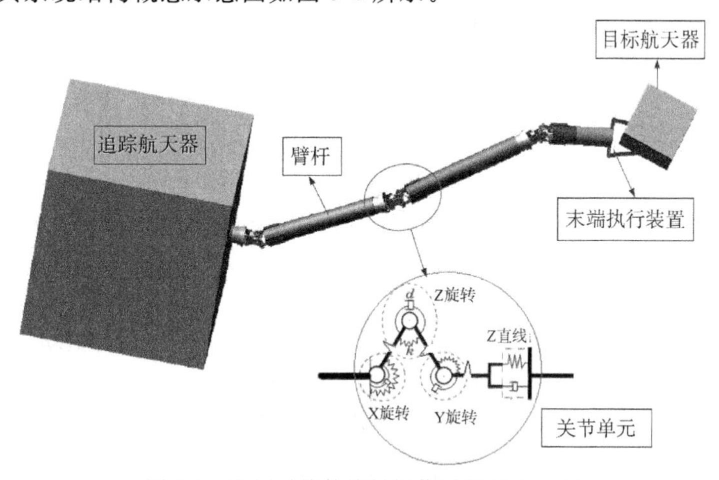


图 9-1　空间对接软接触操作系统概念示意

软接触操作任务包含了三个运动阶段，即接触前的路径规划控制、接触后的柔性组件对冲击的阻尼缓冲和稳定后组合体的回收。其主要任务流程如图 9-2 所示。通过软接触操作的系统概念和任务分析可知，在进行关节的结构设计之前，首先要确定功能需求。关节的功能需求有：首先，其基本功能在于能够实现最基本的空间刚性操作的能力，通过路径规划操作实施刚性臂杆末端执行装置近距离逼近目标航天器；其次，在对目标航天器实施近距离接触操作过程中，要具备接触操作的柔性特征，使接触过程柔顺化，进而解决两类航天器在接触过程中带来的能量冲击和扰动问题，降低当前空间操作硬接触带来的各种风险；最后，关节仅作为整个追踪航天器的一个部分，应满足对整个追踪航天器甚至整体在轨服务系统的要求。

柔体机器人关节作为空间软接触操作的核心部件，要完成接触前驱动与传动、位置感知、接触后阻尼缓冲、稳定后机械连接等任务，是保证柔体机器人运动可靠与平稳运动以及接触柔顺化等一系列问题的关键。关节需具有关节力矩输出、运动和力控制功能，可完成柔体机器人的多自由度运动；关节需能够完成接触过程柔顺化，实现刚性驱动功能。因此，关节作为软接触柔体机器人设计的关键模型组件，其设计的水平将是整个软接触系统的基础和核心，开展对软接触操作的关节设计与分析，对于实现对接系统动力学研究、路径规划、协同控制和刚柔复合控制等具有重大影响作用。

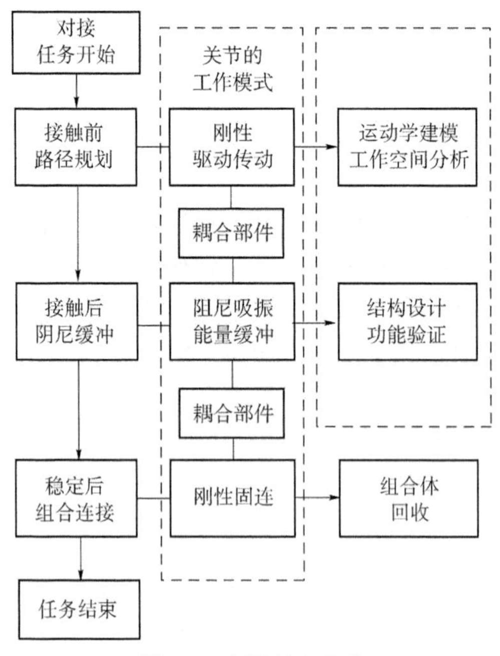


图 9-2　主要任务流程

软接触柔体机器人关节的具体功能如下。

(1) 刚性驱动传动功能：具备为柔体机器人系统提供操作负载的驱动与传动能力；

(2) 运动传感及力传感功能：具备为实现柔体机器人系统运动、力和控制变量测量功能；

(3) 运动、力控制功能：具备为实现柔体机器人系统路径规划等操作的运动和阻尼力控制的闭环控制功能；

(4) 阻尼缓冲功能：具有柔性单元，实现对目标航天器引入的冲击力的阻尼缓冲，并具备空间笛卡儿坐标系下六维方向的动量卸载能力，单关节实现全六维动量的阻尼和缓冲；

(5) 刚性驱动传动与阻尼缓冲转换功能：刚性驱动传动结构和柔性单元之间具有可控的离合部件，根据操作任务要求实现不同工作任务下的分离和连接。

## 9.3 关节阻尼缓冲方法

空间对接进行接触操作对柔体机器人产生的动量冲击可通过对关节施加阻尼缓冲力或力矩实现，阻尼缓冲力或力矩可通过添加柔性单元实现。用于关节的柔性单元需要具有低功耗、结构简单、可控性好、体积小等特点；而传统的柔性单元，多采用弹簧、吸振材料等器件，难以满足要求。磁流变液是一种具有高效可控性的智能材料，弹簧和基于磁流变液的磁流变阻尼器组成的柔性组件，可满足软接触柔体机器人关节的要求。

### 9.3.1 磁流变液

磁流变液是一种智能的流体材料，主要由磁性颗粒组成，其流变特性可由外加磁场控制。磁流变液的流变特性是可逆的，在无外加磁场作用下，其表现为普通流体的黏度，在外加磁场的作用下其能够在几毫秒的时间内由 Newton 流体状态转变为黏度大的液体、类固态甚至固态，当外加磁场变为零时，其又恢复为 Newton 流体状态。根据此特性，磁流变液主要有三种基本工作模式：流动模式、剪切模式、挤压模式。各模式的工作状态示意图如图 9-3所示。

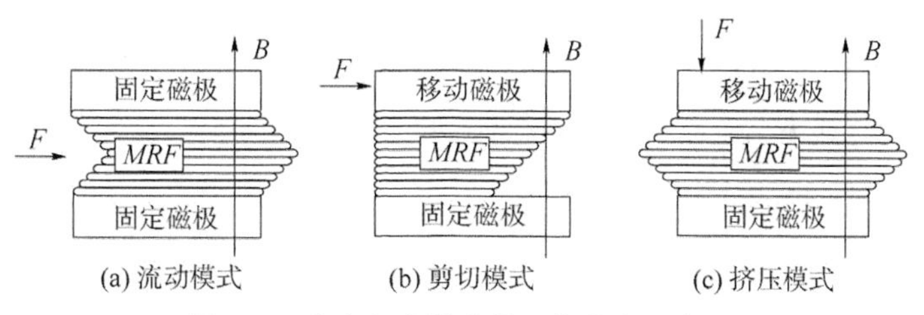


图 9-3　磁流变液模式的工作状态示意图

磁流变液主要应用于土木建筑、车辆、机械等工程领域，基于磁流变液的磁流变阻尼器，与传统柔性单元相比具有高效性、结构简单等特点，成为工程领域应用热点。

磁流变阻尼器根据结构和运动形式分为直线式和旋转式：直线式磁流变阻尼器的研究已经较为成熟，并在众多工程领域应用广泛，典型的直线式磁流变阻尼器如图 9-4 中(a)所示。该结构中，磁流变液密封于活塞与外壳之间，线圈缠绕在活塞上，对线圈加载电流后，产生的电磁场分布在磁流变液区域，进而使磁流变液的流体特性发生转变，通过控制加载电流大小可实现对磁流变阻尼器的阻尼力控制。旋转式磁流变阻尼的典型结构如图 9-4 中(b)所示。在该结构中，磁流变液密封于外壳中，对线圈加载电流后，产生的电磁场分布在磁流变液区域，进而使磁流变液的流体特性发生转变，阻尼盘转动时，与外壳之间由此可产生一定的阻尼力矩，可控制加载电流大小，实现对转轴的阻尼力矩控制。因此可利用磁流变阻尼器作为软接触机械臂关节中的柔性单元，从而减小冲击振动载荷，吸收撞击动能。

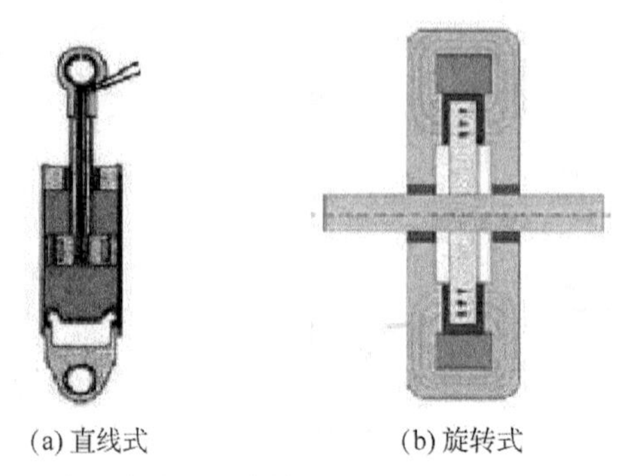

(a) 直线式　　(b) 旋转式

图 9-4　典型直线式和旋转式磁流变阻尼器构型图

### 9.3.2　阻尼缓冲方法

大多数传动机构的运动形式可分为直线运动和旋转运动两类，关节式柔体机器人以关节作为转动轴，两臂杆相对旋转运动，直线运动以滑轨和滑块为基础，两基体相对直线运动。改变关节的阻尼值可达到对臂杆之间的阻尼，阻尼的大小可通过外加阻尼力矩实现；传动件之间能量的转化可达到关节的动量缓冲，能量转化可通过外加能量转化装置实现。为了不影响传动机构在不需要阻尼缓冲时进行任务操作，需要一定的离合装置实现传动机构与阻尼缓冲组件之间不同任务要求下的分离与结合。

针对空间操作任务要求，关节阻尼缓冲的实现需在基本的驱动传动结构基础上，加入阻尼缓冲器件、离合器件和转换机构，两种阻尼缓冲方法原理图如图 9-5 和图 9-6 所示。基于磁流变液的磁流变阻尼器可通过自身特殊的流变特性，对关节施加可控的阻尼力和力矩；弹簧能够作为能量转化装置，对关节冲击进行缓冲。

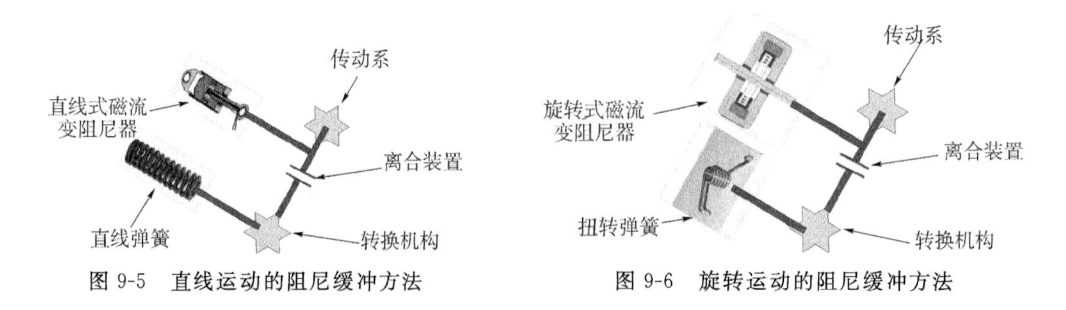


图 9-5　直线运动的阻尼缓冲方法　　图 9-6　旋转运动的阻尼缓冲方法

## 9.4　关节方案设计

本节提出一种以十字轴为主体结构的关节方案，设计驱动传动机构和可控柔性组件。

关节组成结构框图如图 9-7 所示，关节总体结构方案示意图如图 9-8 所示。

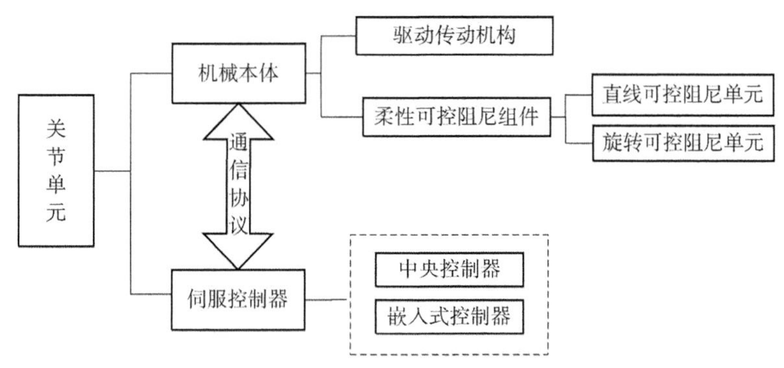


图 9-7　软接触关节组成结构框图

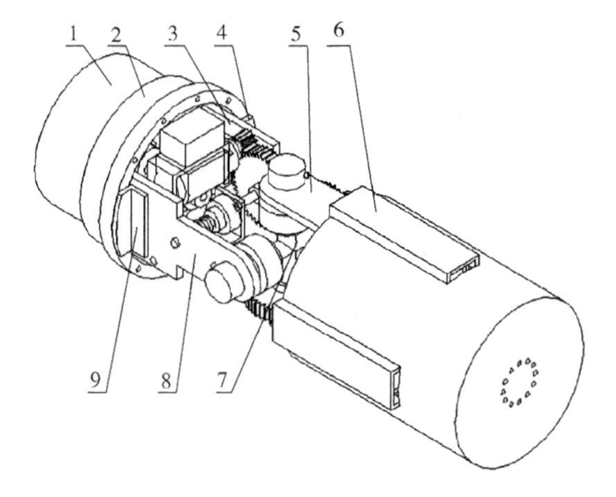


图 9-8　软接触关节结构方案组成一

1—旋转内壳；2—旋转外壳；3—支架一；4—连接板一；5—支架三；6—滑动外壳；7—十字轴；8—支架二；9—连接板二

关节具有实现空间刚性运动操作的能力，具备俯仰和偏航两自由度的运动规划功能，同时具备接触操作的柔性特征。其具体是由驱动传动机构组成，具有一般关节的驱动传动装置，采用行星齿轮减速机构，齿轮组转换方向，且关节运动角度范围为－30°～＋30°，使关节实现两自由度运动，为机构提供末端操作负载驱动能力。通过在刚性传动机构和阻尼组件之间设计的离合部件——离合器、制动器和电磁制动滑块，实现四个阻尼组件对接触过程中动量进行卸载。将关节放置于空间笛卡儿坐标系中，关节的俯仰和偏航两个方向分别作为 $x$ 和 $y$ 轴；接触过程中，$x$、$y$、$z$ 轴旋转方向的动量可直接被三个旋转可控柔性组件卸载，$z$ 轴直线方向的动量直接被直线可控柔性组件卸载，$x$、$y$ 直线方向的动量通过机械机构的传递与转换，被旋转可控柔性组件卸载，因此关节可实现空间六维的接触动量卸载。

## 9.4.1　驱动传动机构设计

软接触关节的驱动传动机构采用电动机作为驱动，通过齿轮间的相互啮合运动，带动基体与连杆之间的相互转动，进而实现两基体之间的相互转动，完成俯仰（$X$ 轴）或偏航（$Y$ 轴）动作。机构组成结构框图如图 9-9 所示。

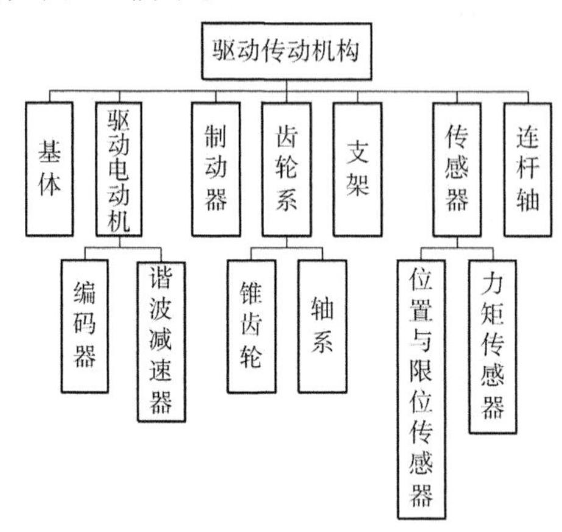


图 9-9　驱动传动机构组成结构框图

驱动传动机构的详细设计如图 9-8、图 9-10 和图 9-11 所示，电动机驱动单元一（12）、离合器一（11）和控制器（28）固定于电动机基座（29），电动机基座（29）固定在支架二（8）上，电动机驱动单元二（12）和离合器二（43）固定于支架四（48）上。所述的支架一（3）与旋转外壳（2）通过连接板一（4）固接。所述的滑轨一（16）、滑轨二（21）、滑轨三（22）和滑轨四（41）对称式分布，固定于滑动内壳（15）上，对应的电磁制动滑块一（17）、滑块二（20）、滑块三（19）和滑块四（40）固定于滑动外壳（6）上；通过滑轨一（16）、滑轨二（21）、滑轨三（22）、滑轨四（41）、电磁制动滑块一（17）、滑块二（20）、滑块三（19）、滑块四（40）使滑动内壳（15）和滑动外壳（6）之间发生相对滑动，并通过电磁控制相对滑动处于自由滑动模式或锁定模式。

双关节的柔性碰撞

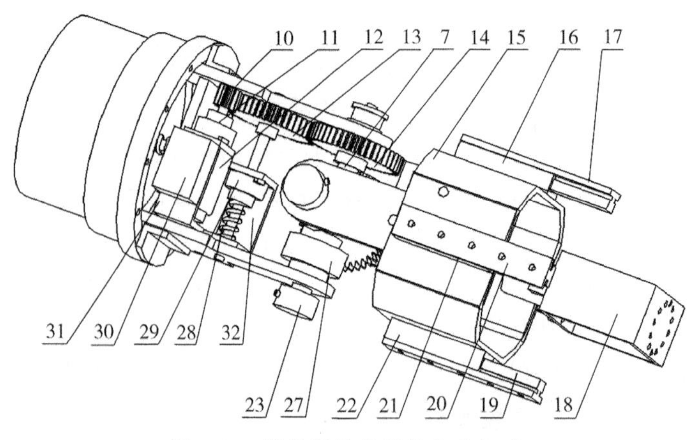


图 9-10　软接触关节结构方案组成二

10—电动机齿轮一；11—离合器一；12—电动机驱动单元一；13—齿轮一；14—齿轮二；15—滑动内壳；16—滑轨一；17—滑块一；18—支座；19—滑块三；20—滑块二；21—滑轨二；22—滑轨三；23—旋转式磁流变阻尼器 Y；24—编码器 Y；25—支座 Y；26—扭簧机构 Y；27—离合器 Y；28—控制器；29—电动机基座

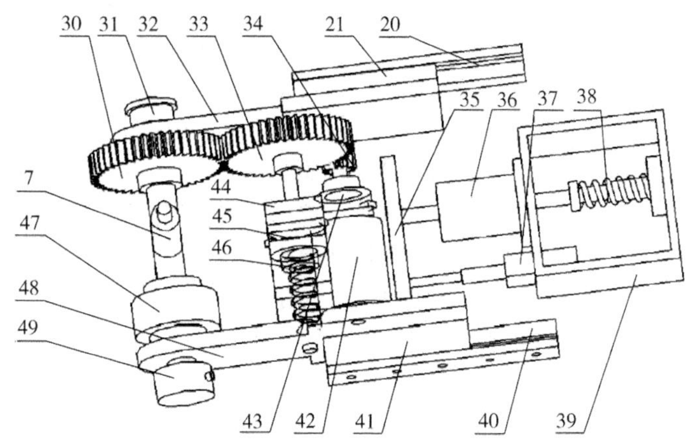


图 9-11 软接触关节结构方案组成三

30—齿轮三；31—力矩传感器 Y；32—支架三；33—齿轮四；34—电机齿轮二；35—连接板三；36—直线式磁流变阻尼器；37—线位移传感器；38—弹簧机构；39—支座；40—滑块四；41—滑轨四；42—电机驱动单元二；43—离合器二；44—支座 X；45—离合器 X；46—扭簧机构 X；47—旋转式磁流变阻尼器 X；48—支架四；49—编码器 X

## 9.4.2 可控柔性组件设计

软接触关节的设计目标是实现接触操作时的六维动量缓冲，根据方案设计的结构特点和分析可知，柔体机器人在空间路径规划运动下单关节为两自由度结构，参考笛卡儿坐标系下，只需在关节的 $x$、$y$、$z$ 轴旋转方向和 $z$ 轴直线方向添加可控柔性组件即可实现目标要求。

可控柔性组件的详细设计如图 9-10～图 9-12 所示。直线式磁流变阻尼器(36)、线位移传感器(37)和弹簧机构(38)的基体固定于滑动外壳(6)，阻尼器的导向杆通过连接板三(35)固定于滑动内壳(15)。旋转式磁流变阻尼器 X(47)和编码器 X(49)的基体安装于支架四(48)，旋转式磁流变阻尼器 Y(23)和编码器 Y(24)的基体安装于支架二(8)，他们的旋转轴

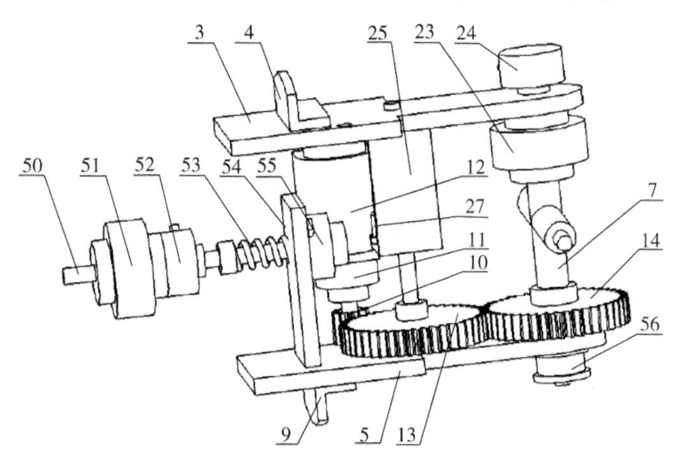


图 9-12 软接触关节结构方案组成四

50—旋转轴 Z；51—旋转式磁流变阻尼器 Z；52—编码器 Z；53—扭簧机构 Z；54—连接板四；55—制动器；56—力矩传感器 X

是由十字轴(7)充当;旋转式磁流变阻尼器Z(51)、编码器Z(52)、扭簧机构Z(53)、制动器(55)的基体固定于旋转旋转内壳(1),通过连接板四(54)固定于支架三(5),其轴是旋转轴Z(50)。旋转阻尼组件中的离合器X(45)和离合器Y(27)的固定支座X(44)和支座Y(25)分别固定于支架四(48)和支架二(8),主动轴分别由所述齿轮一(13)、齿轮三(30)的轴充当;扭簧机构X(46)和扭簧机构Y(26)是一端分别固定于支架一(3)和支架四(48),一端分别固定于离合器X(45)和离合器Y(27)的从动盘。所述的旋转外壳(2)通过连接板一(4)和连接板二(9)分别与支架一(3)和支架二(5)固定,旋转内壳(1)和旋转外壳(2)之间通过轴承连接,实现相对转动。

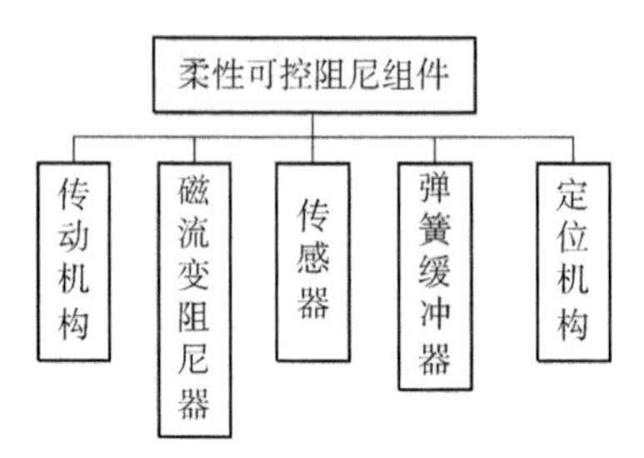


图9-13　可控柔性组件组成结构框

## 9.4.3　可控柔性组件

可控柔性组件主要通过离合部件(离合器和滑轨滑块)与传动机构配合,一方面,实现机械臂刚性运动规划时不影响关节的刚性传动机构,并且不额外产生柔性效应,从而使关节能够精确地达到控制要求;另一方面,实现接触时的动量能够传递到柔性单元中,从而达到对接触动量的缓冲与卸载。

在执行运动规划任务时,电磁制动滑块一(17)、滑块二(20)、滑块三(19)、滑块四(40)和制动器(55)均处于锁定状态,使得滑动内壳(15)和滑动外壳(6)、旋转内壳(1)和旋转外壳(2)之间保持相对固定;各磁流变阻尼器处于掉电自由状态;离合器X(49)和离合器Y(24)处于分离状态。

电动机驱动单元一(12)转动经行星轮减速的输出轴连接结合状态的离合器一(11),离合器一(11)的输出轴通过电动机齿轮一(10)和齿轮一(13)啮合传动,齿轮一(13)和齿轮二(14)啮合,齿轮一(13)的轴安装于支架一(3),齿轮二(14)固接于十字轴(7),各啮合齿轮形成传动机构,十字轴(7)安装在四个支架上,四个支架对称分布在十字轴(7)四个轴上,支架三(8)和支架四(48)固定在滑动内壳(15)上,因此关节整体可随电动机一转动发生俯仰运动,且此运动范围为±30°;同理,电动机驱动单元二(42)转动经行星轮减速的输出轴连接闭合状态的离合器二(43)输入轴,离合器二(43)输出轴通过电动机齿轮二(34)和齿轮四(33)啮合传动,齿轮三(30)和齿轮四(33)啮合,齿轮四(33)轴安装于支架四(48),齿轮三(30)固接于十字轴(7),各啮合齿轮形成传动机构,支架一(3)和支架二(5)固定在旋转外壳(2)上,因此关节整体可随电动机一转动发生偏航运动,设计运动范围为−30°～+30°。

在执行接触任务时,通过在驱动传动机构和可控柔性组件之间设计的离合部件(离合器、制动器和电磁制动滑块)实现四个磁流变阻尼器和弹簧对接触过程中动量进行卸载。将本关节放置于空间笛卡儿坐标系中可以看出,关节的俯仰和偏航两个方向分别作为$x$和$y$轴;接触过程中,$x$、$y$、$z$旋转方向的动量被三个旋转阻尼组件卸载,$z$轴直线的动量被直线阻尼组件卸载,$x$、$y$轴直线方向的动量通过机械机构的传递,被旋转阻尼组件卸载,因此关节实现空间六维的动量卸载。具体到每一个方向的动量卸载实施原理如下:

第一,关节末端受到$x$轴旋转方向的动量冲击时,离合器一(11)处于分离状态,角动量使支架一(3)和十字轴(7)发生相对转动,同时由于齿轮的啮合运动扭簧机构X(46)对冲击转动起到被动缓冲作用，编码器 X(49)监测运动变量，并将变量传输给控制器(28)，由设计的目标控制算法和旋转式磁流变阻尼器 X(47)构成半主动控制器，目标控制算法根据运动变量计算出缓冲碰撞的期望阻尼力矩，再由旋转式磁流变阻尼器 X(47)通过电磁控制输出相应阻尼力矩，从而实现 X 轴旋转方向对冲击角动量的卸载控制。

第二，关节末端受到 $y$ 轴旋转方向的动量冲击时，和 $x$ 轴旋转方向完成角动量的卸载控制是相同的原理，离合器二(23)处于分离状态，角动量使支架四(48)和十字轴(7)发生相对转动，同时由于齿轮的啮合运动扭簧机构 Y(26)对冲击转动起到被动缓冲作用，编码器 Y(24)监测运动变量，并将变量传输给控制器，由设计的目标控制算法和旋转式磁流变阻尼器 Y(23)构成半主动控制器，目标控制算法根据运动变量计算出缓冲碰撞的期望阻尼力矩，再由旋转式磁流变阻尼器 Y(23)通过电磁控制输出相应阻尼力矩，从而实现偏航方向对冲击角动量的卸载控制。

第三，关节末端受到 Z 轴旋转方向的动量冲击时，制动器(55)处于分离状态，角动量使旋转内壳(1)和旋转外壳(2)发生相对转动，旋转轴 Z(50)运动，扭簧机构 Z(53)对此冲击转动起到被动缓冲作用，编码器 Z(52)监测运动变量，并将变量传输给控制器(28)，由设计的目标控制算法和旋转式磁流变阻尼器 Z(51)构成半主动控制器，目标控制算法根据运动变量计算出缓冲碰撞的期望阻尼力矩，再由旋转式磁流变阻尼器 Z(51)通过电磁控制输出相应阻尼力矩，从而实现对关节轴向旋转冲击角动量的缓冲与卸载控制。

第四，关节末端受到 $x$ 轴直线方向的动量冲击时，由关节驱动结构特点可知，此方向的动量将传递到 $y$ 轴旋转方向，动量被转换卸载；关节末端受到 $y$ 轴直线方向的动量冲击时，由关节驱动结构特点可知，此方向的动量将传递到 $x$ 轴旋转方向，动量被转换卸载。

第五，关节末端受到 $z$ 轴直线方向的动量冲击时，电磁制动滑块一(17)、滑块二(20)、滑块三(19)、滑块四(40)处于分离状态，滑块与滑轨一(16)、滑轨二(21)、滑轨三(22)和滑轨四(41)可相对平动，关节的滑动外壳(6)受到冲击，线性冲量使滑动内壳(15)和滑动外壳(6)发生相对平动，线位移传感器(37)监测运动变量，并将变量传输给控制器(28)，由设计的目标控制算法和磁流变阻尼器构成半主动控制器，目标控制算法根据运动变量计算出缓冲碰撞的期望阻尼力，再由磁流变阻尼器通过电磁控制输出相应阻尼力，从而实现关节对 $z$ 轴直线方向向线动量的卸载控制。

## 9.5　本章小结

本章首先提出了以十字轴和齿轮为基本结构的关节方案，设计了同时具备两自由度刚性运动能力和单关节六维动量卸载能力的软接触关节，并进行了三维建模。其次，关节的传动结构和柔性单元之间设计了可控的离合部件，实现柔性单元根据任务要求满足不同工作模式的分离和连接。最后，采用具有可控能力的磁流变阻尼器和弹簧作为柔性单元，用于对接航天器间接触时引入的冲击力和碰撞力的缓冲与卸载，使接触过程柔顺化。

# 第 10 章　软接触柔体机器人的动力学分析

## 10.1　引言

本章采用动力学仿真软件 ADAMS 开展接触后漂浮基软接触单关节柔体机器人和三关节柔体机器人的动力学仿真，设计对比接触任务以验证设计关节的功能性，仿真验证关节具有的阻尼缓冲功能，并分析关节的阻尼缓冲性能对系统带来的影响及实用性。

## 10.2　软接触阻尼缓冲任务分析与设计

机械系统动力学分析软件 ADAMS 的具体仿真流程如图 10-1 所示。

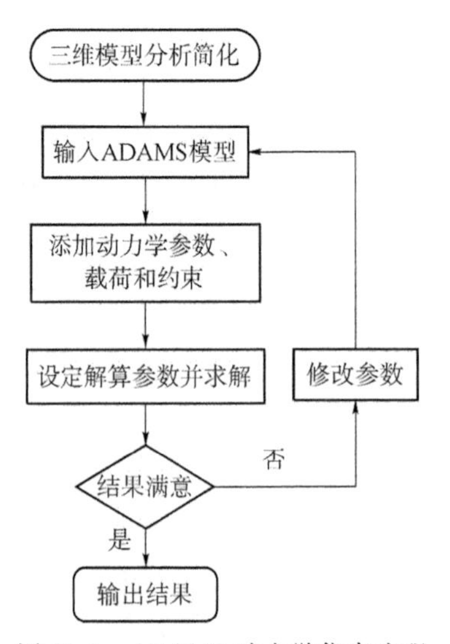


图 10-1　ADAMS 动力学仿真流程

在追踪航天器与目标航天器对接操作时，柔体机器人的末端执行装置与目标航天器会发生各方向的接触碰撞，由于是在空间环境中进行操作，对接机构与基座之间存在的耦合力造成瞬间冲击，同时容易对追踪航天器的基座姿态控制产生干扰，接触产生的动量不能衰减，对航天器造成危险，甚至对接任务失败。通过计算机仿真技术进行对漂浮基单关节动力学仿真分析，以验证软接触关节的可控柔性组件实现接触动量的缓冲与卸载。通过仿真分析结果，可为以后软接触机械臂的设计与关节优化提供依据。

而对软接触机械臂关节的阻尼缓冲特性，仅仅自身阻尼缓冲工作模式下的动力学仿真不能说明其具有此特性。因此，在模拟接触后缓冲任务设计时，采用设置关节刚性、有弹簧无阻尼、有弹簧有阻尼三种工作模式，通过对比三种模式下基座的姿态以及基座与机械臂之间的耦合力变化特性来验证关节具有的阻尼缓冲特性。

三种工作模式、系统的初始条件和驱动机构应具备以下条件和假设：

(1) 环境设置：仿真模拟空间环境，仿真平台环境设置为无重力场，各机构运动副之间无摩擦影响；

(2) 刚性模式：基座自由漂浮，机械臂关节制动锁死，离合器闭合，直线滑块制动器锁死，滑块与滑轨之间保持固定，整个机械臂系统与基座之间保持刚性连接；

(3) 有弹簧、无阻尼模式：基座自由漂浮，驱动电动机轴自由，制动器失效，离合器闭合使扭簧处于工况，直线滑块制动器自由，滑块与滑道间自由滑动，磁流变阻尼器不加载电流；

(4) 有弹簧、有阻尼模式：基座自由漂浮，驱动电动机轴自由，制动器失效，离合器闭合使扭簧处于工况，直线滑块制动器自由，滑块与滑道间自由滑动，磁流变阻尼器加载相应的电流。

## 10.3　软接触单关节动力学特性分析

漂浮基软接触单关节进行接触后，动力学特性仿真设计的模型如图 10-2 所示，六维力传感器连接于机器人与基座之间，在臂杆末端加载瞬时力和力矩，基座和臂杆的仿真参数设置见表 10-1。

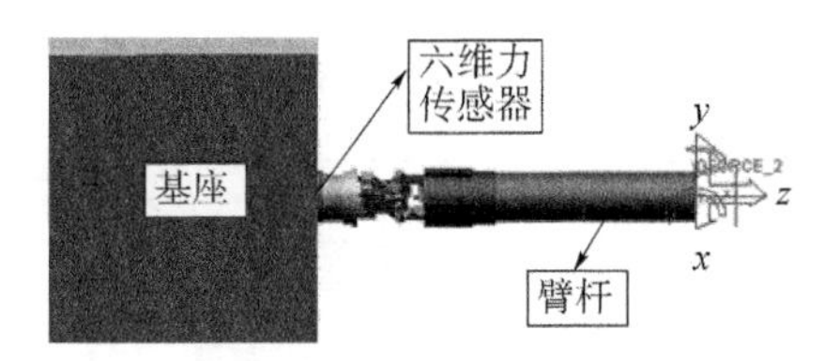


图 10-2　漂浮基软接触机械臂单关节模型

**表 10-1　基座和臂杆仿真参数设置**

| 部件 | 质量/kg | $I_{xx}/(\text{kg}\cdot\text{m}^{-2})$ | $I_{yy}/(\text{kg}\cdot\text{m}^{-2})$ | $I_{zz}/(\text{kg}\cdot\text{m}^{-2})$ |
|---|---|---|---|---|
| 基座 | 200 | 50 | 50 | 50 |
| 臂杆 | 40 | 5 | 5 | 5 |

### 10.3.1　$z$ 轴直线方向受接触力后的动力学仿真

漂浮基单关节在 $z$ 轴直线受接触力时，各电动机处自由，$z$ 轴旋转制动器制动，离合器闭合，直线制动滑块失效，滑块与滑道间自由滑动。此时，在臂杆 $z$ 轴直线方向添加瞬时力。

模拟航天器对臂杆 $z$ 轴直线方向进行碰撞接触，分析其可实现的缓冲性能。

**表 10-2　仿真参数设置(任务一)**

| 坐标轴 | 末端加载力函数 | | 直线弹簧 | |
|---|---|---|---|---|
| | | | 刚度/N·mm$^{-1}$ | 阻尼/N·s·mm$^{-1}$ |
| $z$ 轴直线 | 力/N | if(time-0.1:50,0,0) | 0.5 | 0.05 |

在 ADAMS 软件中参照设计说明和表 10-2 所示的各部件主要数据的初始条件，设置条件约束和施加载荷，对比三种工作模式仿真，则可得到各模式下接触后基座的姿态和基座与关节法兰间的耦合力变化对比曲线图，如图 10-3 和图 10-4 所示。

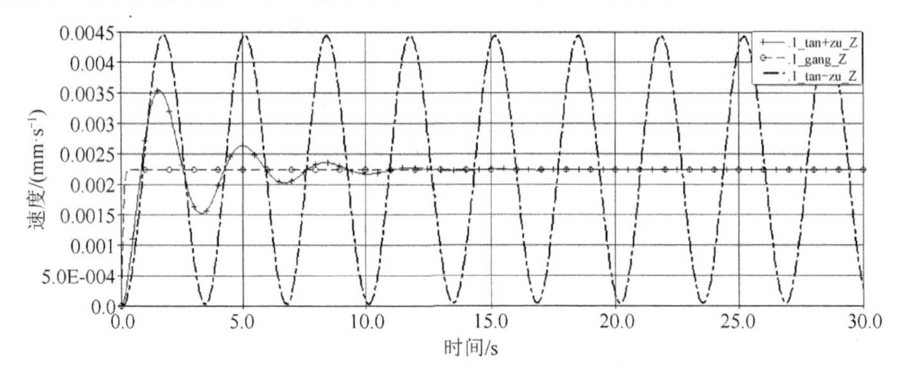


图 10-3　$z$ 轴速度变化对比曲线

+—有弹簧、有阻尼模式；o— —刚性模式；———有弹簧、无阻尼模式

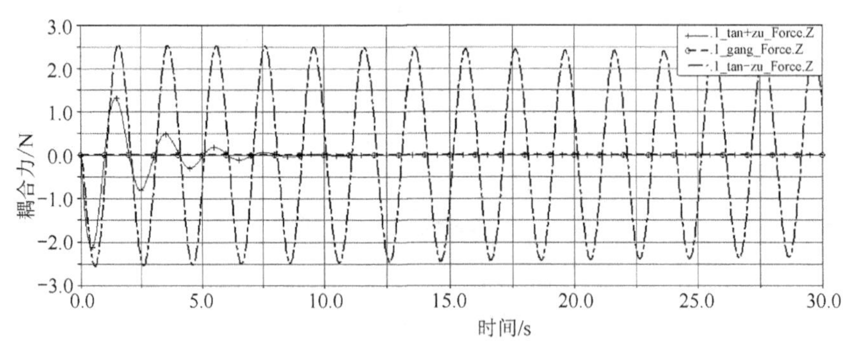


图 10-4　$z$ 轴耦合力变化对比曲线

+—有弹簧有阻尼模式；o— —刚性模式；—— —有弹簧无阻尼模式

图 10-3 所示反映了追踪航天器的基座 $z$ 轴方向的速度，在刚性模式下从仿真开始到1 s 内瞬时突变，并达到常值；有弹簧、无阻尼模式下的速度变量出现反复振荡，幅值约为 0.004 5 mm/s；有弹簧、有阻尼模式下该变量均随着时间进行峰值减小并收敛，经历大约 10 s达到稳定值。由此说明，关节中的柔性单元——弹簧和阻尼可以减小 $z$ 轴直线方向接触对基座冲量带来的瞬时突变影响，使基座的 $z$ 轴的速度则从瞬间脉冲式为谐波式振动，并通过阻尼衰减。

通过图 10-4 所示对比分析可以看出，基座与关节 $z$ 轴耦合力在刚性模式下仿真开始发生瞬时突变，随后达到常值 0；有弹簧、无阻尼模式下，受弹簧能量转化影响，耦合力值持续震荡，震荡中心线为 0；加入阻尼模式下，随时间谐波振荡，且峰值减小并收敛，大约 10 s 后达到稳定值 0。所以关节通过引入柔性单元后，可以 z 轴直线方向接触影响 z 轴方向耦合力的变化，并且数值呈现收敛的变化趋势，从而达到此方向的阻尼缓冲效果。

## 10.3.2　z 轴直线和旋转方向受接触力后动力学仿真

漂浮基单关节系统在 z 轴直线和旋转方向受接触时，各电动机处自由，z 旋转制动器失效，离合器闭合，z 直线滑块直线制动器失效，滑块与滑道间自由滑动。此时，在臂杆的 z 轴直线和旋转方向添加瞬时力和力矩。模拟航天器对臂杆 z 轴直线和旋转方向进行碰撞接触，分析其可实现的阻尼缓冲性能。

**表 10-3　仿真参数设置（任务二）**

| 末端加载力/力矩 | | 弹簧 | |
|---|---|---|---|
| 方向 | 数值 | 刚度 | 阻尼 |
| z 直线 | if(time-0.1:50,0,0) | 0.5 N/mm | 0.05 N·s/mm |
| z 旋转 | if(time-0.1:0.5,0,0) | 3 N·mm/rad | 4.5 N·mm·s/rad |

在 ADAMS 软件中参照设计说明和表 10-3 所示各部件主要数据的初始条件，设置条件约束和施加载荷，对比三种工作模式仿真，则可得到接触后基座的姿态和基座与关节法兰间的耦合力/力矩变化对比曲线图，如图 10-5 和图 10-6 所示。

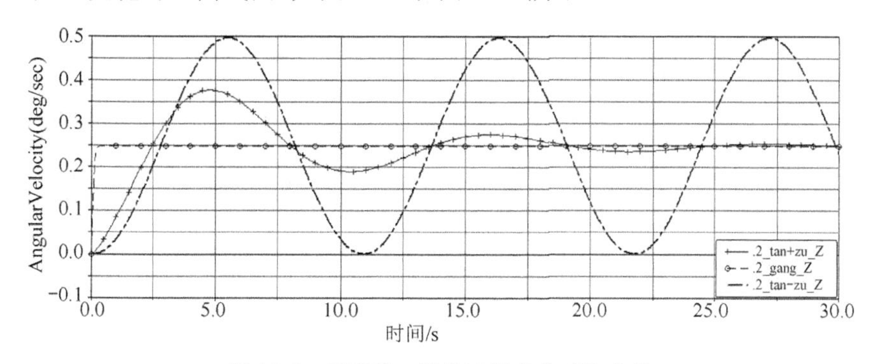


图 10-5　基座的 z 轴角速度变化对比曲线

+—有弹簧有阻尼模式；o— —刚性模式；—— —有弹簧无阻尼模式

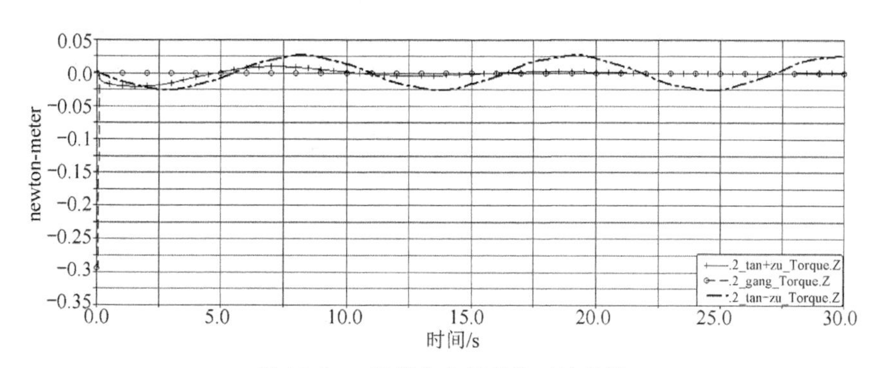


图 10-6　z 轴耦合力矩变化对比曲线

+—有弹簧有阻尼模式；o— —刚性模式；—— —有弹簧无阻尼模式

根据图 10-5 所示对比分析可以看出：由于刚性模式下关节是锁死状态，基座的 $z$ 轴角速度在开始 1 s 内瞬时即达到最大值，并保持不变；锁死机构消除，耦合部件引发扭转弹簧处于工作状态，$z$ 轴角速度以 0.25 deg/s 在仿真时间内振荡；在加入扭转弹簧基础上引入一定阻尼，该角速度呈现振荡衰减收敛于与刚性模式下最大值的特点。综合衰减值收敛于 0.25 deg/s特点，引入的扭转弹簧和阻尼可以减小 $z$ 轴旋转方向接触对基座冲量带来的瞬时突变影响，基座的 $z$ 轴旋转方向角速度受到了关节的阻尼缓冲作用。

通过图 10-6 所示可知，$z$ 轴的耦合力矩在刚性模式下仅在接触瞬间受到影响；在有弹簧、无阻尼模式下，此变量以 0 为中心线，约 0.025 为幅值，仿真时间内不断振荡；在有弹簧、有阻尼模式下，该随时间振荡式波动变化后，峰值逐渐减小并趋于收敛，约 15 s 达到稳定值 0。因此，引入柔性单元后，$z$ 轴旋转方向接触对 $z$ 轴耦合的瞬时力矩可以在较短时间谐波衰减。

## 10.3.3 空间六维方向动力学仿真

漂浮基软接触单关节在空间六维方向受接触力时，各电动机处自由，各制动器失效，各离合器闭合，直线滑块制动器失效，滑块与滑道间自由滑动。此时，同时给臂杆 $x$、$y$、$z$ 轴的直线和旋转方向添加瞬时力/力矩。模拟航天器对臂杆进行 $x$、$y$、$z$ 轴的直线和旋转六个方向的碰撞接触。

**表 10-4 仿真参数设置（任务三）**

| 末端加载力/力矩 | | 弹簧 | |
|---|---|---|---|
| 方向 | 数值函数（力/N，力矩/N·m） | 刚度 | 阻尼 |
| $x$ 轴直线 | if(time-0.1:20,0,0) | 无 | |
| x 轴旋转 | if(time-0.1:0.5,0,0) | 3 N·mm/rad | 2.5 N·mm·s/rad |
| $y$ 轴直线 | if(time-0.1:20,0,0) | 无 | |
| $y$ 轴旋转 | if(time-0.1:0.5,0,0) | 8 N·mm/rad | 5 N·mm·s/rad |
| $z$ 轴直线 | if(time-0.1:50,0,0) | 0.5 N/mm | 0.05 N·s/mm |
| $z$ 轴旋转 | if(time-0.1:0.5,0,0) | 3 N·mm/rad | 2.5 N·mm·s/rad |

在 ADAMS 中参照设计说明和表 10-4 所示各部件主要数据的初始条件，设置条件约束和施加载荷，在刚性、有弹簧无阻尼、有弹簧有阻尼三种模式仿真，则可得到各模式下接触后基座与关节法兰间的耦合力/力矩和基座的姿态变化对比曲线图，如图 10-7 和图 10-14 所示。

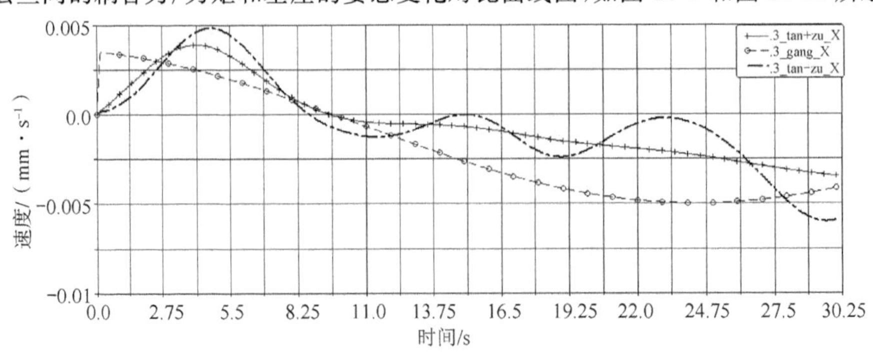


图 10-7 $x$ 轴速度变化对比曲线

+—有弹簧有阻尼模式；o— —刚性模式；—— —有弹簧无阻尼模式

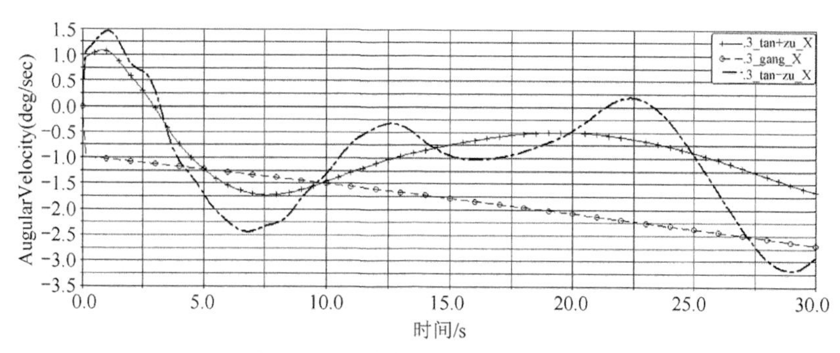


图 10-8 $x$ 轴角速度变化对比曲线

+—有弹簧有阻尼模式；o— —刚性模式；—— —有弹簧无阻尼模式

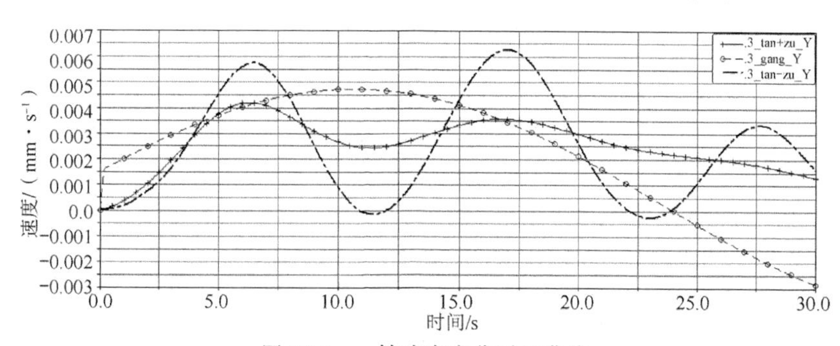


图 10-9 $y$ 轴速度变化对比曲线

+—有弹簧有阻尼模式；o——刚性模式；—— —有弹簧无阻尼模式

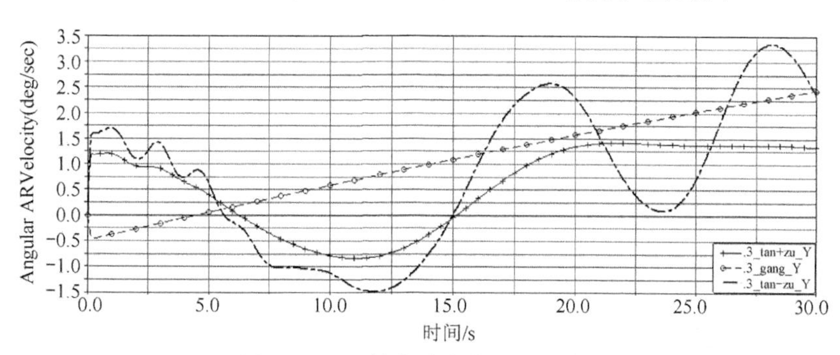


图 10-10 $y$ 轴角速度变化对比曲线

+—有弹簧有阻尼模式；o— —刚性模式；—— —有弹簧无阻尼模式

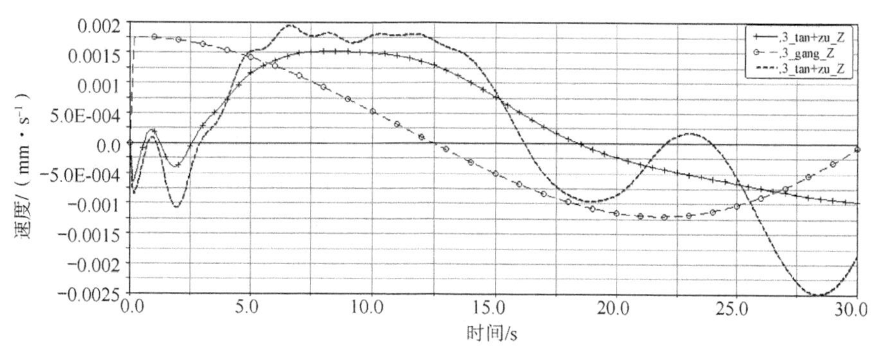


图 10-11 $z$ 轴速度变化对比曲线

+—有弹簧有阻尼模式；o— —刚性模式；—— —有弹簧无阻尼模式

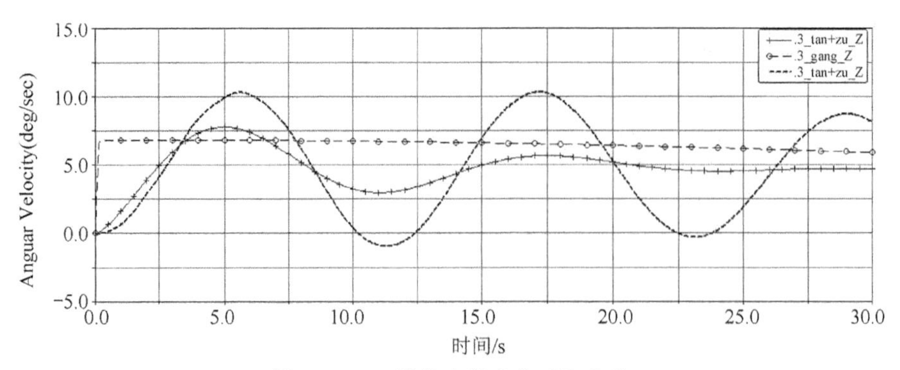


图 10-12　*z* 轴角速度变化对比曲线

+—有弹簧有阻尼模式；o— —刚性模式；—— —有弹簧无阻尼模式

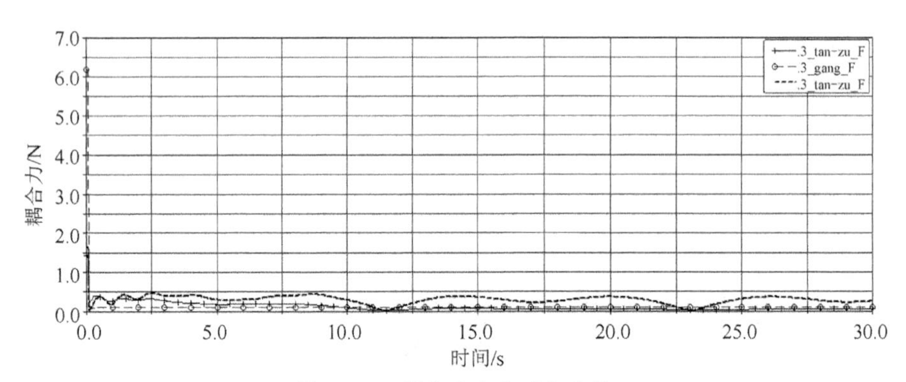


图 10-13　耦合力变化对比曲线

+—有弹簧有阻尼模式；o— —刚性模式；—— —有弹簧无阻尼模式

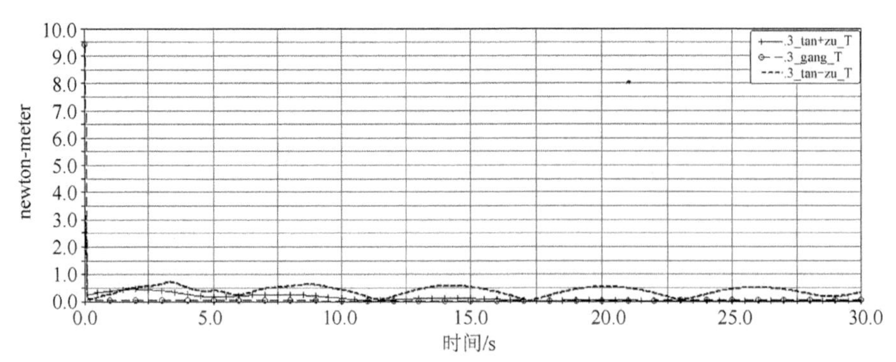


图 10-14　耦合力矩变化对比曲线

+—有弹簧有阻尼模式；o— —刚性模式；—— —有弹簧无阻尼模式

由图 10-7～图 10-12 对比曲线分析知，关节刚性模式下，基座的各坐标轴方向速度和角速度在受到六维接触冲击时，瞬时变大后，随后呈现平缓变化；在有弹簧、无阻尼模式下，两变量出现一定的振荡变化；在有弹簧、有阻尼模式下，两变量均随着时间变化振荡，峰值减小并收敛，随后达到线性稳定。因此，关节在受到六维方向冲击时，引入的柔性单元可以改变六维力接触对基座姿态带来的瞬时突变影响。

通过图 10-13 对比分析可以看出，耦合力在刚性模式下接触瞬间变大，且波形较尖，随后减小并保持与零线靠近；在有弹簧、无阻尼模式下，接触瞬间也有较小的瞬间突变，随后持续振荡，震荡中心线为零线；在弹簧基础上，引入阻尼下，相比无阻尼模式，振荡衰减，收敛为零。分析可知，由于柔性单元并不是直接作用于 $x$、$y$ 轴直线方向，在多力耦合作用下，接触瞬间基座与关节之间的耦合力不能瞬间被阻尼缓冲。但相比刚性模式，该耦合力峰值较小，并随时间进行，逐渐衰减，因此引入柔性单元可以改善接触时耦合力变化。由图 10-14 所示对比分析可以看出，未加入柔性单元情况下，基座与关节之间的耦合力矩瞬间突变；加入弹簧后，力矩曲线得到明显改善，加入阻尼后力矩的振荡得到了衰减。随着系统逐步稳定，柔性单元发挥作用，改善了接触时对耦合力矩的影响。

对比刚性、有弹簧无阻尼、有弹簧有阻尼三种模式下，得到了基座的位姿变化曲线、基座与机械臂耦合力/力矩变化曲线，分析了关节的阻尼缓冲功能对基座和机械臂多力耦合和基座位姿的影响，仿真验证了所设计的关节具有的空间六维阻尼缓冲功能。

## 10.4　软接触柔体机器人的动力学特性仿真分析

漂浮基三关节软接触柔体机器人进行接触后，动力学特性仿真设计的模型如图 10-15 所示，三关节机械臂任意构型下，在臂杆末端加载三个坐标轴六个方向的瞬时力和力矩，基座和各臂杆的仿真参数设置见表 10-5。

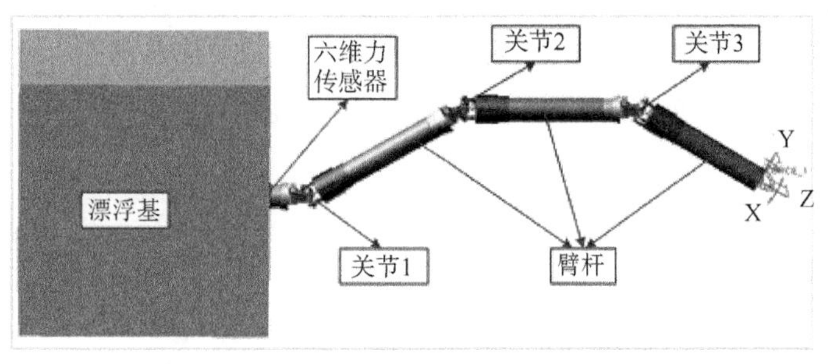


图 10-15　漂浮基三关节软接触机械臂模型

**表 10-5　基座和各臂杆仿真参数设置**

| 项目 | 质量/kg | $I_{xx}/\mathrm{kg\cdot m^{-2}}$ | $I_{yy}/\mathrm{kg\cdot m^{-2}}$ | $I_{zz}/\mathrm{kg\cdot m^{-2}}$ |
|---|---|---|---|---|
| 基座 | 200 | 50 | 50 | 50 |
| 各臂杆 | 40 | 5 | 5 | 5 |

在 ADAMS 中参照设计说明和表 10-5 和表 10-6 所示各部件主要数据的初始条件，设置条件约束和施加载荷，对刚性、有弹簧无阻尼、有弹簧有阻尼三种模式仿真，则可得到各模式下接触后基座与关节法兰间的耦合力/力矩和基座的姿态变化对比曲线图。

**表 10-6　仿真参数设置(任务四)**

| 末端加载力/力矩 | | 弹簧 | | |
|---|---|---|---|---|
| 方向 | 数值函数<br>力/N,力矩/N·m | 关节 | 刚度 | 阻尼 |
| $x$ 直线 | if (time-0.1:2,0,0) | 无 | | |

续表

| 末端加载力/力矩 | | 弹簧 | | |
|---|---|---|---|---|
| $x$ 旋转 | if(time-0.1:5,0,0) | 1 | 500 N·mm/rad | 50 N·mm·s/rad |
| | | 2 | 500 N·mm/rad | 10 N·mm·s/rad |
| | | 3 | 400 N·mm/rad | 100 N·mm·s/rad |
| $y$ 直线 | if(time-0.1:15,0,0) | 无 | | |
| $y$ 旋转 | if(time-0.1:5,0,0) | 1 | 500 N·mm/rad | 10 N·mm·s/rad |
| | | 2 | 200 N·mm/rad | 10 N·mm·s/rad |
| | | 3 | 10 N·mm/rad | 1 N·mm·s/rad |
| $z$ 直线 | if(time-0.1:50,0,0) | 1 | 500 N/mm | 500 N·s/mm |
| | | 2 | 500 N/mm | 500 N·s/mm |
| | | 3 | 500 N/mm | 500 N·s/mm |
| $z$ 旋转 | if(time-0.1:5,0,0) | 1 | 500 N·mm/rad | 10 N·mm·s/rad |
| | | 2 | 200 N·mm/rad | 1 N·mm·s/rad |
| | | 3 | 20 N·mm/rad | 0.5 N·mm·s/rad |

由图 10-16～图 10-21 所示的对比曲线分析知，一定构型的三关节柔体机器人在刚性模式下，基座的各坐标轴方向速度和角速度在受到六维接触冲击时，瞬时变大后，随后呈现平缓变化；在有弹簧无阻尼模式下，各坐标轴方向的两变量出现一定的振荡变化；在有弹簧有阻尼模式下，两变量均随着时间变化振荡，峰值减小并收敛，随后达到线性稳定。因此，柔体机器人在受到六维方向冲击时，引入的柔性单元可以改变六维力接触对基座姿态带来的瞬时突变影响。

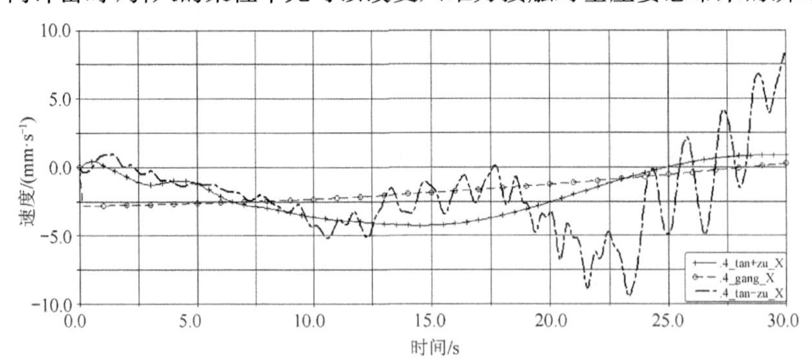


图 10-16　$x$ 轴速度变化对比曲线

+—有弹簧有阻尼模式；o— —刚性模式；—— —有弹簧无阻尼模式

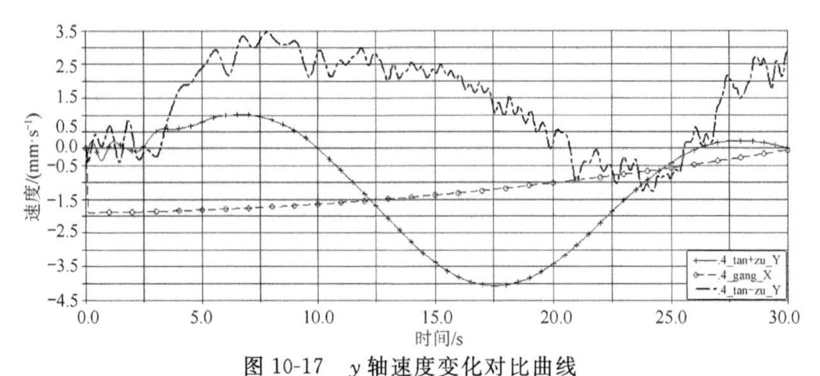


图 10-17　$y$ 轴速度变化对比曲线

+—有弹簧有阻尼模式；o— —刚性模式；—— —有弹簧无阻尼模式

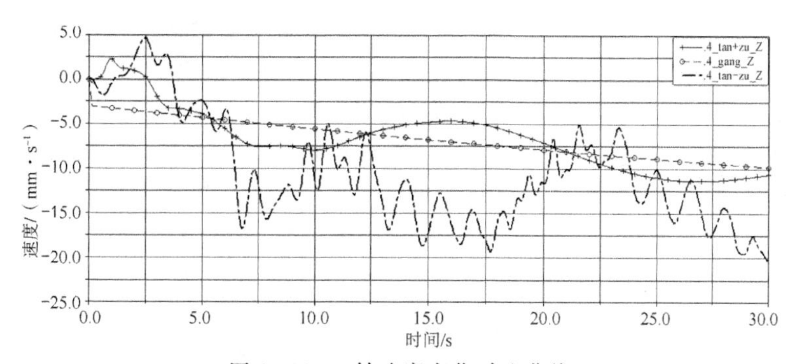


图 10-18　$z$ 轴速度变化对比曲线

+—有弹簧有阻尼模式；o— —刚性模式；—— —有弹簧无阻尼模式

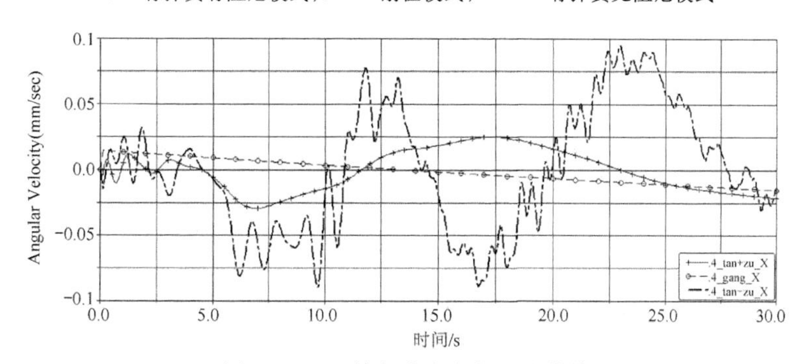


图 10-19　$x$ 轴角速度变化对比曲线

+—有弹簧有阻尼模式；o— —刚性模式；—— —有弹簧无阻尼模式

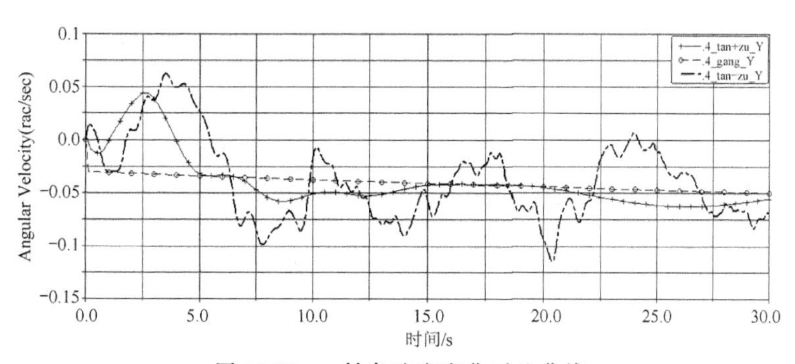


图 10-20　$y$ 轴角速度变化对比曲线

+—有弹簧有阻尼模式；o— —刚性模式；—— —有弹簧无阻尼模式

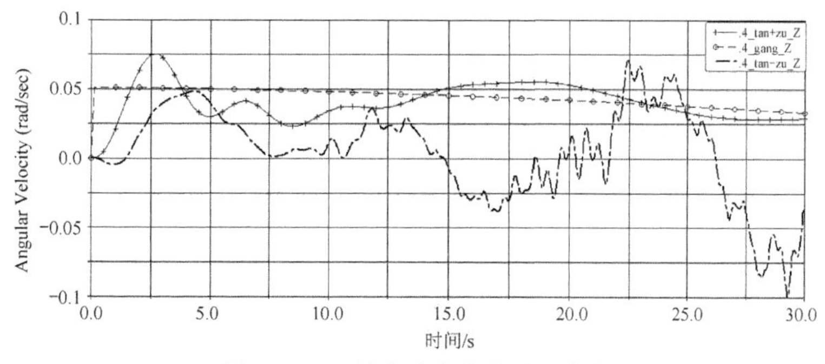


图 10-21　$z$ 轴角速度变化对比曲线

+—有弹簧有阻尼模式；o— —刚性模式；—— —有弹簧无阻尼模式

通过图 10-22 所示对比分析可以看出，耦合力在刚性模式下接触瞬间变大，且波形较尖，随后减小并保持与零线靠近，变化幅度较大；在有弹簧无阻尼模式下，接触瞬间也有较小的瞬间突变，但较刚性模式下随后持续振荡；在弹簧基础上，引入阻尼下，相比无阻尼模式，振荡衰减，逐渐收敛。在三关节柔体机器人中，由于构型的一般性，柔性单元并不是直接作用于坐标轴方向，多力耦合作用下，接触瞬间基座与机械臂之间的耦合力不能瞬间被阻尼缓冲。但相比刚性模式，该耦合力峰值较小，并随时间进行，逐渐衰减，因此引入柔性单元可以改善接触时耦合力变化，且效果明显。由图 10-23 对比分析可以看出，未加入柔性单元情况下，基座与柔体机器人之间的耦合力矩瞬间突变；加入弹簧后，力矩曲线得到明显改善，加入阻尼后力矩的振荡得到了衰减。随着系统逐步稳定，柔性单元发挥作用，改善了接触时对耦合力矩的影响。

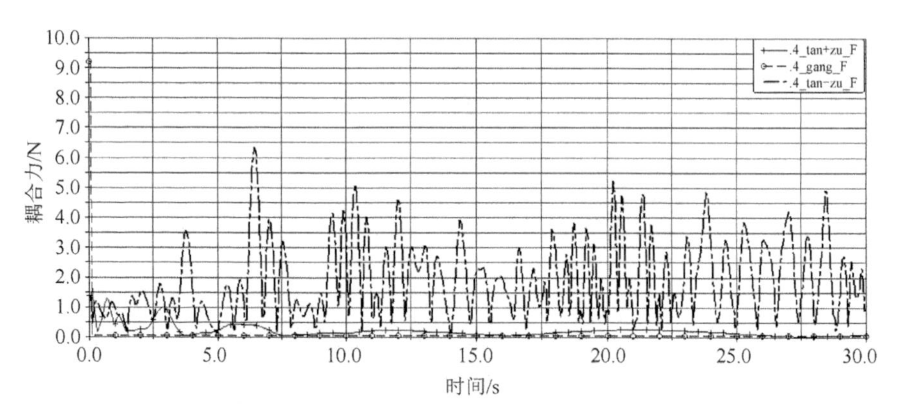


图 10-22　耦合力变化对比曲线

+—有弹簧有阻尼模式；o— —刚性模式；—— —有弹簧无阻尼模式

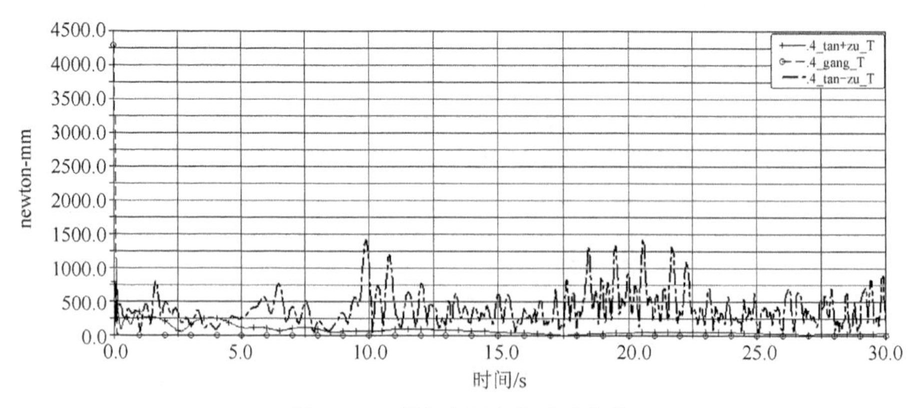


图 10-23　耦合力矩变化对比曲线

+—有弹簧有阻尼模式；o— —刚性模式；—— —有弹簧无阻尼模式

## 10.5　本章小结

使用动力学仿真软件 ADAMS 开展了接触后漂浮基单关节和三关节柔体机器人的动

力学特性仿真分析，设计了三种接触任务，对接触后漂浮基单关节系统进行三个典型任务的动力学仿真分析，进行刚性模式、有弹簧无阻尼模式、有弹簧有阻尼模式下仿真，得到基座与机械臂之间的耦合力/力矩特性对比曲线，基座的姿态特性对比曲线。分析结果验证了软接触柔体机器人能够缓冲接触带来的空间全六维动量缓冲与卸载，使基座与机械臂之间产生的耦合力/力矩达到可控状态，减小瞬间力/力矩突变带来的严重影响，使基座本体姿态振动的幅值也达到控制系统的要求，可以通过相关推力器和飞轮系统等来调整。

# 第 11 章　软接触柔体机器人的动力学模型

## 11.1　引言

利用 Kane 方法建立包含可控阻尼的 N 关节 6N 自由度的柔体机器人运动学和动力学方程，并以 3 关节 12 自由度漂浮基 / 柔体机器人为例，分别在 Adams 和 MatLab 软件中进行仿真，对比验证了动力学模型的有效性。

## 11.2　基于 Kane 方法的质点系和刚体系方程

### 11.2.1　质点系下的 Kane 方程

假设惯性系下存在一个由 $n$ 个质点组成的质点系，系统的自由度为 $l$，选取 $l$ 个独立广义坐标 $q_i(i=1,2,\cdots,l)$，则 $t$ 时刻质点 $P_i$ 在惯性系下的位置矢量为

$$\boldsymbol{r}_i = r_i(q_1\ q_2\ \cdots\ q_l\ t) \tag{11-1}$$

将式(11-1) 对 $t$ 求导，质点 $P_i$ 的线速度可表示为

$$\boldsymbol{v}_i = \frac{\mathrm{d}\,\boldsymbol{r}_i}{\mathrm{d}t} = \sum_{j=1}^{l}\frac{\partial \boldsymbol{r}_i}{\partial q_j}\dot{q}_j = \sum_{j=1}^{l}\frac{\partial \boldsymbol{v}_i}{\partial \dot{q}_j}\dot{q}_j = \sum_{j=1}^{l}\boldsymbol{v}_{i,j}\dot{q}_j \tag{11-2}$$

式中：$\dot{q}_j$ 是广义速度；

$\boldsymbol{v}_{i,j} = \dfrac{\partial \boldsymbol{r}_i}{\partial q_j} = \dfrac{\partial \boldsymbol{v}_i}{\partial \dot{q}_j}$ 是质点 $P_i$ 的速度对于广义速度 $\dot{q}_j$ 的偏速度。

因此质点 $P_i$ 的虚位移为

$$\delta\boldsymbol{r}_i = \sum_{j=1}^{l}\frac{\partial \boldsymbol{r}_i}{\partial q_j}\delta q_j = \sum_{j=1}^{l}\boldsymbol{v}_{i,j}\delta q_j \tag{11-3}$$

根据达朗倍尔原理、虚位移原理：理想约束任意时刻，质点系上主动力和惯性力在虚位移上做的功为零。对于上述质点系，应用虚位移原理，系统的动力学方程为

$$\sum_{i=1}^{n}(\boldsymbol{F}_i - m_i\boldsymbol{a}_i)\cdot\delta\boldsymbol{r}_i = 0 \tag{11-4}$$

式中，$\boldsymbol{F}_i$ 表示质点 $P_i$ 所受的主动力矢量；$m_i$ 表示质点 $P_i$ 的质量；$\boldsymbol{a}_i$ 表示质点 $P_i$ 的加速度矢量。

将式(11-3)代入式(11-4),得到：

$$\sum_{i=1}^{n}\left[(\boldsymbol{F}_i - m_i\boldsymbol{a}_i)\cdot\sum_{j=1}^{l}\boldsymbol{v}_{i,j}\delta q_j\right] = 0 \tag{11-5}$$

整理得到：

$$\sum_{j=1}^{l}\left[\sum_{i=1}^{n}(\boldsymbol{F}_i - m_i\boldsymbol{a}_i)\cdot\boldsymbol{v}_{i,j}\delta q_j\right] = 0 \tag{11-6}$$

由于 $l$ 个广义坐标是相互独立的,则

$$\sum_{i=1}^{n}(\boldsymbol{F}_i - m_i\boldsymbol{a}_i)\cdot\boldsymbol{v}_{i,j} = 0 \tag{11-7}$$

因此可以得到 Kane 方程：

$$F_j + F_j^{\ *} = 0 \qquad (j = 1,2,\cdots,l) \tag{11-8}$$

式中,广义主动力 $F_j = \sum\limits_{i=1}^{n}\boldsymbol{F}_i\cdot\boldsymbol{v}_{i,j}$;广义惯性力 $F_j^{\ *} = \sum\limits_{i=1}^{n} - m_i\boldsymbol{a}_i\cdot\boldsymbol{v}_{i,j}$。

## 11.2.2　刚体系统的 Kane 方程

假设一个刚体 $\mathrm{B}_k$ 中包含 $n$ 个质点,所受主动力情况如图 11-1 所示。质心为 C,将刚体各质点处所受的主动力向质心处等效,$\mathrm{B}_k$ 所受的等效主动力 $\boldsymbol{F}_c$ 和等效主动力矩 $\boldsymbol{M}_c$ 如下：

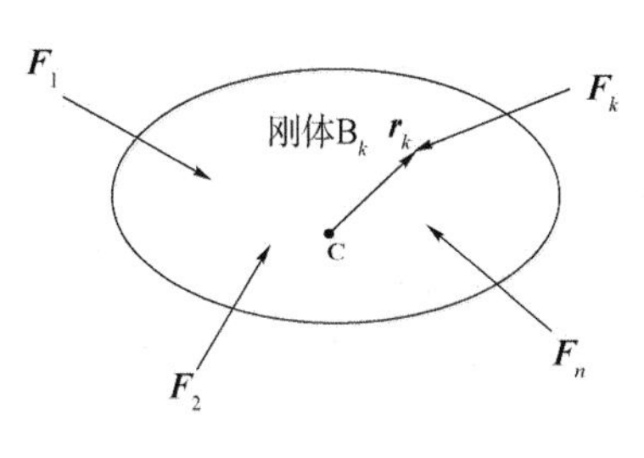


图 11-1　刚体 $B_k$ 的受力情况

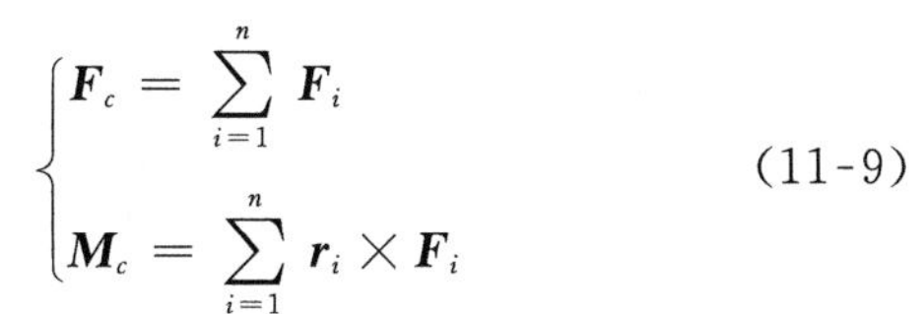

$$\begin{cases}\boldsymbol{F}_c = \sum\limits_{i=1}^{n}\boldsymbol{F}_i \\ \boldsymbol{M}_c = \sum\limits_{i=1}^{n}\boldsymbol{r}_i\times\boldsymbol{F}_i\end{cases} \tag{11-9}$$

式中,$\boldsymbol{r}_i$ 表示力 $\boldsymbol{F}_i$ 作用点距离质心 C 的向量。

接下来分析刚体 $\mathrm{B}_k$ 所受的等效惯性力(矩) $\boldsymbol{F}_c^*$、$\boldsymbol{M}_c^*$。

假设刚体 $\mathrm{B}_k$ 内质点 $\mathrm{P}_i$ 的质量为 $m_i$,其加速度 $\boldsymbol{a}_i$,将各个质点所受的惯性力(矩)向质心处等效,有

$$\boldsymbol{F}_c^* = \sum_{i=1}^{n}\boldsymbol{F}_i^* = -\sum_{i=1}^{n}m_i\cdot\boldsymbol{a}_i \tag{11-10}$$

$$\boldsymbol{M}_c^* = \sum_{i=1}^{n}\boldsymbol{r}_i\times\boldsymbol{F}_i^* \tag{11-11}$$

质点 $\mathrm{P}_i$ 的加速度为

$$\boldsymbol{a}_i = \boldsymbol{a}_c + \boldsymbol{a}_{ic} = \boldsymbol{a}_c + \boldsymbol{\alpha}\times\boldsymbol{r}_i + \boldsymbol{\omega}\times(\boldsymbol{\omega}\times\boldsymbol{r}_i) \tag{11-12}$$

式中,$\boldsymbol{a}_c$ 表示刚体内质心加速度;$\boldsymbol{\alpha}$ 表示刚体 $\mathrm{B}_k$ 的角加速度;$\omega$ 表示刚体 $\mathrm{B}_k$ 运动的角速度。

将式(11-12)代入式(11-10)得到：

$$\begin{aligned}\boldsymbol{F}_c^* &= -\sum_{i=1}^{n}m_i\cdot\boldsymbol{a}_i = -\sum_{i=1}^{n}m_i\cdot[\boldsymbol{a}_c + \boldsymbol{\alpha}\times\boldsymbol{r}_i + \boldsymbol{\omega}\times(\boldsymbol{\omega}\times\boldsymbol{r}_i)] \\ &= -\sum_{i=1}^{n}m_i\cdot\boldsymbol{a}_c - \boldsymbol{\alpha}\times\sum_{i=1}^{n}m_i\cdot\boldsymbol{r}_i - \boldsymbol{\omega}\times(\boldsymbol{\omega}\times\sum_{i=1}^{n}m_i\cdot\boldsymbol{r}_i)\end{aligned} \tag{11-13}$$

由于 C 为质心，$\sum_{i=1}^{n} m_i \cdot \boldsymbol{r}_i = 0$，因此等效惯性力为

$$\boldsymbol{F}_c^* = -\sum_{i=1}^{n} m_i \cdot \boldsymbol{a}_c = -M \cdot \boldsymbol{a}_c \tag{11-14}$$

将式(11-12) 代入式(11-11) 得到：

$$\begin{aligned}\boldsymbol{M}_c^* &= -\sum_{i=1}^{n} \boldsymbol{r}_i \times m_i \cdot \boldsymbol{a}_i = -\sum_{i=1}^{n} m_i \boldsymbol{r}_i \times [\boldsymbol{a}_c + \boldsymbol{\alpha} \times \boldsymbol{r}_i + \boldsymbol{\omega} \times (\boldsymbol{\omega} \times \boldsymbol{r}_i)] \\ &= -\sum_{i=1}^{n} m_i \boldsymbol{r}_i \times (\boldsymbol{\alpha} \times \boldsymbol{r}_i) - \boldsymbol{\omega} \times [\sum_{i=1}^{n} m_i \cdot \boldsymbol{r}_i \times (\boldsymbol{\omega} \times \boldsymbol{r}_i)] \\ &= -\boldsymbol{I} \cdot \boldsymbol{\alpha} - \boldsymbol{\omega} \times (\boldsymbol{I} \cdot \boldsymbol{\omega})\end{aligned} \tag{11-15}$$

式中，$I$ 表示刚体 $B_k$ 对质心 C 的惯性张量。

由此得到，广义主动力、广义惯性力可表示为

$$\begin{aligned} F_j &= \boldsymbol{F}_c \cdot \frac{\partial \boldsymbol{v}_c}{\partial \dot{q}_j} + \boldsymbol{M}_c \cdot \frac{\partial \omega}{\partial \dot{q}_j} \\ F_j^* &= \boldsymbol{F}_c^* \cdot \frac{\partial \boldsymbol{v}_c}{\partial \dot{q}_j} + \boldsymbol{M}_c^* \cdot \frac{\partial \omega}{\partial \dot{q}_j} \end{aligned} \tag{11-16}$$

由此可得到系统 Kane 动力学方程的推导步骤如下：

(1) 建立坐标系，根据自由度数目，选取广义坐标和广义速度；

(2) 运动学分析，计算系统的偏角速度及其导数，偏线速度及其导数；

(3) 动力学分析，计算系统的等效主动力(矩) 和等效惯性力(矩)；

(4) 将步骤(2) 和(3) 代入式(11-16)，通过整理得到动力学方程。

从上述的推导过程可以看出，Kane 动力学方程通过引入偏角速度和偏线速度的概念，不用计算内力，也不需要拉格朗日方程复杂微分计算，对于多自由度复杂系统的动力学推导计算比较有利，因此本章将用 Kane 方程来建立空间柔性机械臂的动力学模型。

## 11.3 具有可控阻尼的柔体机器人模型

柔体机器人用于太空捕获任务时，不仅要实现大范围运动，也要保证对捕获后的碰撞力进行缓冲卸载，实现振动抑制的目标。为实现上述目标，柔体机器人需满足以下条件：

(1) 具有足够自由度，能自由灵活地到达目标位置；

(2) 具有缓冲卸载各方向碰撞能，衰减振动的能力。

针对以上功能，将阻尼可调的磁流变阻尼器引入柔体机器人的关节处，提出一种具有 $N$ 关节 $6N$ 自由度的柔体机器人模型。具体结构：机器人每个关节有 6 个自由度，在每个自由度方向上引入由磁流变阻尼器和缓冲器组成的可控阻尼单元。通过 $N$ 个关节将粗短臂杆串联起来，组成具有 $6N$ 自由度的分布式可控阻尼机器人系统。这样，既能实现机器人灵活运动，当柔体机器人受到目标星碰撞瞬间，也能通过控制 $6N$ 个磁流变阻尼器作用，输出可变阻尼力，对碰撞力进行缓冲卸载，实现快速衰减振动，保证机器人稳定。

根据柔体机器人的结构特点，由于臂杆粗短，且关节中包含可产生弹性变形的缓冲器和磁流变阻尼器，因此机械臂是由刚性臂杆和柔性关节构成的。由于捕获后，关节中只有缓冲器和磁流变阻尼器起作用，可将柔性关节简化为由弹簧和阻尼器构成的可控阻尼单元，因此

柔体机器人可离散为由弹簧和阻尼单元相连的多刚体段。

在柔体机器人运动过程中，漂浮基和机器人相互影响，机器人对漂浮基座产生反作用力，干扰基座姿态，破坏基座的稳定性，其动力学建模和控制一般较为复杂。目前漂浮基柔体机器人主要根据系统动量守恒进行动力学建模，但如此建立的动力学方程是非线性的，基于该方程的控制比较困难。为了克服该问题，本章将漂浮基视为拓展臂进行动力学建模。

Gu 于 1993 年提出的漂浮基扩展机械臂模型表述如下：对于自由漂浮状态下的柔体机器人系统，基座具有 6 个自由度，可将基座视为具有 6 个自由度关节的虚拟臂杆的末端，该虚拟臂质量为 0，长度为基座端面到质心的距离。采用这种方法，将漂浮基座视为左端带有 1 关节 6 自由度的刚体段，其关节中弹簧及阻尼系数为零，$N$ 关节 $6N$ 自由度漂浮基机械臂可等效为具有 $(N+1)$ 个关节 $(6N+6)$ 个自由度的地面柔体机器人系统。

## 11.4 运动学分析

### 11.4.1 广义坐标

建立绝对惯性系 $Oxyz$，并在第 $k$ 段刚体端面处建立连体系 $O_k x_k y_k z_k (k=1,2,3,\cdots,N+1)$，如图 11-2 所示。

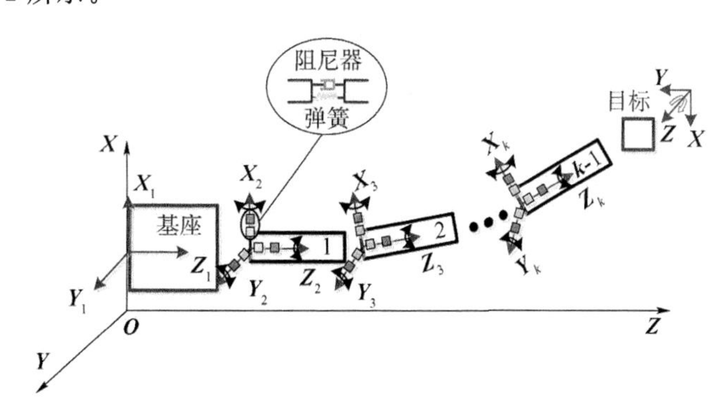


图 11-2 柔性机械臂模型

根据机器人知识，系统广义坐标数就是自由度数，在该机械臂系统中，系统共有 $(6N+6)$ 个自由度，每个自由度处弹簧的变形导致相邻刚体段的相对运动，因此选取两个相邻的刚体段 $k$ 和 $k-1$ 之间相对运动的线速度 $\upsilon_k^{k-1}$ 和角速度 $\omega_k^{k-1}$ 为广义速度 $y_l$，两段相对运动的线位移 $s_k^{k-1}$ 和角位移 $\theta_k^{k-1}$ 为广义坐标 $x_l$，得到

$$y_l=\begin{cases}\omega_{km}^{k-1} & l=3(k-1)+m\\ \upsilon_{km}^{k-1} & l=3N+3+3(k-1)+m\end{cases}(m=1,2,3\quad k=1,2,\cdots,N+1)$$

$$x_l=\begin{cases}\theta_{km}^{k-1} & l=3(k-1)+m\\ s_{km}^{k-1} & l=3N+3+3(k-1)+m\end{cases}(m=1,2,3\quad k=1,2,\cdots,N+1)$$

(11-17)

式中，$m$ 表示沿三个轴的分量，共 $(6N+6)$ 个广义速度 $y_l$，$(6N+6)$ 个广义坐标 $x_l$。

### 11.4.2 变换矩阵

用第 $k$ 段相对于 $k-1$ 段依次沿 $X$、$Y$、$Z$ 轴的相对转动角度 $\theta_{k1}^{k-1}$、$\theta_{k2}^{k-1}$、$\theta_{k3}^{k-1}$ 来描述 $k$ 段相对于 $k-1$ 段的相对转动，则 $O_k x_k y_k z_k$ 相对于 $O_{k-1} x_{k-1} y_{k-1} z_{k-1}$ 的相对变换矩阵

$$\boldsymbol{A}_k^{k-1} = \mathrm{Rot}(\boldsymbol{X},\theta_{k1}^{k-1}) \cdot \mathrm{Rot}(\boldsymbol{Y},\theta_{k2}^{k-1}) \cdot \mathrm{Rot}(\boldsymbol{Z},\theta_{k3}^{k-1})$$

$$= \begin{bmatrix} c\theta_{k2}^{k-1} \cdot c\theta_{k3}^{k-1} & -c\theta_{k2}^{k-1} \cdot s\theta_{k3}^{k-1} & s\theta_{k2}^{k-1} \\ c\theta_{k1}^{k-1} \cdot s\theta_{k3}^{k-1} + s\theta_{k1}^{k-1} \cdot s\theta_{k2}^{k-1} \cdot c\theta_{k3}^{k-1} & c\theta_{k1}^{k-1} \cdot c\theta_{k3}^{k-1} - s\theta_{k1}^{k-1} \cdot s\theta_{k2}^{k-1} \cdot s\theta_{k3}^{k-1} & -s\theta_{k1}^{k-1} \cdot c\theta_{k2}^{k-1} \\ s\theta_{k1}^{k-1} \cdot s\theta_{k3}^{k-1} - c\theta_{k1}^{k-1} \cdot s\theta_{k2}^{k-1} \cdot c\theta_{k3}^{k-1} & s\theta_{k1}^{k-1} \cdot c\theta_{k3}^{k-1} + c\theta_{k1}^{k-1} \cdot s\theta_{k2}^{k-1} \cdot s\theta_{k3}^{k-1} & c\theta_{k1}^{k-1} \cdot c\theta_{k2}^{k-1} \end{bmatrix} \tag{11-18}$$

重复利用式(11-18)，则 $O_k x_k y_k z_k$ 相对于惯性系 $Oxyz$ 的绝对变换矩阵为

$$\boldsymbol{A}_k^{\mathrm{R}} = \boldsymbol{A}_1^{\mathrm{R}} \cdot \boldsymbol{A}_2^1 \cdot \cdots \cdot \boldsymbol{A}_k^{k-1} \tag{11-19}$$

### 11.4.3 偏角速度及其导数

惯性系下，第 $k$ 段刚体的角速度为

$$\boldsymbol{\omega}_k^{\mathrm{R}} = \boldsymbol{A}_0^{\mathrm{R}}\,\boldsymbol{\omega}_1^0 + \boldsymbol{A}_1^{\mathrm{R}}\,\boldsymbol{\omega}_2^1 + \cdots + \boldsymbol{A}_{k-1}^{\mathrm{R}}\,\boldsymbol{\omega}_k^{k-1} = \sum_{i=1}^{k} \boldsymbol{A}_{i-1}^{\mathrm{R}}\,\boldsymbol{\omega}_i^{i-1} \tag{11-20}$$

偏角速度为

$$\boldsymbol{\omega}_{kl} = \frac{\partial \boldsymbol{\omega}_k^{\mathrm{R}}}{\partial y_l} \quad (k = 1,2,\cdots,N+1;l = 1,2,\cdots,6N+6) \tag{11-21}$$

将式(11-17) 代入式(11-21)，可得到第 $k$ 段刚体对于广义坐标的偏角速度$\boldsymbol{\omega}_{kl}$ 为

$$\boldsymbol{\omega}_{kl} = \begin{cases} \dfrac{\partial \boldsymbol{\omega}_k^{\mathrm{R}}}{\partial \omega_{im}^{i-1}} & l = 3(i-1)+m \\ \dfrac{\partial \boldsymbol{\omega}_k^{\mathrm{R}}}{\partial v_{im}^{i-1}} & l = 3N+3(i-1)+m \end{cases} \quad (m = 1,2,3;i = 1,2,\cdots,N+1) \tag{11-22}$$

综合式(11-20) 和式(11-22)，当 $l \leqslant 3k$ 时，第 $k$ 段刚体对于$\boldsymbol{\omega}_{im}^{i-1}$ 的偏角速度为变换矩阵 $\boldsymbol{A}_{i-1}^{\mathrm{R}}$ 的第 $m$ 列。当 $3k < l \leqslant 6N+6$ 时，第 $k$ 段刚体对于$\boldsymbol{\omega}_{im}^{i-1}$ 的偏角速度为零矢量。可以用一个矩阵存储第 $k$ 段刚体相对于 $\omega_{im}^{i-1}$ 的偏角速度为

$$\boldsymbol{W}_{kl} = [\boldsymbol{A}_0^{\mathrm{R}} \quad \boldsymbol{A}_1^{\mathrm{R}} \quad \cdots \quad \boldsymbol{A}_{k-1}^{\mathrm{R}} \quad 0] \quad (l = 1,2,3\cdots,6N+6) \tag{11-23}$$

因此第 $k$ 段刚体的角速度可用$\boldsymbol{\omega}_{im}^{i-1}$ 和$\boldsymbol{W}_{kl}$ 表示为

$$\boldsymbol{\omega}_k^{\mathrm{R}} = \boldsymbol{W}_{kl} \cdot \{y_l\} \tag{11-24}$$

接下来计算偏角速度的导数。

设固定参考系 R 中有一运动刚体 B，角速度为$\boldsymbol{\omega}_{\mathrm{B}}^{\mathrm{R}}$，$\boldsymbol{c}$ 是 B 上一非零向量。则向量 $\boldsymbol{c}$ 在惯性系 R 的投影为

$$\boldsymbol{c}^{\mathrm{R}} = A_{\mathrm{B}}^{\mathrm{R}} \cdot \boldsymbol{c} \tag{11-25}$$

式中，$\boldsymbol{A}_{\mathrm{B}}^{\mathrm{R}}$ 表示 B 系相对于 R 系的变换矩阵

对上式求导，由于 $\boldsymbol{c}$ 固定在刚体 B 上，是固定不变的，得到：

$$\frac{{}^{\mathrm{R}}\mathrm{d}\boldsymbol{c}}{\mathrm{d}t} = \frac{\mathrm{d}\,\boldsymbol{c}^{\mathrm{R}}}{\mathrm{d}t} = \frac{\mathrm{d}\,\boldsymbol{A}_{\mathrm{B}}^{\mathrm{R}}}{\mathrm{d}t} \cdot \boldsymbol{c} \tag{11-26}$$

式中：$\frac{{}^{\mathrm{R}}\mathrm{d}\boldsymbol{c}}{\mathrm{d}t}$ 表示在 R 系中对 $\boldsymbol{c}$ 求导

由向量知识得到：

$$\frac{{}^{\mathrm{R}}\mathrm{d}\boldsymbol{c}}{\mathrm{d}t}=\frac{\mathrm{d}\boldsymbol{c}}{\mathrm{d}t}+\boldsymbol{\omega}_{\mathrm{B}}^{\mathrm{R}}\times\boldsymbol{c}^{\mathrm{R}}=\boldsymbol{\omega}_{\mathrm{B}}^{\mathrm{R}}\times\boldsymbol{A}_{\mathrm{B}}^{\mathrm{R}}\cdot\boldsymbol{c} \tag{11-27}$$

联立式(11-26) 和式(11-27)，得到：

$$\frac{\mathrm{d}\,\boldsymbol{A}_{\mathrm{B}}^{\mathrm{R}}}{\mathrm{d}t}=\boldsymbol{\omega}_{\mathrm{B}}^{\mathrm{R}}\times\boldsymbol{A}_{\mathrm{B}}^{\mathrm{R}} \tag{11-28}$$

其矩阵的计算形式为

$$\frac{\mathrm{d}\,\boldsymbol{A}_{\mathrm{B}}^{\mathrm{R}}}{\mathrm{d}t}=\tilde{\boldsymbol{\omega}}_{\mathrm{B}}^{\mathrm{R}}\cdot\boldsymbol{A}_{\mathrm{B}}^{\mathrm{R}} \tag{11-29}$$

式中 $\tilde{\boldsymbol{\omega}}_{\mathrm{B}}^{\mathrm{R}}=\begin{bmatrix}0 & -\omega_{\mathrm{B3}}^{\mathrm{R}} & \omega_{\mathrm{B2}}^{\mathrm{R}}\\ \omega_{\mathrm{B3}}^{\mathrm{R}} & 0 & -\omega_{\mathrm{B1}}^{\mathrm{R}}\\ -\omega_{\mathrm{B2}}^{\mathrm{R}} & \omega_{\mathrm{B1}}^{\mathrm{R}} & 0\end{bmatrix}$ 表示 $\boldsymbol{\omega}_{\mathrm{B}}^{\mathrm{R}}$ 的对偶矩阵。

由此，用一个矩阵存储第 $k$ 段刚体相对于 $\omega_{im}^{i-1}$ 的偏角速度的导数为

$$\dot{\boldsymbol{W}}_{kl}=[\dot{\boldsymbol{A}}_0^{\mathrm{R}}\quad \dot{\boldsymbol{A}}_1^{\mathrm{R}}\quad\cdots\quad \dot{\boldsymbol{A}}_{k-1}^{\mathrm{R}}\quad 0]\quad(l=1,2,3,\cdots,6N+6) \tag{11-30}$$

刚体 $k$ 的角加速度：

$$\dot{\boldsymbol{\omega}}_k^{\mathrm{R}}=\dot{\boldsymbol{W}}_{kl}\cdot\{y_l\}+\boldsymbol{W}_{kl}\cdot\{\dot{y}_l\} \tag{11-31}$$

## 11.4.4　偏线速度及其导数

从图 11-3 所示可得到第 $k$ 段刚体质心在绝对惯性系 R 下的位置矢量 $\boldsymbol{p}_k^{\mathrm{R}}$：

$$\boldsymbol{p}_k^{\mathrm{R}}=\boldsymbol{p}_{\mathrm{RO}}+\boldsymbol{A}_0^{\mathrm{R}}\cdot\boldsymbol{s}_1^0+\sum_{i=1}^{k-1}\boldsymbol{A}_i^{\mathrm{R}}\cdot(\boldsymbol{d}_i+\boldsymbol{s}_{i+1}^i)+\boldsymbol{A}_k^{\mathrm{R}}\cdot\boldsymbol{r}_k \tag{11-32}$$

式中，$\boldsymbol{p}_{\mathrm{RO}}$ 表示刚体 1 坐标系原点在惯性系 R 下的位置矢量；$\boldsymbol{s}_i^{i-1}$ 表示 $i$ 相对于 $i-1$ 的弹性变形在 $o_{i-1}x_{i-1}y_{i-1}z_{i-1}$ 下的矢量；$\boldsymbol{d}_i$ 表示刚体 $i$ 的末端在 $o_{i-1}x_{i-1}y_{i-1}z_{i-1}$ 下的位置矢量；$\boldsymbol{r}_k$ 表示刚体 $k$ 质心在 $o_kx_ky_kz_k$ 下的位置矢量。

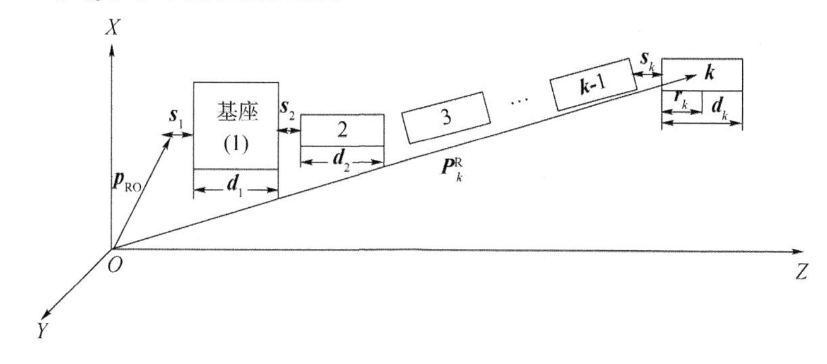


图 11-3　柔体机器人离散模型的示意图

$\boldsymbol{p}_k^{\mathrm{R}}$ 对时间求导，第 $k$ 段刚体质心在惯性系 R 下的线速度为

$$\boldsymbol{v}_k^{\mathrm{R}}=\dot{\boldsymbol{p}}_k^{\mathrm{R}}=\boldsymbol{A}_0^{\mathrm{R}}\cdot\dot{\boldsymbol{s}}_1^0+\sum_{i=1}^{k-1}[\dot{\boldsymbol{A}}_i^{\mathrm{R}}\cdot(\boldsymbol{d}_i+\boldsymbol{s}_{i+1}^i)+\boldsymbol{A}_i^{\mathrm{R}}\cdot\dot{\boldsymbol{s}}_{i+1}^i)]+\dot{A}_k^{\mathrm{R}}\cdot\boldsymbol{r}_k \tag{11-33}$$

刚体 $k$ 对 $y_l$ 的偏线速度为

$$v_{kl}=\begin{cases}\dfrac{\partial v_k^{\mathrm{R}}}{\partial \omega_{im}^{i-1}} & l=3(i-1)+m\\ \dfrac{\partial v_k^{\mathrm{R}}}{\partial v_{im}^{i-1}} & l=3N+3(i-1)+m\end{cases}\quad (m=1,2,3\cdots i=1,2,\cdots,N+1) \tag{11-34}$$

将式(11-33) 代入式(11-34) 得到

$$v_{kl}=\begin{cases}\sum\limits_{i=1}^{k-1}\boldsymbol{\omega}_{il}\times \boldsymbol{A}_i^{\mathrm{R}}\cdot(\boldsymbol{d}_i+\boldsymbol{s}_{i+1}^i)+\boldsymbol{\omega}_{kl}\times \boldsymbol{A}_k^{\mathrm{R}}\cdot \boldsymbol{r}_k & (l\leqslant 3k)\\ 0 & (3k\leqslant l\leqslant 3N+3)\\ \boldsymbol{\omega}_{k(l-3N-3)} & (3N+3\leqslant l\leqslant 3N+3k+3)\\ 0 & (3N+3k+3\leqslant l\leqslant 6N+6)\end{cases} \tag{11-35}$$

用一个矩阵 $\boldsymbol{V}_{kl}$ 存储刚体 $k$ 对 $y_l$ 的偏线速度,因此第 $k$ 段刚体质心速度可表示为

$$\boldsymbol{v}_k^{\mathrm{R}}=\boldsymbol{V}_{kl}\cdot\{y_l\} \tag{11-36}$$

刚体 $k$ 对 $y_l$ 的偏线速度的导数为

$$\dot{\boldsymbol{v}}_{kl}=\begin{cases}\sum\limits_{i=1}^{k-1}\dot{\boldsymbol{\omega}}_{il}\times \boldsymbol{A}_i^{\mathrm{R}}\cdot(\boldsymbol{d}_i+\boldsymbol{s}_{i+1}^i)+\sum\limits_{i=1}^{k-1}\boldsymbol{\omega}_{il}\times \dot{\boldsymbol{A}}_i^{\mathrm{R}}\cdot(\boldsymbol{d}_i+\boldsymbol{s}_{i+1}^i)\\ +\sum\limits_{i=1}^{k-1}\boldsymbol{\omega}_{il}\times \boldsymbol{A}_i^{\mathrm{R}}\cdot \dot{\boldsymbol{s}}_{i+1}^i+\dot{\boldsymbol{\omega}}_{kl}\times \boldsymbol{A}_k^{\mathrm{R}}\cdot \boldsymbol{r}_k+\boldsymbol{\omega}_{kl}\times \dot{\boldsymbol{A}}_k^{\mathrm{R}}\cdot \boldsymbol{r}_k & (l\leqslant 3k)\\ 0 & (3k\leqslant l\leqslant 3N+3)\\ \dot{\boldsymbol{\omega}}_{k(l-3N-3)} & (3N+3\leqslant l\leqslant 3N+3k+3)\\ 0 & (3N+3k+3\leqslant l\leqslant 6N+6)\end{cases} \tag{11-37}$$

同理,刚体 $k$ 质心的加速度为

$$\boldsymbol{a}_k^{\mathrm{R}}=\dot{\boldsymbol{V}}_{kl}\cdot\{y_l\}+\boldsymbol{V}_{kl}\cdot\{\dot{y}_l\} \tag{11-38}$$

### 11.4.5 柔体机器人的运动学方程

对于相邻刚体段 $k-1$ 和 $k$,$\boldsymbol{n}$ 和 $\boldsymbol{n}'$ 是分别固连在刚体 $k-1$ 和 $k$ 上的右旋正交单位矢量。刚体 $k-1$ 到刚体 $k$ 的变换为:矢量 $\boldsymbol{n}$ 绕 $X$ 轴转动 $\theta_{k1}^{k-1}$ 得到矢量 $\boldsymbol{n}^*$,接着绕 $Y$ 轴转动 $\theta_{k2}^{k-1}$ 得到矢量 $\boldsymbol{n}^{*\prime}$,最后绕 $Z$ 轴转动 $\theta_{k3}^{k-1}$ 得到矢量 $\boldsymbol{n}'$。

根据角速度公式及式(11-18) 的变换矩阵可得:

$$\begin{aligned}\boldsymbol{\omega}_k^{k-1}&=\dot{\theta}_{k1}^{k-1}\boldsymbol{n}_1+\dot{\theta}_{k2}^{k-1}\boldsymbol{n}_2^*+\dot{\theta}_{k3}^{k-1}\boldsymbol{n}_3^{*\prime}\\ &=(\dot{\theta}_{k1}^{k-1}+\dot{\theta}_{k3}^{k-1}\sin\theta_{k2}^{k-1})\boldsymbol{n}_1+(\dot{\theta}_{k2}^{k-1}\cos\theta_{k1}^{k-1}-\dot{\theta}_{k3}^{k-1}\sin\theta_{k1}^{k-1}\cos\theta_{k2}^{k-1})\boldsymbol{n}_2^*\\ &\quad+(\dot{\theta}_{k2}^{k-1}\sin\theta_{k1}^{k-1}+\theta_{k3}^{k-1}\cos\theta_{k1}^{k-1}\cos\theta_{k2}^{k-1})\boldsymbol{n}_3^{*\prime}\end{aligned} \tag{11-39}$$

角速度公式也可表示为

$$\boldsymbol{\omega}_k^{k-1}=\omega_{k1}^{k-1}\boldsymbol{n}_1+\omega_{k2}^{k-1}\boldsymbol{n}_2+\omega_{k3}^{k-1}\boldsymbol{n}_3 \tag{11-40}$$

整理式(11-39)和式(11-40),利用机器人学相关知识,得到刚体 $k$ 广义坐标和广义速度的关系式,即运动学微分方程为

$$\begin{Bmatrix} \dot{\theta}_{k1}^{k-1} \\ \dot{\theta}_{k2}^{k-1} \\ \dot{\theta}_{k3}^{k-1} \end{Bmatrix} = \frac{1}{\cos\theta_{k2}^{k-1}} \begin{bmatrix} \cos\theta_{k2}^{k-1} & \sin\theta_{k1}^{k-1}\cdot\sin\theta_{k2}^{k-1} & -\cos\theta_{k1}^{k-1}\cdot\sin\theta_{k2}^{k-1} \\ 0 & \cos\theta_{k1}^{k-1}\cdot\cos\theta_{k2}^{k-1} & \sin\theta_{k1}^{k-1}\cdot\cos\theta_{k2}^{k-1} \\ 0 & -\sin\theta_{k1}^{k-1} & \cos\theta_{k1}^{k-1} \end{bmatrix}$$

$$\begin{Bmatrix} \omega_{k2}^{k-1} \\ \omega_{k2}^{k-1} \\ \omega_{k3}^{k-1} \end{Bmatrix} \begin{Bmatrix} v_{k1}^{k-1} \\ v_{k2}^{k-1} \\ v_{k3}^{k-1} \end{Bmatrix} = \frac{\mathrm{d}}{\mathrm{d}t} \begin{Bmatrix} s_{k1}^{k-1} \\ s_{k2}^{k-1} \\ s_{k3}^{k-1} \end{Bmatrix}$$

(11-41)

# 11.5 动力学分析

## 11.5.1 刚体 $k$ 的受力分析

以刚体 $k$ 为例,为实现对碰撞能的缓冲和卸载,第 $k$ 段刚体左端和右端连接的关节分别装有沿 6 个自由度方向的弹簧和阻尼器。柔体机器人末端受到碰撞时,关节被迫运动,导致弹簧变形。刚体 $k$ 将受到弹性变形力以及可控阻尼力。考虑柔体机器人用于太空捕获任务,空间的向心加速度极小,因此忽略重力。第 $k$ 段刚体的受力分析如图 11-4 所示,第 $k$ 段刚体所受的主动力包括左侧关节沿 $X$、$Y$、$Z$ 轴以及绕 $X$、$Y$、$Z$ 轴的 6 个自由度方向的弹性变形力(矩)$\boldsymbol{F}_{kz}\boldsymbol{M}_{kz}$、阻尼力(矩)$\boldsymbol{Fu}_{kz}\boldsymbol{Mu}_{kz}$、右侧 6 个自由度方向弹性变形力(矩)$\boldsymbol{F}_{ky}M_{ky}$ 以及阻尼力(矩)$\boldsymbol{Fu}_{ky}\boldsymbol{Mu}_{ky}$。

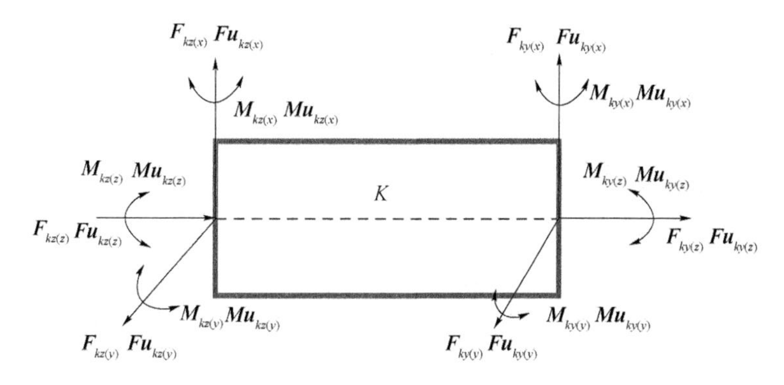


图 11-4 刚体 $k$ 的受力分析

根据弹簧弹性力的计算公式:$F = kx$,得到第 $k$ 段坐标系下,第 $k$ 段刚体左右两侧弹性力:

$$\begin{Bmatrix} \boldsymbol{F}_{kz} \\ \boldsymbol{M}_{kz} \\ \boldsymbol{F}_{ky} \\ \boldsymbol{M}_{ky} \end{Bmatrix}_k = \begin{bmatrix} \boldsymbol{K}_1 & & & \\ & \boldsymbol{K}_2 & & \\ & & \boldsymbol{K}_3 & \\ & & & \boldsymbol{K}_4 \end{bmatrix} \begin{bmatrix} \boldsymbol{A}_{k-1}^{k} & & & \\ & \boldsymbol{A}_{k-1}^{k} & & \\ & & \boldsymbol{E} & \\ & & & \boldsymbol{E} \end{bmatrix} \cdot \begin{Bmatrix} \boldsymbol{s}_{k}^{k-1} \\ \boldsymbol{\theta}_{k}^{k-1} \\ \boldsymbol{s}_{k+1}^{k} \\ \boldsymbol{\theta}_{k-1}^{k} \end{Bmatrix} \tag{11-42}$$

式中，$\boldsymbol{K}_1$，$\boldsymbol{K}_2$ 表示左侧弹性系数矩阵；$\boldsymbol{K}_3$，$\boldsymbol{K}_4$ 表示右侧弹性系数矩阵。

将 $k$ 坐标系下，刚体 $k$ 受到的弹性力变换到惯性系下，有

$$\begin{Bmatrix} \boldsymbol{F}_{kz} \\ \boldsymbol{M}_{kz} \\ \boldsymbol{F}_{ky} \\ \boldsymbol{M}_{ky} \end{Bmatrix}_R = \begin{bmatrix} \boldsymbol{A}_k^{\mathrm{R}} & & & \\ & \boldsymbol{A}_k^{\mathrm{R}} & & \\ & & \boldsymbol{A}_k^{\mathrm{R}} & \\ & & & \boldsymbol{A}_k^{\mathrm{R}} \end{bmatrix} \begin{Bmatrix} \boldsymbol{F}_{kz} \\ \boldsymbol{M}_{kz} \\ \boldsymbol{F}_{ky} \\ \boldsymbol{M}_{ky} \end{Bmatrix}_k \tag{11-43}$$

将式(11-42) 与式(11-43) 统一起来：

$$\begin{cases} \boldsymbol{F}_{kz}^{\mathrm{R}} = \boldsymbol{A}_k^{\mathrm{R}} \cdot \boldsymbol{K}_1 \cdot \boldsymbol{A}_{k-1}^{k} \cdot \boldsymbol{s}_k^{k-1} \\ \boldsymbol{M}_{kz}^{\mathrm{R}} = \boldsymbol{A}_k^{\mathrm{R}} \cdot \boldsymbol{K}_2 \cdot \boldsymbol{A}_{k-1}^{k} \cdot \boldsymbol{\theta}_k^{k-1} \\ \boldsymbol{F}_{ky}^{\mathrm{R}} = \boldsymbol{A}_k^{\mathrm{R}} \cdot \boldsymbol{K}_3 \cdot \boldsymbol{s}_{k+1}^{k} \\ \boldsymbol{M}_{ky}^{\mathrm{R}} = \boldsymbol{A}_k^{\mathrm{R}} \cdot \boldsymbol{K}_4 \cdot \boldsymbol{\theta}_{k+1}^{k} \end{cases} \tag{11-44}$$

式中，$\boldsymbol{F}_{kz}^{\mathrm{R}}$，$\boldsymbol{M}_{kz}^{\mathrm{R}}$ 表示惯性系下，刚体 $k$ 左端受到的弹性力(矩)；$\boldsymbol{F}_{ky}^{\mathrm{R}}$，$\boldsymbol{M}_{ky}^{\mathrm{R}}$ 表示惯性系下，刚体 $k$ 右端受到的弹性力(矩)。

对于刚体 $k$，根据弹簧作用力是相互的，得到刚体 $k$ 左端受到的弹性力与刚体 $k-1$ 右端受到的弹性力大小相等，方向相反，即

$$\begin{cases} \boldsymbol{F}_{kz} = -\boldsymbol{F}_{(k-1)y} \\ \boldsymbol{M}_{kz} = -\boldsymbol{M}_{(k-1)y} \end{cases} \tag{11-45}$$

同时，磁流变阻尼器的阻尼力也是相互作用的，刚体 $k$ 左端受到的阻尼力与刚体 $k-1$ 右端受到的阻尼力大小相等，方向相反，即：

$$\begin{cases} \boldsymbol{Fu}_{kz} = -\boldsymbol{Fu}_{(k-1)y} \\ \boldsymbol{Mu}_{kz} = -\boldsymbol{Mu}_{(k-1)y} \end{cases} \tag{11-46}$$

### 11.5.2 等效主动力(矩)

将刚体 $k$ 两端受到的弹性力(矩) 和阻尼力(矩) 向质心处等效，得到刚体 $k$ 受到的等效主动力 $\boldsymbol{F}_{kc}$ 和力矩 $\boldsymbol{M}_{kc}$。

(1) 基座($k=1$)，对于漂浮基座，左侧没有弹簧及阻尼器，所以不受力，仅受右侧关节 1 内部弹簧及阻尼器的作用力，将受力向质心等效为：

$$\begin{cases} \boldsymbol{F}_{1c} = \boldsymbol{F}_{1y} + \boldsymbol{Fu}_{1y} \\ \boldsymbol{M}_{1c} = \boldsymbol{M}_{1y} + \boldsymbol{Mu}_{1y} + \boldsymbol{A}_1^{\mathrm{R}} \cdot \boldsymbol{r}_1 \times (\boldsymbol{F}_{1y} + \boldsymbol{Fu}_{1y}) \end{cases} \tag{11-47}$$

(2) 中间段($1 < k < N+1$)，左侧受弹性力、阻尼力，右侧受弹性力作用，即

$$\begin{cases} \boldsymbol{F}_{kc} = \boldsymbol{F}_{kz} + \boldsymbol{Fu}_{kz} + \boldsymbol{F}_{ky} + \boldsymbol{Fu}_{ky} \\ \boldsymbol{M}_{kc} = \boldsymbol{M}_{kz} + \boldsymbol{Mu}_{kz} + \boldsymbol{M}_{ky} + \boldsymbol{Mu}_{ky} + \boldsymbol{A}_k^{\mathrm{R}} \times \boldsymbol{r}_k \times (\boldsymbol{F}_{kz} + \boldsymbol{Fu}_{kz} + \boldsymbol{F}_{ky} + \boldsymbol{Fu}_{ky}) \end{cases} \tag{11-48}$$

(3) 末端($k=N+1$)，左侧受弹性力、阻尼力，右侧受目标星的瞬时冲击力，即

$$\begin{cases} \boldsymbol{F}_{(N+1)c} = \boldsymbol{F}_{(N+1)z} + \boldsymbol{Fu}_{(N+1)z} + \boldsymbol{F} \\ \boldsymbol{M}_{(N+1)c} = \boldsymbol{M}_{(N+1)z} + \boldsymbol{Mu}_{(N+1)z} + \boldsymbol{M} + \boldsymbol{A}_{N+1}^{\mathrm{R}} \times \boldsymbol{r}_{(N+1)} \times (-\boldsymbol{F}_{(N+1)z} + \boldsymbol{Fu}_{(N+1)z} + \boldsymbol{F}) \end{cases} \tag{11-49}$$

式中，$\boldsymbol{F}$，$\boldsymbol{M}$ 表示机械臂末端的瞬时冲击。

将式(11-44) ～ 和式(11-46) 代入上述式(11-47) ～ 式(11-49)，得到每段质心所受的等效主动力及力矩。

### 11.5.3 等效惯性力(矩)

第 $k$ 段所受的等效惯性力(矩)$\boldsymbol{F}_{kc}^*$，$\boldsymbol{M}_{kc}^*$ 为

$$\begin{cases}\boldsymbol{F}_{kc}^* = -m_k\boldsymbol{\alpha}_{kc} \\ \boldsymbol{M}_{kc}^* = -\boldsymbol{I}_k\cdot\dot{\boldsymbol{\omega}}_k - \boldsymbol{\omega}_k\times(\boldsymbol{I}_k\cdot\boldsymbol{\omega}_k)\end{cases} \tag{11-50}$$

式中，$m_k$ 表示第 $k$ 段质量；$\boldsymbol{I}_k$ 表示第 $k$ 段的惯性张量；$\dot{\boldsymbol{\omega}}_k$ 表示第 $k$ 段的角加速度；$\boldsymbol{a}_{kc}$ 表示第 $k$ 段的质心加速度；$\boldsymbol{\omega}_k$ 表示第 $k$ 段的角速度。

### 11.5.4 柔体机器人的动力学方程

柔体机器人系统的动力学方程为

$$\boldsymbol{F}_j + \boldsymbol{F}_j^* = 0 \quad (j = 1,2,\cdots,6N+6) \tag{11-51}$$

式中，广义主动力 $\boldsymbol{F}_l = \sum_{k=1}^{N+1}(\boldsymbol{F}_{kc}\cdot\boldsymbol{v}_{kl} + \boldsymbol{M}_{kc}\cdot\boldsymbol{\omega}_{kl})$；广义惯性力 $\boldsymbol{F}_l^* = \sum_{k=1}^{N+1}(\boldsymbol{F}_{kc}^*\cdot\boldsymbol{v}_{kl} + \boldsymbol{M}_{kc}^*\cdot\boldsymbol{\omega}_{kl})$。

将上述计算的偏角速度、偏线速度、等效主动力(矩)、等效惯性力(矩) 代入式(11-51)。

通过整理，$N$ 关节 $6N$ 自由度漂浮基 / 柔体机器人的动力学方程为

$$\{\dot{y}_\eta\} = [a_{l\eta}]^{-1}\cdot\{f_l\} \tag{11-52}$$

式中，$\dot{y}_\eta$ 表示广义速度的导数；

$$\begin{cases}\{f_l\} = \{F_l\} - \sum_{k=1}^{N+1}\boldsymbol{v}_{kl}\cdot m_k\cdot\dot{\boldsymbol{V}}_{kh}\cdot\{y_\eta\} - \sum_{k=1}^{N+1}\boldsymbol{\omega}_{kl}\cdot[\boldsymbol{\omega}_k^{\mathrm{R}}\times(\boldsymbol{I}_k\cdot\boldsymbol{\omega}_k^{\mathrm{R}})] - \sum_{k=1}^{N+1}\boldsymbol{\omega}_{kl}\cdot\boldsymbol{I}_{kc}\cdot\dot{\boldsymbol{W}}_{kh}\cdot\{y_\eta\} \\ [\alpha_{1\eta}] = \sum_{k=1}^{N+1}\boldsymbol{v}_{kl}\cdot m_k\cdot\boldsymbol{V}_{kh} + \sum_{k=1}^{N}\boldsymbol{\omega}_{kl}\cdot\boldsymbol{I}_{kc}\cdot\boldsymbol{\omega}_{kh}\end{cases}$$

式(11-52) 是 $6N+6$ 个非线性微分方程组，方程组包含 $6N+6$ 个广义坐标和 $6N+6$ 个广义速度，共 $12N+12$ 个未知量。为求解上述动力学方程组，需要与运动学方程式(11-41) 联立，确保得到 $12N+12$ 个关于广义坐标和广义速度的方程组，从而对 $12N+12$ 个未知量进行求解。

由于上述动力学方程是一组关于广义坐标和广义速度的非线性、耦合微分方程组，难以采用一般的解析方法进行求解。根据龙格库塔方法计算精度高，不需要复杂计算，编程简单的特点，基于龙格库塔方法对柔体机器人的动力学方程进行数值求解。

## 11.6 算例仿真

为验证上述建立的 $N$ 关节漂浮基 / 柔体机器人动力学方程的有效性，本节使用 MatLab 和 Adams 软件为仿真平台，通过仿真实验对比，验证其正确性。以 3 关节 12 自由度漂浮基 / 柔体机器人为研究对象，如图 11-5 所示，考虑关节处缓冲器及阻尼器作用，建立动力学模型。

该柔体机器人每个关节有 4 个自由度，分别是绕 $x$、$y$、$z$ 轴旋转以及沿 $z$ 轴平动，在每个自由度方向安装有由缓冲器及阻尼器组成的可控阻尼单元。假设末端瞬时力持续时间 0.1 s。参数如表 11-1 所示。

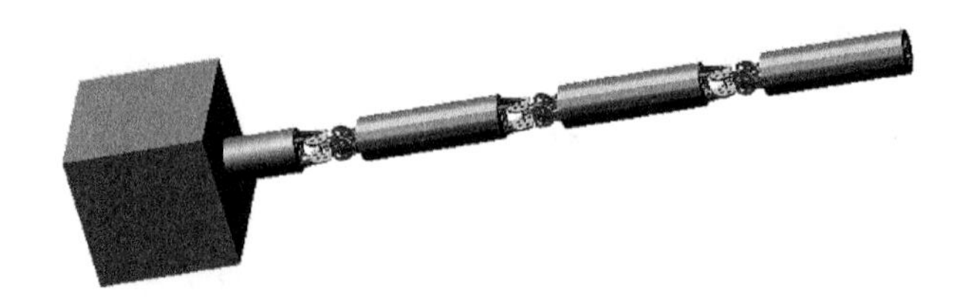

图 11-5　3 关节 12 自由度柔性机械臂三维模型

**表 11-1　仿真参数表**

| 项目 | | 指标 |
|---|---|---|
| 机械臂基本参数 | 基座质量 | 200 kg |
| | 基座惯性矩 | $I_x = I_y = 53.3\ \text{kg}\cdot\text{m}^2 \quad I_z = 66.7\ \text{kg}\cdot\text{m}^2$ |
| | 机械臂质量(每段) | 8 kg |
| | 机械臂惯性矩(每段) | $I_x = I_y = 2.5\ \text{kg}\cdot\text{m}^2 \quad I_z = 5\ \text{kg}\cdot\text{m}^2$ |
| | 缓冲器弹簧弹性系数 | $f_{ux} = f_{uy} = f_{uz} = 5\ \text{N}\cdot\text{m/rad}$ <br> $f_z = 5\ \text{N/m}$ |
| 瞬时碰撞 | 斜线＋旋转碰撞 | $F_x = F_y = F_z = 5\ \text{N}, M_x = M_y = M_z = 5\ \text{N}\cdot\text{m}$ |

运用 Solidworks 软件对柔体机器人进行三维建模，导入 Adams 后，施加材料属性、运动副、作用力等信息，利用 Adams 自带的求解器进行仿真分析，得到机械臂响应。根据上述动力学模型的推导结果，在 MatLab 中编制相应的柔体机器人动力学建模程序，进行仿真和数值计算。对比 Adams 和 MatLab 两种软件平台下柔体机器人的动力学响应。图 11-6 所示分别是 Adams 和 MatLab 两种仿真情况下，各关节各个自由度方向的广义位移，即关节的振动位移。

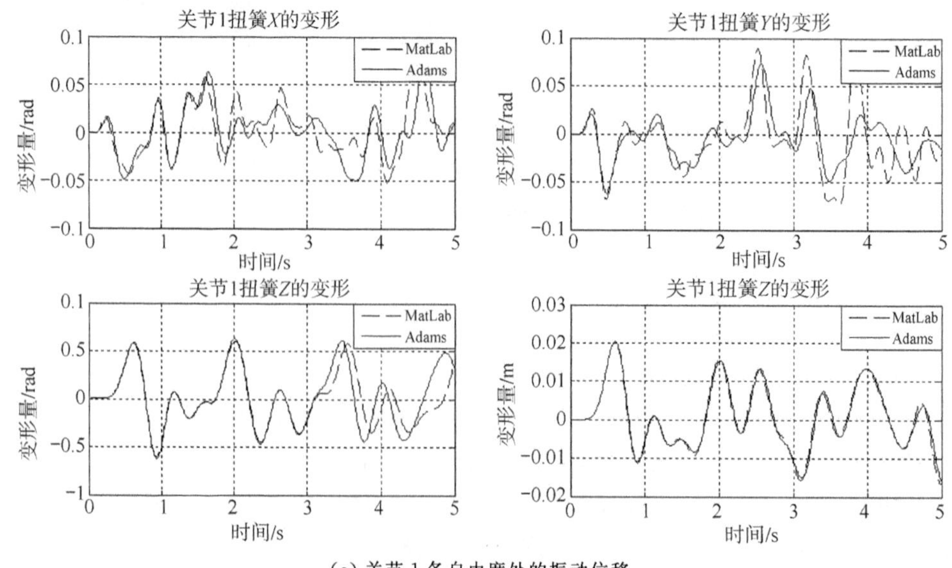


(a) 关节 1 各自由度处的振动位移

图 11-6　关节的振动位移

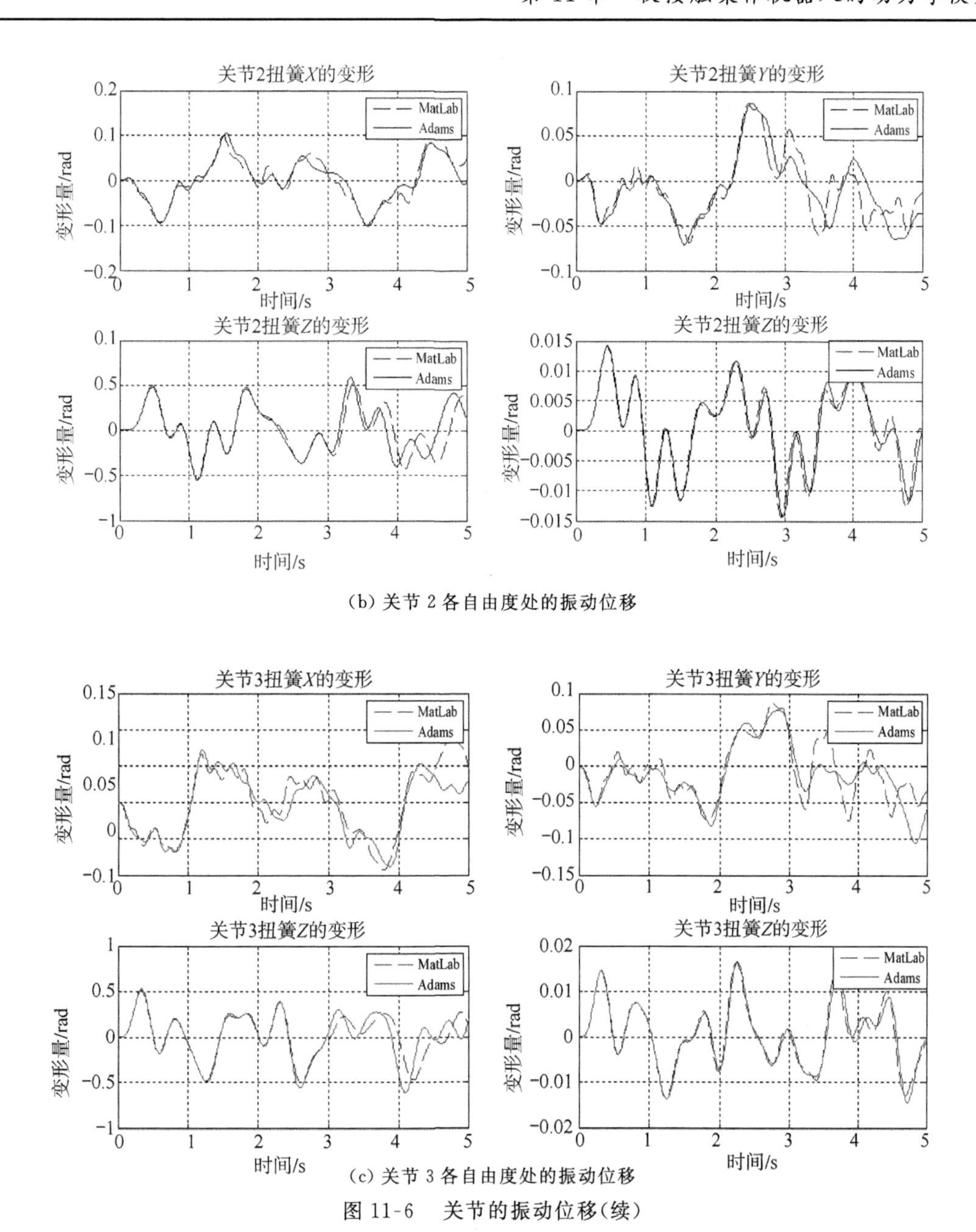


(b) 关节 2 各自由度处的振动位移

(c) 关节 3 各自由度处的振动位移

图 11-6　关节的振动位移(续)

从图 11-6 所示看出,用 Adams 仿真计算的关节振动位移与 MatLab 仿真结果基本一致。从曲线变化趋势和幅值来说,仅关节 1 绕 $x$、$y$ 轴的振动角度以及关节 3 绕 $x$、$y$ 轴的振动角度有微小差别,这是由于该柔性机械臂结构复杂且自由度数目较复杂,在动力学分析过程中对机械臂的模型简化计算导致两种平台下的仿真结果出现细微差别。

## 11.7　本章小结

将基座看作具有六个自由度的拓展臂杆,通过把柔体机器人离散为由弹簧和阻尼器连接的多刚体段模型进行动力学建模。首先建立坐标系、选取广义坐标、广义速度，然后计算偏线速度及其导数矩阵和偏角速度及其导数矩阵。进行受力分析，利用 Kane 方程分别计算了系统的广义主动力(矩)和广义惯性力(矩)，从而建立了漂浮基/柔体机器人的动力学方程。最后以 3 关节 12 自由度柔体机器人为研究对象，通过对 Adams 和 Matlab 中柔体机器人的动力学仿真曲线进行对比，验证了所建立动力学模型的有效性。

# 第 12 章　软接触柔体机器人的振动控制

## 12.1　引言

柔体机器人抓取目标卫星时，末端会受到目标卫星的巨大冲击碰撞力，瞬时碰撞力会导致柔体机器人受扰动。在机器人中加入由缓冲器和磁流变阻尼器组成的可控阻尼器件，使之构成柔体机器人。通过缓冲器的作用，将瞬时碰撞脉冲变为正弦波，利用磁流变阻尼器产生期望最优阻尼力，从而对碰撞力进行缓冲卸载，实现振动衰减。

对于 $N$ 关节 $6N$ 自由度的柔体机器人，需要同时计算 $6N$ 个最优阻尼力，使 $6N$ 个自由度方向上的关节振动同时衰减，实质上是磁流变阻尼器的协同优化控制问题。由于柔体机器人是一个刚柔耦合、基座和臂耦合的动力学系统，阻尼器的作用是相互的，各关节各自由度方向的关节振动是互相影响的。同时，关节数目较大时，需要控制的磁流变阻尼器数目较多，很难直接求出阻尼器的耦合作用关系。因此，计算多个期望阻尼力值以实现柔体机器人的抑振问题比较复杂。

微粒群算法是一种研究自然生物系统的社会智能交互行为的优化算法，运行速度快、参数较少、容易编程。微粒群算法不需要探讨内部关系，常用于进行大型复杂问题的优化求解。本章将微粒群算法用于柔体机器人的稳定控制中，以各关节振动量最小为优化目标，研究了优化函数、微粒群迭代算法、控制流程的设计，实现了期望阻尼力的计算，以达到柔体机器人抑振的目的。同时，设计了另一种基于 PID 的柔体机器人振动控制方法，即采用 PID 控制器计算期望阻尼力来实现振动衰减。

## 12.2　微粒群优化算法

自然界中动物寻找的食物并非是均匀分布的，有的呈簇状分布，有的呈斑状分布，但不管食物的分布和总量如何，群体生活的成员通过共享信息、交换个体信息，从而发现食物。鸟类的栖息也是如此。生物学家 Heppner 提出了鸟类栖息模型，并对鸟类运动进行计算机仿真。鸟群初始都是无目标的飞行，直到有只鸟飞到栖息地，接着这只鸟将引导它周围的其他鸟飞向栖息地。这类鸟类觅食、飞行的问题与求解优化问题过程是类似的。

Kennedy 和 Eberhart 根据上述仿生模型，提出了用以求解优化问题的微粒群优化算法。将鸟群简化为质量为 0，同时以一定速度飞行的微粒群。微粒群中每个微粒都有各自的飞行速度和位置，并随着自身及整个群体的运动状态而改变。通过微粒运动在复杂空间内找到最优解。与传统的数学优化方法相比,微粒群算法不需要建立关于问题本身精确的数学模型,非常适合于难以建立形式化模型的复杂最优问题的求解。

**1. 标准微粒群算法**

1) 优化问题

优化问题可表述为

$$\min f(x) \quad x \in [x_{\min}, x_{\max}]^d \tag{12-1}$$

式中,$d$ 为维数,通过选取合适的 $x$,使目标函数 $f(x)$ 最小。对于式(12-1)的优化问题,自变量 $x$ 对应微粒位置,利用微粒群算法,通过不断迭代微粒位置,得到使目标函数最小的最优解 $x$。

2) 微粒群算法原理

假设在 $d$ 维空间存在微粒群,其中包含 $m$ 个质量为 0 的微粒,这些微粒具有一定的飞行速度,并受个体和群体飞行经验的影响。定义微粒状态如下:

$z_i=\{z_{i1}, z_{i2}, z_{i3}, \cdots, z_{id}\}(i=1,2,\cdots,m)$为第 $i$ 个微粒的位置。

$v_i=\{v_{i1}, v_{i2}, v_{i3}, \cdots, v_{id}\}(i=1,2,\cdots,m)$为第 $i$ 个微粒的飞行速度。

$P_i=\{P_{i1}, P_{i2}, P_{i3}, \cdots, P_{id}\}(i=1,2,\cdots,m)$为第 $i$ 个微粒历次飞行中的最好位置,即对应的适应值最好的位置,也称为个体最好位置。对于式(12-1)的优化问题,函数值越小,适应值越好。个体最好位置更新为

$$p_j(t)=\begin{cases} p_j(t-1) & f(p_j(t))>f(p_j(t-1)) \\ z_{ij}(t) & f(p_j(t))\leqslant f(p_j(t-1)) \end{cases} \tag{12-2}$$

$P_g=\{P_{g1}, P_{g2}, P_{g3}, \cdots, P_{gd}\}$为所有微粒经历位置中的最好位置,记为全局历史最好位置,更新为

$$P_g(t)=\arg\min\{f(p_j(t)) \mid j=1,2,\cdots,m\} \tag{12-3}$$

对第 $t$ 代第 $i$ 个微粒的第 $j$ 维$(1\leqslant j\leqslant d)$,标准微粒群算法的进化方程为

$$v_{ij}(t+1)=\omega\cdot v_{ij}(t)+c_1\cdot \text{rand}_1()\cdot[p_{ij}(t)-z_{ij}(t)]+c_2\cdot \text{rand}_2()\cdot[p_{gj}(t)-z_{ij}(t)] \tag{12-4}$$

$$z_{ij}(t+1)=v_{ij}(t+1)+z_{ij}(t) \tag{12-5}$$

式中,$c_1$ 表示认知学习系数;$c_2$ 表示社会学习系数;$\omega$ 表示惯性权重;$\text{rand}_1()$,$\text{rand}_2()$表示随机函数。

对于式(12-4),可将其看为三个部分之和。第一部分表示微粒先前速度所起的作用,使算法具有一定的全局搜索能力。第二部分表示微粒个体的认知部分,只受该个体历次最好位置的影响,与群体中其他微粒的运动无关。第三部分是社会部分,受群体中其他微粒位置的影响。如果没有第二部分,微粒缺乏个体认识能力,容易陷入局部最优。如果没有第三部分,整个迭代算法不存在群体的约束概念。只有这两部分共同作用才能保证算法具有较强的搜索能力。

3) 微粒群算法步骤

标准微粒群算法的流程如下:

(1) 微粒群初始化:定义微粒群规模大小,在定义域内随机初始化各微粒的位置以及速度,个体历史最好位置等于各微粒初始位置,全体历史最好位置为适应值最好的微粒的位置,此时进化代数 $t$ 为 0。

(2) 参数初始化。

(3) 利用式(12-4)和式(12-5)计算微粒 $t+1$ 时的飞行速度和位置。

(4) 微粒适应值计算:将微粒的位置信息代入目标函数,计算该位置对应的适应值。

(5) 根据式(12-2)和式(12-3)更新各微粒的个体历史最好位置以及群体历史最好位置。

(6)判断是否满足算法终止条件(满足适应值要求或最大迭代次数),若满足,则终止迭代步骤,输出最优解;否则返回步骤(3)。

标准微粒群算法的流程图如图 12-1 所示。

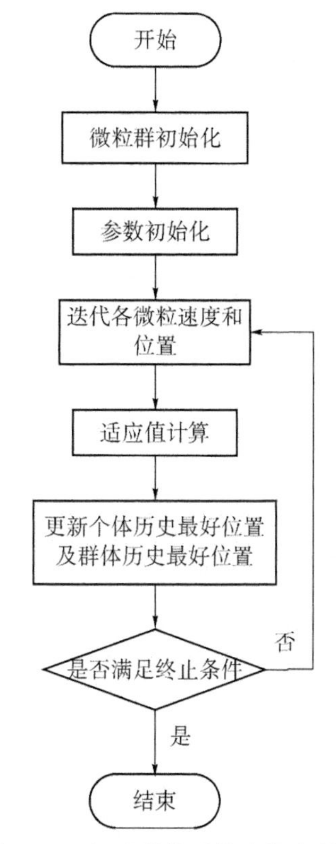


图 12-1　标准微粒群算法的流程图

**2. 参数选择策略**

微粒群算法的优化搜索收敛性能,在很大程度上取决于算法参数的设置,例如惯性权重 $\omega$,认知学习系数 $c_1$,社会学习系数 $c_2$,群体规模 $m$ 等。下面将介绍参数的选取方法。

1) 惯性权重 $\omega$

$\omega$ 的大小直接影响了算法的收敛性。增加 $\omega$ 可以提高全局搜索能力,而减小 $\omega$ 可以增强局部搜索能力。Shi 和 Eberhart 讨论了惯性权重的选取规则,发现 $\omega\in[0.8,1.2]$时,算法收敛时间很短;当 $\omega>1.2$,搜索过程中容易陷入局部最优。通过调整 $\omega$ 的大小,在全局和局部搜索中找到最优。$\omega$ 越大,个体先前速度的影响越大,使得微粒搜索范围越广;$\omega$ 越小,个体先前速度的影响越小,能在当前范围内进行更为细化的搜索。

为了使算法兼具局部和全局搜索能力,Shi 和 Eberhart 接着提出了一种随着迭代次数增加，$\omega$ 线性下降的方法，计算公式为：

$$\omega=\omega_{\max}-\frac{\omega_{\max}-\omega_{\min}}{n_{\max}}\times n \tag{12-6}$$

式中，$\omega_{\max}$、$\omega_{\min}$ 分别是惯性权重的允许极值；$n_{\max}$ 表示最大迭代次数；$n$ 表示当前的迭代次数。这样的设计使得算法初始迭代计算时，$\omega$ 较大，微粒群能较快搜索至最优解的大概位置，在迭代后期阶段，$\omega$ 减小，减慢了搜索速度，开始局部搜索，逐渐逼近至最优位置，提高了算法性能。

2）认知学习系数 $c_1$ 和社会学习系数 $c_2$

目前对于 $c_1$、$c_2$ 取值方法的研究较少。Shi 和 Eberhart 提出 $c_1=c_2=2.0$。Ozcan 和 Mohan 认为 $c_1=c_2=1.494$。Sobieszczanski-Sobieski 通过实验发现：较小的 $c_1$ 与较大的 $c_2$ 能增强算法的整体搜索性能，提高收敛性。Ratnaweera 等提出 $c_1$ 与 $c_2$ 的选取应该和惯性权重一样，是随迭代进行不断变化的。

3）微粒群规模 $m$

微粒群规模 $m$ 是算法的一个重要参数，表示微粒个数。Shi 和 Eberhart 早期提出 $m$ 对算法的搜索精度影响不大；王维博建议将群体规模设为 20～50。张雯雰等通过对两个经典测试函数仿真实验，提出 $m$ 的大小影响了算法的搜索精度和收敛性。一般来说，若希望加快计算速度，可将 $m$ 设为 40，若对算法的收敛性和搜索性能要求较高，可将 $m$ 取在 50～80。当 $m>80$ 时，对算法的搜索精度影响不明显。

**3. 微粒群算法的收敛性**

算法的收敛性与各参数的设置有关系。Bergh 首先进行微粒群优化算法的收敛性的研究，并证明了标准微粒群算法不是全局和局部的收敛算法。崔志华和曾建潮提出了标准微粒群优化算法的渐近收敛条件：

$$\begin{cases}\omega-\varphi-1<0\\(1-\omega+\varphi)^2-4\varphi\geqslant 0\end{cases} \tag{12-7}$$

式中，$\varphi=c_1\cdot \text{rand}_1()+c_2\cdot \text{rand}_2()$

只要参数 $\omega$，$c_1$，$c_2$ 满足式(12-7)，微粒群优化算法是渐近收敛稳定的。此外，Clerc 在标准方程中引入收缩因子，对微粒群算法进行改进且保证了收敛性。其速度进化方程为

$$v_{ij}(t+1)=k\times(\omega\cdot v_{ij}(t)+c_1\cdot \text{rand}_1()\cdot[p_{ij}(t)-z_{ij}(t)]+c_2\cdot \text{rand}_2()\cdot[p_{gj}(t)-z_{ij}(t)]) \tag{12-8}$$

式中，收缩因子 $k=\dfrac{2}{\left|2-\varphi-\sqrt{\varphi^2-4\varphi}\right|}$，$\varphi=c_1+c_2$，$\varphi>4$。

**4. 优化设计步骤**

通过对微粒群算法的分析研究可以看出，应用该算法进行特定问题优化求解的设计步骤如下：

（1）确定优化问题的目标函数。目标函数对应的适应值大小是优化计算的唯一准则。根据具体问题表述，选择合适的目标函数，用以计算适应值，确定后续优化过程。

（2）选取微粒群算法模型。应用不同微粒群算法模型，在实际求解过程中表现出不同的收敛性能。根据问题的优化要求，选择微粒群算法模型。

(3) 选择合适的算法参数。算法参数包括惯性权重 $\omega$,认知学习系数 $c_1$,社会学习系数 $c_2$,群体规模 $m$ 以及其他辅助参数等。

(4) 确定算法终止条件。微粒群算法的迭代过程中,有可能微粒在飞行多少代后,适应值不会发生明显改进,此时再接着迭代不仅不能提高精度,也会增加运算时间。因此为了增加算法的可控性,保证优化时间,算法的终止条件是非常必要的。通常做法是:设定最大迭代次数或适应值最低要求。当达到最大迭代次数或适应值满足要求后,则结束本次迭代过程。

(5) 编程计算。根据设计的优化算法,在一定软件平台上进行编程计算,得到优化方案。

## 12.3 基于微粒群优化的软接触柔体机器人抑振策略

$N$ 关节 $6N$ 自由度柔性机械臂在工作的过程中,受到目标卫星的碰撞力会产生振动。通过控制关节处 $6N$ 个磁流变阻尼器,可衰减振动,保证机械臂稳定。期望阻尼力的合理选择是柔性机械臂振动抑制的关键。下面具体说明如何使用微粒群算法求出 $6N$ 个阻尼器每一时刻的最优阻尼力,从而达到抑制振动的目的。

### 12.3.1 目标函数的确定

在柔体机器人受到碰撞后,关节处缓冲器发生弹性变形,从而产生振动。控制目标是将振动衰减为 0,即各关节处缓冲器的弹性变形为 0。对于多关节柔体机器人,需要每个关节处沿各方向的振动均衰减为 0,这是一个多目标优化控制问题,可采用加权系数计算。因此选取如下目标函数:

$$\min F(t)=\min\left(a_1\frac{|x_1|}{\max(x_1)}+a_2\frac{|x_2|}{\max(x_2)}+\cdots+a_{6N}\frac{|x_{6N}|}{\max(x_{6N})}\right) \tag{12-9}$$

式中,$x_1,x_2,\cdots,x_{6N}$分别是各关节处沿 6 个方向的缓冲器的弹性变形;$\max(x_n)$,$n=1,2,\cdots,6N$ 表示各关节最大允许振动位移,根据初始碰撞动量及机械臂工作要求决定。这是由于在空间环境下,很难保证各关节处振动完全衰减为 0,通过设定最大允许振动位移,当各关节处振动变形小于该最大允许振动位移时,即认为控制达到要求;$a_1,a_2,\cdots,a_{6N}$是加权系数,且满足$a_1+a_2+\cdots+a_{6N}=1$。加权系数决定了对各关节振动的控制效果。根据各关节的振动表现,通过试算法确定最终权重分配。

### 12.3.2 算法及参数选择

在柔体机器人的微粒群振动控制中,选用惯性权重线性递减、学习认知系数线性递减、社会认知学习系数线性递增的标准微粒群算法,使在迭代初始阶段加快收敛速度,粒子较快达到全局最优位置附近;而在迭代后期,放缓收敛速度,在局部空间找到最优点,保证了算法的最佳搜索性能和收敛速度。算法中微粒的飞行速度及位置计算如式(12-4)和式(12-5)，其中：

$$\begin{cases} \omega = \omega_{\max} - \dfrac{\omega_{\max} - \omega_{\min}}{n_{\max}} \times t \\ c_1 = c_{1\max} - \dfrac{c_{1\max} - c_{1\min}}{n_{\max}} \times t \\ c_2 = c_{2\min} - \dfrac{c_{2\max} - c_{2\min}}{n_{\max}} \times t \end{cases} \tag{12-10}$$

各参数意义与上述一致。根据 12.2.2 节的参数选择策略，初步设置为 $\omega \in [0.5, 0.9]$，$c_1 \in [0.5, 2.5]$，$c_2 \in [0.5, 2.5]$，$m=10$，可根据仿真结果进行进一步调整。

### 12.3.3 算法终止条件

柔体机器人的振动完全衰减为 0 比较困难，因此将算法的终止条件设为各关节的振动位移处于振动位移的要求范围之内。对于目标函数式(12-9)，当关节振动位移小于设定的最大值即 $F(t)<1$，即说明达到控制要求，终止此次微粒群迭代，输出对应的微粒位置也就是期望最优阻尼力即可。

### 12.3.4 控制具体流程

综合利用微粒群算法和阻尼器正逆模型，实现柔体机器人的振动控制，具体流程如下：

(1) 空间柔性机械臂末端受到碰撞后，通过运动传感器检测到 $t$ 时刻各关节振动位移$\boldsymbol{x}(t)$。

(2) 利用 $t$ 时刻关节振动位移 $\boldsymbol{x}(t)$、微粒群算法以及 Kane 动力学模型，通过迭代求出 $t$ 时刻的最优阻尼力。具体算法如下：

① 定义微粒群规模 $m$，根据磁流变阻尼器的数量确定微粒维数 $d$，每个磁流变阻尼器的期望阻尼力大小等于微粒群中微粒的位置。初始化微粒群中每个微粒的位置 $z_{ij}$，将 $\boldsymbol{x}(t)$ 和 $z_{ij}$ 带入柔性机械臂 Kane 动力学方程式(11-52)，计算各关节 $t+1$ 时刻的振动位移 $\boldsymbol{x}(t+1)$，再把 $\boldsymbol{x}(t+1)$代入式(12-9)计算适应值 $F_{g1}$，将此时位置作为 $\boldsymbol{p}_{ij}$ 和 $\boldsymbol{p}_{gj}$。

② 根据式(12-4)和式(12-5)更新微粒的当前位置，并将 $\boldsymbol{x}(t)$和微粒位置代入 Kane 动力学方程式(11-52)以及目标函数式(12-9)继续计算 $F_{g2}$，比较 $F_{g2}$ 和 $F_{g1}$ 的大小，将适应值更小时对应的粒子位置作为 $\boldsymbol{p}_{ij}$ 和 $\boldsymbol{p}_{gj}$，并得到对应 $F_g$。

③ 判断当前 $F_g<1$ 或 $n \geqslant n_{\max}$是否成立，若不满足要求，则重复步骤②。若满足要求，说明满足算法终止条件，意味着此时迭代的微粒位置(即期望阻尼力大小)能使下一时刻关节的振动位移小于要求范围，输出当前的全局最好位置 $\boldsymbol{p}_{gj}$，作为阻尼器 $t$ 时刻的期望阻尼力 $\boldsymbol{u}(t)$。

(3) 利用第三章得到的阻尼器正逆模型，来控制阻尼器输出该期望最优阻尼力 $\boldsymbol{u}(t)$，并作用于柔性臂，通过传感器检测得到 $t+1$ 时刻各关节的振动位移 $\boldsymbol{x}(t+1)$。重复利用步骤(2)计算 $t+1$ 时刻的最优阻尼力 $\boldsymbol{u}(t+1)$，如此循环。其控制框图如图 12-2 所示。

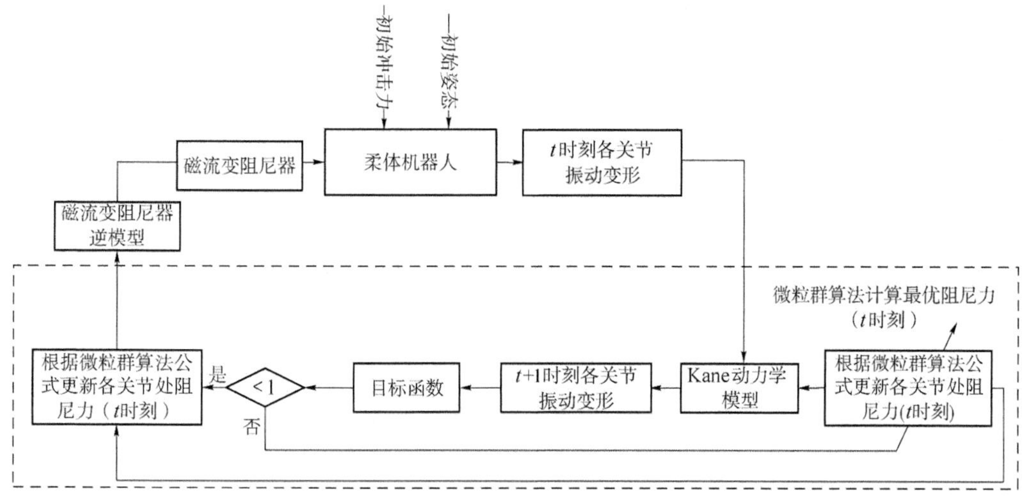


图 12-2　总体控制框图

# 12.4　软接触柔体机器人的 PID 振动控制

## 12.4.1　控制器的设计

PID 控制器原理简单、容易实现，本节将 PID 控制器用于柔体机器人计算最优阻尼力，实现抑振目标。下面将阐述控制器的设计方法。

多关节柔体机器人每个关节处的期望阻尼力均采用 PID 控制器进行计算，每个关节的最优阻尼力计算公式为

$$u(t)=k_{p}e(t)+k_{1}\sum e(t)+k_{d}[e(t)-e(t-1)] \tag{12-11}$$

式中，$u(t)$表示 $t$ 时刻各关节的期望阻尼力；$k_p$，$k_1$，$k_d$ 表示比例、积分、微分常数；$e(t)=x_d(t)-x(t)$表示 $t$ 时刻关节期望振动位移与实际振动位移之差。

由于理想控制目标是任意时刻关节振动位移 $x_d(t)$为 0，振动速度 $\dot{x}_d(t)$为 0，因此上述控制率可改写为

$$u(t)=-k_{p}x(t)-k_{1}\sum x(t)-k_{d}[x(t)-x(t-1)] \tag{12-12}$$

由式(12-12)看出，给定 $k_p$、$k_1$、$k_d$，通过比较 $t$ 时刻各关节处振动位移与理想位置的偏差，可以计算出 $t$ 时刻各关节处的期望最优阻尼力，接着控制阻尼器输出该阻尼力，从而达到抑振目的。

## 12.4.2　参数选择

保证 PID 控制效果的关键是 $k_p$，$k_1$，$k_d$ 的选取。首先根据系统性能要求以及参数整定经验初步确定，然后分别对几组 PID 参数进行仿真，最后根据控制效果选取最佳的 $k_p$，$k_1$，$k_d$。参数整定的步骤如下：

(1) 先确定比例系数 $k_p$。先将 $k_1$、$k_d$ 设为零，逐步增大 $k_p$，同时观察响应，直到系统的输出曲线响应快速，超调量小，此时仍存在静态误差。

(2) 加入积分环节 $k_1$。先将 $k_1$ 设得小一些，同时微减小 $k_p$，然后慢慢增大 $k_1$，观察响应曲线，从而消除静态误差。

(3) 加入微分环节 $k_d$。逐渐增大 $k_d$，并微调 $k_p$、$k_1$，通过试凑法，得到满足要求的响应曲线。

## 12.5 两种控制方案的仿真对比

为了对比并验证微粒群控制方案和 PID 控制方案的效果，本节将在 MatLab 软件中编程，通过数值仿真进行验证。以 3 关节 12 自由度空间柔性机械臂为研究对象(如图 12-3 所示)，其中每个关节有 4 个自由度，分别是绕 $X$、$Y$、$Z$ 轴的转动以及沿 $Z$ 轴的直线运动。在每个关节处安装缓冲器和磁流变阻尼器，共 12 个。

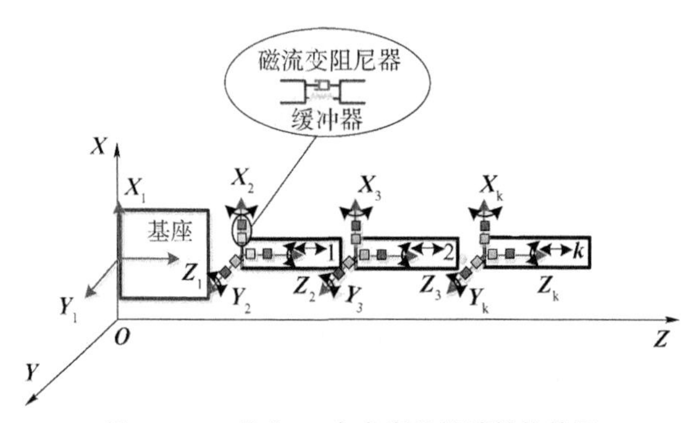


图 12-3　3 关节 12 自由度机械臂结构简图

柔体机器人的参数如表 12-1 所示。

**表 12-1　仿真参数表**

| 项目 | | 指标 |
|---|---|---|
| 基本参数 | 基座质量 | 200 kg |
| | 基座惯性矩 | $I_x = I_y = 53.3\ \mathrm{kg \cdot m^2}$　$I_z = 66.7\ \mathrm{kg \cdot m^2}$ |
| | 机械臂质量(每段) | 8 kg |
| | 机械臂惯性矩(每段) | $I_x = I_y = 2.5\ \mathrm{kg \cdot m^2}$　$I_z = 5\ \mathrm{kg \cdot m^2}$ |
| | 缓冲器弹簧弹性系数 | $f_{wx} = f_{wy} = f_{wz} = 5\ \mathrm{N \cdot m/rad}$<br>$f_z = 5\ \mathrm{N/m}$ |
| 瞬时碰撞 | 斜线＋旋转碰撞 | $F_x = F_y = F_z = 5\ \mathrm{N}, M_x = M_y = M_z = 5\ \mathrm{N \cdot m}$ |

旋转式阻尼器的力矩输出范围为$[-5,5]$N·m，直线式阻尼器的力输出范围为$[-5,5]$N。

微粒群优化算法相关参数：微粒群规模 10；粒子维数 12；认知学习系数 $c_1 \in [0.5, 2.5]$ 线性递减；社会学习系数 $c_2 \in [0.5, 2.5]$ 线性递增；惯性系数 $\omega \in [0.5, 0.9]$ 线性递减；最大迭代次数 $n_{\max} = 80$。

PID 参数：$k_p=5$、$k_1=1$、$k_d=3$。假设末端受碰撞力，持续时间 0.1 s，采样时间 10 s，采样频率 100 Hz。

在 MatLab 软件中编写机械臂动力学模型、微粒群控制方案和 PID 控制方案的程序，分别对柔性机械臂在没有阻尼、微粒群和 PID 三种方案下的关节振动情况进行仿真。其中没有阻尼是指不安装阻尼器，控制力为 0 N。

图 12-4(a)(b)(c)所示为未加阻尼器控制、微粒群优化控制和 PID 控制情况下，3 个关节处各自由度的振动位移对比图。

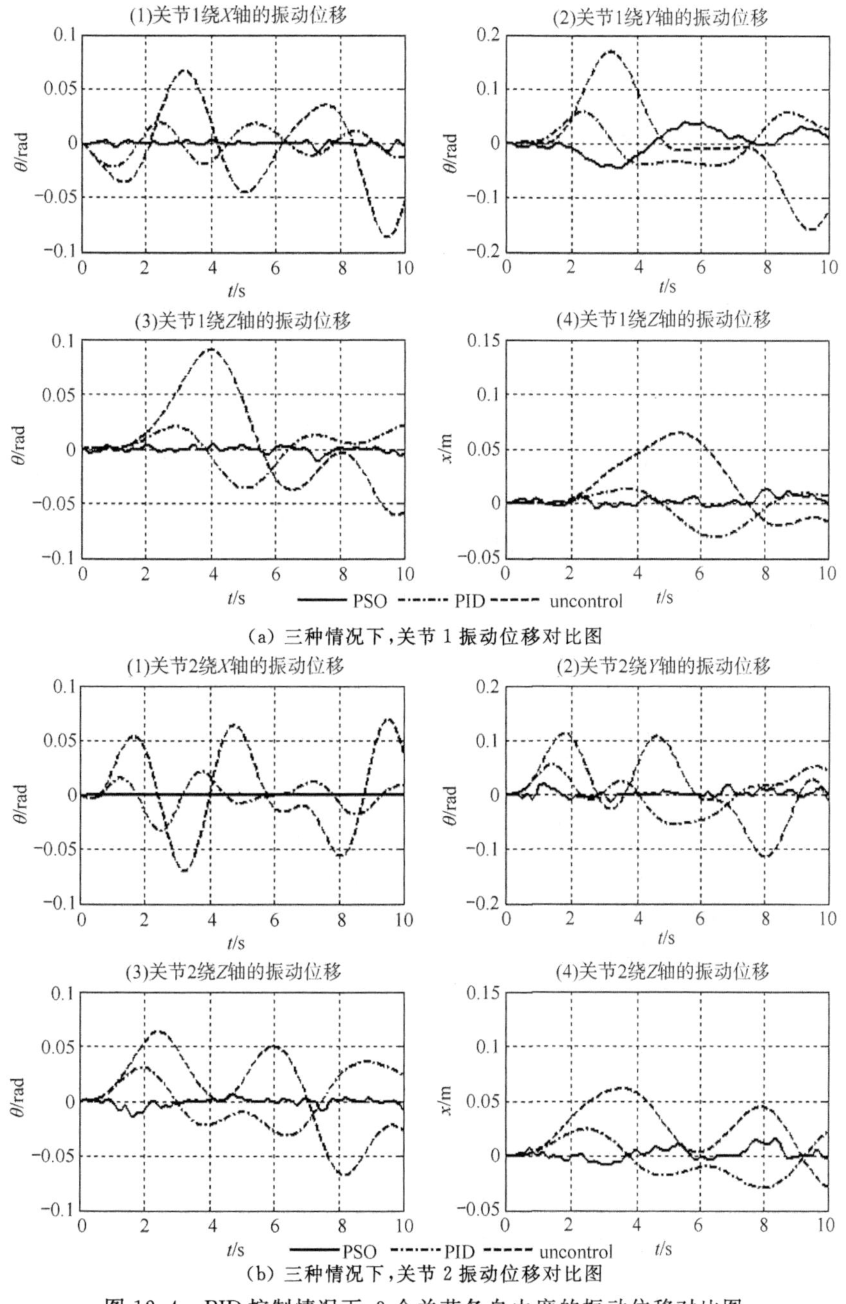


(a) 三种情况下，关节 1 振动位移对比图

(b) 三种情况下，关节 2 振动位移对比图

图 12-4　PID 控制情况下，3 个关节各自由度的振动位移对比图

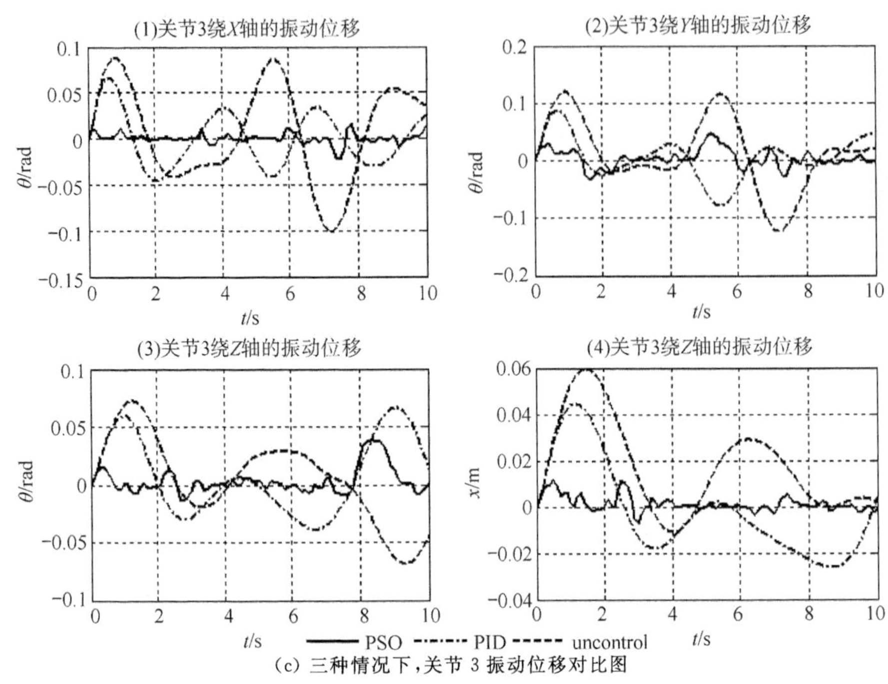


(c) 三种情况下，关节 3 振动位移对比图

图 12-4　PID 控制情况下，3 个关节各自由度的振动位移对比图(续)

如图 12-4 所示，总体来看，施加控制后的各关节振动反应明显优于未施加控制的关节振动反应，进一步，微粒群控制下的关节的最大振动位移小于 PID 下的最大振动位移，同时微粒群优化控制下各关节的振动稳定时间明显短于 PID 控制下的稳定时间。表 12-2 所示的是在三种控制情况下，各关节各自由度最大振动幅值的对比。由表 12-2 可看出，对于关节 1 绕 $X$ 轴的自由度方向，未控情况下，最大振动幅值为 0.086 4 rad；PID 控制下最大振动幅值为 0.021 5 rad；微粒群优化控制下最大振动幅值为 0.007 8 rad；微粒群优化控制相对于未控情况减少了 90.97%，相对于 PID 控制有效减少了 63.72%。综合关节 1 处各自由度的振动情况，微粒群控制相对于未控情况，振动位移最多减少了 90.97%，相对于 PID 控制最多减少了 68.23%。同理，对于关节 2，微粒群优化控制相对于未控情况最多减少了 98.71%，相对于 PID 控制最多减少了 97.25%；对于关节 3，微粒群优化控制相对于未控情况最多减少了 94.67%，相对于 PID 控制最多减少了 65.56%。从振动稳定时间来说，微粒群控制下，关节振动稳定时间明显短于 PID 控制。由以上分析看出，微粒群优化控制和 PID 控制的关节振动衰减效果明显好于未控情况，同时微粒群优化控制对于关节振动衰减效果好于 PID 控制。

**表 12-2　三种控制情况下，各关节最大振动位移对比表**

| 关节 | 自由度方向 | 最大振动幅值/rad 或 m | | | 微粒群相对其他方法的减小率 | |
|---|---|---|---|---|---|---|
| | | 微粒群 | PID | 未控 | PID | 未控 |
| 1 | 绕 $X$ 轴方向 | 0.007 8 | 0.021 5 | 0.086 4 | 63.72% | 90.97% |
| 1 | 绕 $Y$ 轴方向 | 0.076 1 | 0.058 1 | 0.169 4 | −30.98% | 55.08% |
| 1 | 绕 $Z$ 轴方向 | 0.011 5 | 0.036 2 | 0.090 1 | 68.23% | 87.24% |
| 1 | 沿 $Z$ 轴方向 | 0.014 1 | 0.030 7 | 0.064 7 | 54.07% | 78.21% |

续表

| 关节 | 自由度方向 | 最大振动幅值/rad 或 m | | | 微粒群相对其他方法的减小率 | |
|---|---|---|---|---|---|---|
| | | 微粒群 | PID | 未控 | PID | 未控 |
| 2 | 绕 X 轴方向 | 0.000 9 | 0.032 7 | 0.069 8 | 97.25% | 98.71% |
| 2 | 绕 Y 轴方向 | 0.020 0 | 0.054 4 | 0.113 0 | 63.24% | 82.30% |
| 2 | 绕 Z 轴方向 | 0.014 7 | 0.035 7 | 0.067 8 | 58.82% | 78.32% |
| 2 | 沿 Z 轴方向 | 0.015 5 | 0.029 2 | 0.061 4 | 46.92% | 74.76% |
| 3 | 绕 X 轴方向 | 0.022 8 | 0.066 2 | 0.101 5 | 65.56% | 77.54% |
| 3 | 绕 Y 轴方向 | 0.047 0 | 0.088 0 | 0.123 4 | 46.59% | 61.91% |
| 3 | 绕 Z 轴方向 | 0.038 8 | 0.066 7 | 0.728 | 41.83% | 94.67% |
| 3 | 沿 Z 轴方向 | 0.012 2 | 0.044 6 | 0.059 5 | 72.65% | 79.50% |

柔体机器人受到碰撞后，不仅产生关节振动，漂浮基座稳定性也会受到干扰，基座姿态会发生变化，因此施加控制后，基座姿态的变化也是衡量控制算法的标准之一。图 12-5 所示为未加阻尼器控制、微粒群控制、PID 控制三种情况下，基座姿态角变化对比图；图 12-6 所示为未加阻尼器控制、微粒群优化控制、PID 控制情况下，基座姿态角速度变化对比图。

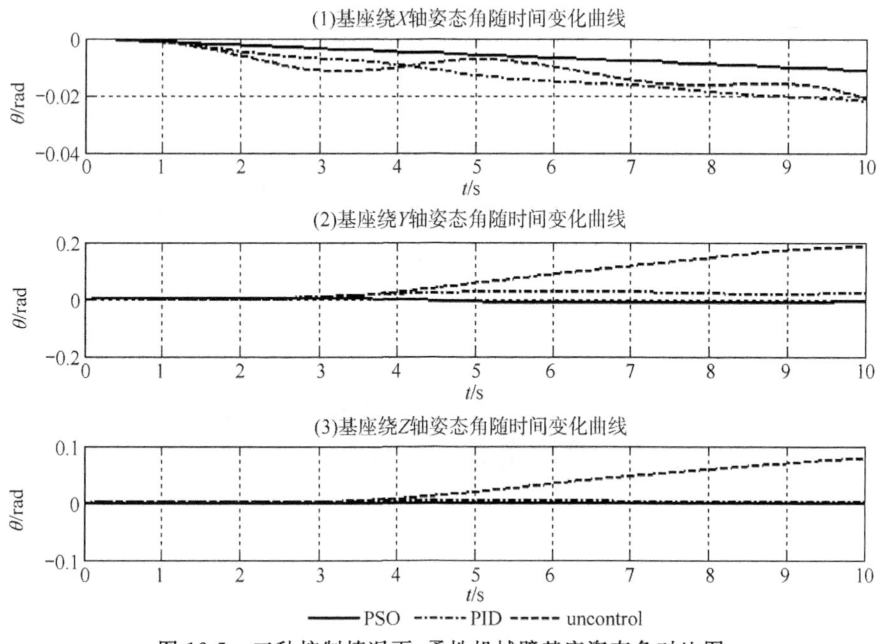


图 12-5　三种控制情况下，柔性机械臂基座姿态角对比图

从图 12-5、12-6 所示各指标的幅值看出，未加控制时，漂浮基座最大姿态角为 0.183 6 rad，最大姿态角速度为 0.032 8 rad/s；施加 PID 控制后，基座最大姿态角为 0.027 5 rad，最大姿态角速度为 0.010 8 rad/s；微粒群优化控制后，基座最大姿态角度为 0.012 4 rad，最大姿态角速度为 0.008 9 rad/s。微粒群优化控制相对于未控情况，基座最大姿态角减小了 93.25%，最大角速度减小了 72.87%。可以看出，相对于未控情况，微粒群控制下的基座稳定性改善较明显。

同时，相对于 PID 控制，微粒群优化控制下，基座最大姿态角减小了54.91%，最大角速度减小了 17.59%。微粒群对于基座姿态控制效果优于 PID 控制，说明微粒群算法对基座姿态的控制是有效的。

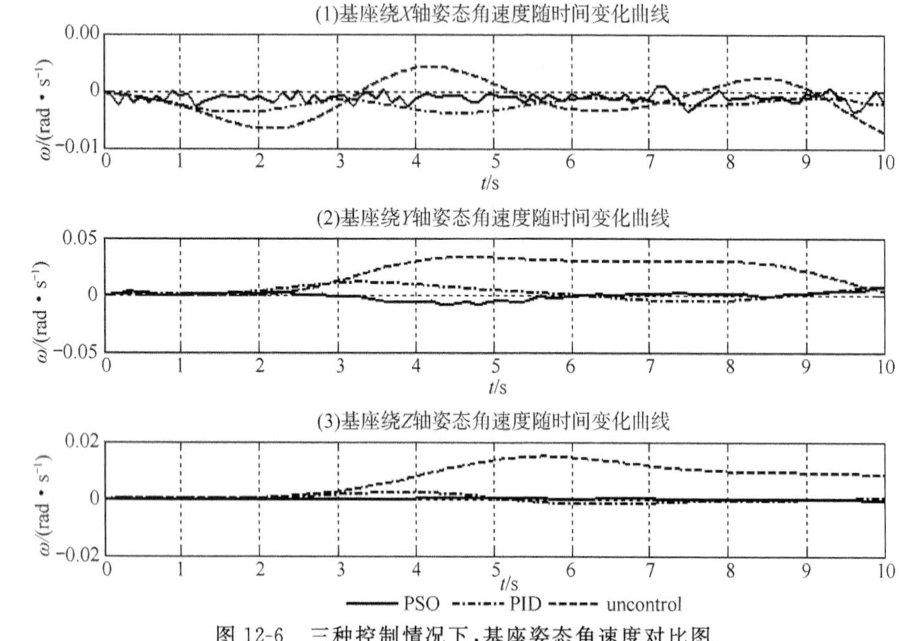


图 12-6　三种控制情况下，基座姿态角速度对比图

图 12-7 所示的是微粒群和 PID 控制器计算出来的各关节的期望阻尼力。用微粒群算法计算的期望最优阻尼力变化较快，用 PID 算法计算的期望最优阻尼力连续。当关节振动剧烈时，选取较大的期望阻尼力抑制振动。当关节振动不明显时，选取较小的期望阻尼力即可满足稳定要求。

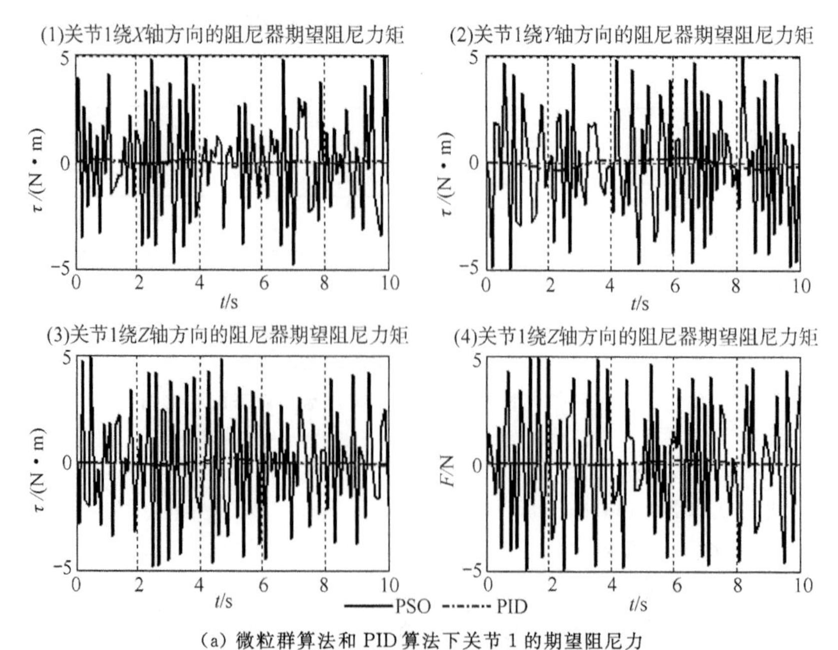


(a) 微粒群算法和 PID 算法下关节 1 的期望阻尼力

图 12-7　微粒群算法和 PID 控制器算法计算出来的各关节的期望阻尼力

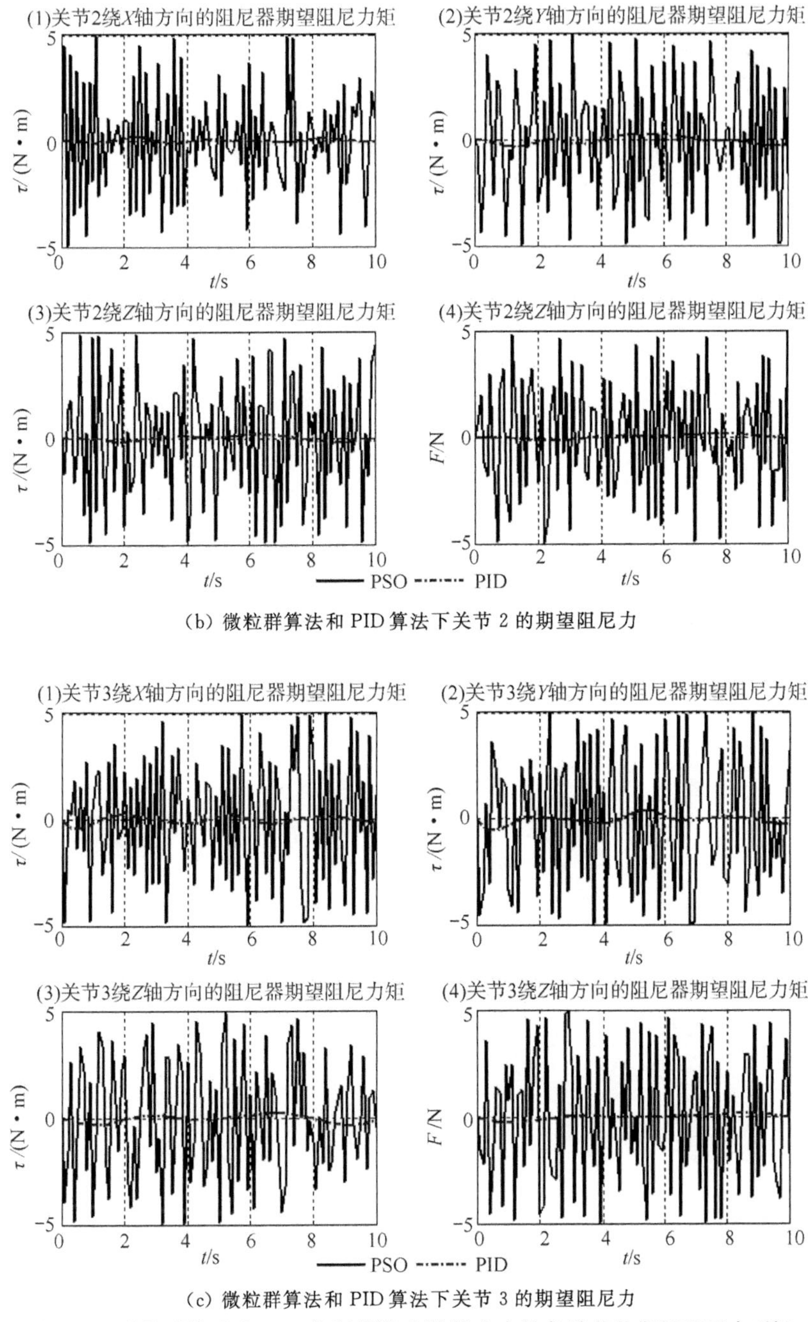


(b) 微粒群算法和 PID 算法下关节 2 的期望阻尼力

(c) 微粒群算法和 PID 算法下关节 3 的期望阻尼力

图 12-7　微粒群算法和 PID 控制器算法计算出来的各关节的期望阻尼力(续)

通过以上对各关节最大振动位移、振动衰减时间、基座姿态变化等指标的分析可以看出，相对于未控情况和 PID 控制，微粒群优化控制下的各关节最大振动位移最小，振动衰减时间最短、基座姿态比较稳定，说明采用微粒群优化算法进行柔体机器人的抑振控制是有效的。

## 12.6 本章小结

首先阐述了微粒群优化算法相关理论，在研究了柔体机器人的振动控制目标基础上，提出了基于微粒群算法的柔体机器人振动控制方案，分别设计了控制目标函数、优化算法模型、终止准则以及控制算法流程。然后采用 PID 控制器设计了另一种抑振控制方案。最后分别对未控、微粒群控制、PID 控制下的 3 关节 12 自由度柔体机器人进行仿真。结果表明：微粒群优化算法的振动控制效果优于 PID 控制和未控情况，有效抑制了关节振动，同时保证了基座的稳定。

# 参考文献


[1] 褚明. 空间柔性机械臂的动力学特性与主动控制研究[D]. 北京:北京邮电大学，2010.

[2] 邓夏. 大负载柔性臂的低频振动控制与实验研究[D]. 北京:北京邮电大学，2013.

[3] 孟庆川. 面向软接触操作的机械臂关节研制[D]. 北京:北京邮电大学，2015.

[4] 张宜驰. 基于磁流变原理的柔性机械臂抑振技术研究[D]. 北京:北京邮电大学，2015.

[5] 鞠小龙. 具有可控阻尼机械臂软接触特性分析与实验研究[D]. 北京:北京邮电大学，2016.

[6] 高峰泉. 软接触机械臂动力学性能测试系统研制[D]. 北京:北京邮电大学，2016.

[7] 任珊珊. 空间柔性机械臂接触操作动力学分析及阻抗控制策略研究[D]. 北京:北京邮电大学，2017.

[8] Chu Ming, Chen Gang, Jia Qing-Xuan, et al. Simultaneous positioning and non-minimum phase vibration suppression of slewing flexible-link manipulator using only joint actuator [J]. Journal of Vibration and Control, 2014, 20(10):1488-1497.

[9] Chu Ming, Jia Qingxuan, Sun Hanxu. Backstepping control for flexible joint with friction using wavelet neural networks and L2-gain approach [J]. Asian Journal of Control, 2018, 20(2):856-866.

[10] Chu Ming, Zhang Yan-heng, Chen Gang, et al. Effects of Joint Controller on Analytical Modal Analysis of Rotational Flexible Manipulator [J]. Chinese Journal of Mechanical Engineering, 2015, 28(3):460-469.

[11] 褚明，董正宏，任珊珊，等. 星载串联型柔性抓捕机构的多级阻尼镇定控制[J]. 振动与冲击，2018，37(5)：42-49.

[12] 褚明，陈钢，贾庆轩，等. 无模型动态摩擦的自回归小波神经补偿控制[J]. 北京邮电大学学报，2013，36(3)：17-20.

[13] 褚明，贾庆轩，叶平，等. 关节驱动柔性臂非最小相位系统的全局终端滑模控制[J]. 机械工程学报，2012，48(3):41-49.

[14] 褚明，贾庆轩，孙汉旭. 失重环境下可控柔性臂的模态特性[J]. 机器人，2009，31(6)：568-573.

[15] 褚明，贾庆轩，孙汉旭. 空间柔性操作臂的动力学/控制耦合特性研究[J]. 北京邮电大学学报，2008，31(3)：98-102.

[16] 孙汉旭，褚明，贾庆轩. 柔性关节摩擦和不确定补偿的小波神经—鲁棒复合控制[J]. 机械工程学报，2010，46(13):68-75.